张景中科普文集

ZHANG
JINGZHONG
KEPU WENJI

张景中◎著

新概念几何

长江出版传媒
湖北科学技术出版社

图书在版编目(CIP)数据

新概念几何 / 张景中著. —武汉：湖北科学技术
出版社，2017.6
　ISBN 978-7-5352-9529-3

　Ⅰ．①新…　Ⅱ．①张…　Ⅲ．①几何—少年读物
Ⅳ．①O18-49

中国版本图书馆CIP数据核字（2017）第172478号

丛书策划：何　龙　谢俊波
责任编辑：杨宁巍　　　　　　　　　封面设计：喻　杨

出版发行：湖北科学技术出版社　　　电话：027-87679451
地　　址：武汉市雄楚大街268号　　　邮编：430070
　　　　　（湖北出版文化城B座13-14层）
网　　址：http://www.hbstp.com.cn

印　　刷：武钢实业印刷总厂　　　　　邮编：430000

710×1010　1/16　　　　　　　17印张　　　　260千字
2017年8月第1版　　　　　　　　2017年8月第1次印刷
　　　　　　　　　　　　　　　　　定价：62.00元

感谢湖北科学技术出版社督促我将这30多年里写的科普作品回顾整理一下。我想人的天性是懒的，就像物体有惰性。要是没什么鞭策，没什么督促，很多事情就做不成。我的第一本科普书《数学传奇》，就是在中国少年儿童出版社的文赞阳先生督促下写成的。那是1979年暑假，他到成都，到我家里找我。他说你还没有出过书，就写一本数学科普书吧。这么说了几次，盛情难却，我就试着写了，自己一读又不满意，就撕掉重新写。那时没有电脑或打字机，是老老实实用笔在稿纸上写的。几个月下来，最后写了6万字。他给我删掉了3万，书就出来了。为什么要删？文先生说，他看不懂的就删，连自己都看不懂，怎么忍心印出来给小朋友看呢？书出来之后，他高兴地告诉我，很受欢迎，并动员我再写一本。

后来，其他的书都是被逼出来的。湖南教育出版社出版的《数学与哲学》，是我大学里高等代数老师丁石孙先生主编的套书中的一本。开策划会时我没出席，他们就留了"数学与哲学"这个题目给我。我不懂哲学，只好找几本书老老实实地学了两个月，加上自己的看法，凑出来交卷。书中对一些古老的话题如"飞矢不动""白马非马""先有鸡还是先有蛋""偶然与必然"，冒昧地提出自己的看法，引起了读者的兴趣。此书后来被3家出版社出版。又被选用改编为数学教育方向的《数学哲学》教材。其中许多材料还被收录于一些中学的校本教材之中。

《数学家的眼光》是被陈效师先生逼出来的。他说，您给文先生写了书，他退休了，我接替他的工作，您也得给我写。我经不住他一再劝说，就答应下来。

一答应，就像是欠下一笔债似的，只好想到什么就写点什么。5 年积累下来，写成了 6 万字的一本小册子。

这是外因，另外也有内因。自己小时候接触了科普书，感到帮助很大，印象很深。比如苏联伊林的《十万个为什么》《几点钟》《不夜天》《汽车怎样会跑路》；我国顾均正的《科学趣味》和他翻译的《乌拉·波拉故事集》，刘薰宇的《马先生谈算学》和《数学的园地》，王峻岑的《数学列车》。这些书不仅读起来有趣，读后还能够带来悠长的回味和反复的思索。还有法布尔的《蜘蛛的故事》和《化学奇谈》，很有思想，有启发，本来看上去很普通的事情，竟有那么多意想不到的奥妙在里面。看了这些书，就促使自己去学习更多的科学知识，也激发了创作的欲望。那时我就想，如果有人给我出版，我也要写这样好看的书。

法布尔写的书，以十大卷的《昆虫记》为代表，不但是科普书，也可以看成是科学专著。这样的书，小朋友看起来趣味盎然，专家看了也收获颇丰。他的科学研究和科普创作是融为一体的，令人佩服。

写数学科普，想学法布尔太难了。也许根本不可能做到像《昆虫记》那样将科研和科普融为一体。但在写的过程中，总还是禁不住想把自己想出来的东西放到书里，把科研和科普结合起来。

从一开始，写《数学传奇》时，我就努力尝试让读者分享自己体验过的思考的乐趣。书里提到的"五猴分桃"问题，在世界上流传已久。20 世纪 80 年代，诺贝尔奖获得者李政道访问中国科学技术大学，和少年班的学生们座谈时提到这个问题，少年大学生们一时都没有做出来。李政道介绍了著名数学家怀德海的一个巧妙解答，用到了高阶差分方程特解的概念。基于函数相似变换的思想，我设计了"先借后还"的情景，给出一个小学生能够懂的简单解法。这个小小的成功给了我很大的启发：写科普不仅仅是搬运和解读知识，也要深深地思考。

在《数学家的眼光》一书中，提到了祖冲之的密率 355/113 有什么好处的问题。数学大师华罗庚在《数论导引》一书中用丢番图理论证明了，所有分母不超过 366 的分数中，355/113 最接近圆周率 π。另一位数学家夏道行，在他的《e 和

π》一书中用连分数理论推出，分母不超过 8000 的分数中，355/113 最接近圆周率 π。在学习了这些方法的基础上我做了进一步探索，只用初中数学中的不等式知识，不多几行的推导就能证明，分母不超过 16586 的分数中，355/113 是最接近 π 的冠军。而 52163/16604 比 355/113 在小数后第七位上略精确一点，但分母却大了上百倍！

我的老师北京大学的程庆民教授在一篇书评中，特别称赞了五猴分桃的新解法。著名数学家王元院士，则在书评中对我在密率问题的处理表示欣赏。学术前辈的鼓励，是对自己的鞭策，也是自己能够长期坚持科普创作的动力之一。

在科普创作时做过的数学题中，我认为最有趣的是生锈圆规作图问题。这个问题是美国著名几何学家佩多教授在国外刊物上提出来的，我们给圆满地解决了。先在国内作为科普文章发表，后来写成英文刊登在国外的学术期刊《几何学报》上。这是数学科普与科研相融合的不多的例子之一。佩多教授就此事发表过一篇短文，盛赞中国几何学者的工作，说这是他最愉快的数学经验之一。

1974 年我在新疆当过中学数学教师。一些教学心得成为后来科普写作的素材。文集中多处涉及面积方法解题，如《从数学教育到教育数学》《新概念几何》《几何的新方法和新体系》等，源于教学经验的启发。面积方法古今中外早已有了。我所做的，主要是提出两个基本工具（共边定理和共角定理），并发现了面积方法是具有普遍意义的几何解题方法。1992 年应周咸青邀请访美合作时，从共边定理的一则应用中提炼出消点算法，发展出几何定理机器证明的新思路。接着和周咸青、高小山合作，系统地建立了几何定理可读证明自动生成的理论和算法。杨路进一步把这个方法推广到非欧几何，并发现了一批非欧几何新定理。国际著名计算机科学家保伊尔（Robert S. Boyer）将此誉为计算机处理几何问题发展道路上的里程碑。这一工作获 1995 年中国科学院自然科学一等奖和 1997 年国家自然科学二等奖。从教学到科普又到科学研究，20 年的发展变化实在出乎自己的意料！

在《数学家的眼光》中，用一个例子说明，用有误差的计算可能获得准确的

结果。基于这一想法，最近几年开辟了"零误差计算"的新的研究方向，初步有了不错的结果。例如，用这个思想建立的因式分解新算法，对于两个变元的情形，比现有方法效率有上千倍的提高。这个方向的研究还在发展之中。

1979—1985 年，我在中国科学技术大学先后为少年班和数学系讲微积分。在教学中对极限概念和实数理论做了较深入的思考，提出了一种比较容易理解的极限定义方法——"非 ε 语言极限定义"，还发现了类似于数学归纳法的"连续归纳法"。这些想法，连同面积方法的部分例子，构成了 1989 年出版的《从数学教育到教育数学》的主要内容。这本书是在四川教育出版社余秉本女士督促下写出来的。书中第一次提出了"教育数学"的概念，认为教育数学的任务是"为了数学教育的需要，对数学的成果进行再创造。"这一理念渐渐被更多的学者和老师们认同，导致 2004 年教育数学学会（全名是"中国高等教育学会教育数学专业委员会"）的诞生。此后每年举行一次教育数学年会，交流为教育而改进数学的心得。这本书先后由三家出版社出版，从此面积方法在国内被编入多种奥数培训读物。师范院校的教材《初等几何研究》（左铨如、季素月编著，上海科技教育出版社 1991 年出版）中详细介绍了系统面积方法的基本原理。已故的著名数学家和数学教育家，西南师大陈重穆教授在主持编写的《高效初中数学实验教材》中，把面积方法的两个基本工具"共边定理"和"共角定理"作为重要定理，教学实验效果很好。1993 年，四川都江教育学院刘宗贵老师根据此书中的想法编写的教材《非 ε 语言一元微积分学》在贵州教育出版社出版。在教学实践中效果明显，后来还发表了论文。此后，重庆师范学院陈文立先生和广州师范学院萧治经先生所编写的微积分教材，也都采用了此书中提出的"非 ε 语言极限定义"。

10 多年之后，受林群先生研究工作的启发带动，我重启了关于微积分教学改革的思考。文集中有关不用极限的微积分的内容，是 2005 年以来的心得。这方面的见解，得到著名数学教育家张奠宙先生的首肯，使我坚定了投入教学实践的信心。我曾经在高中尝试过用 5 个课时讲不用极限的微积分初步。又在南方科技大学试讲，用 16 个课时不用极限讲一元微积分，严谨论证了所有的基本定理。初步实验的，效果尚可，系统的教学实践尚待开展。

也是在 2005 年后，自己对教育数学的具体努力方向有了新的认识。长期以来，几何教学是国际上数学教育关注的焦点之一，我也因此致力于研究更为简便有力的几何解题方法。后来看到大家都在删减传统的初等几何内容，促使我作战略调整的思考，把关注的重点从几何转向三角。2006 年发表了有关重建三角的两篇文章，得到张奠宙先生热情的鼓励支持。这方面的想法，就是《一线串通的初等数学》一书的主要内容。书里面提出，初中一年级就可以学习正弦，然后以三角带动几何，串联代数，用知识的纵横联系驱动学生的思考，促进其学习兴趣与数学素质的提高。初一学三角的方案可行吗？宁波教育学院崔雪芳教授先吃螃蟹，做了一节课的反复试验。她得出的结论是可行！但是，学习内容和国家教材不一致，统考能过关吗？做这样的教学实验有一定风险，需要极大的勇气，也要有行政方面的保护支持。2012 年，在广州市科协开展的"千师万苗工程"支持下，经广州海珠区教育局立项，海珠实验中学组织了两个班的初中全程的实验。两个实验班有 105 名学生，入学分班平均成绩为 62 分和 64 分，测试中有三分之二的学生不会作三角形的钝角边上的高，可见数学基础属于一般水平。实验班由一位青年教师张东方负责备课讲课。她把《一线串通的初等数学》的内容分成 5 章 92 课时，整合到人教版初中数学教材之中。整合的结果节省了 60 个课时，5 个学期内不仅讲完了按课程标准 6 个学期应学的内容，还用书中的新方法从一年级下学期讲正弦和正弦定理，以后陆续讲了正弦和角公式，余弦定理这些按常规属于高中课程的内容。教师教得顺利轻松，学生学得积极愉快。其间经历了区里的 3 次期末统考，张东方老师汇报的情况如下：

从成绩看效果

期间经过三次全区期末统考。实验班学生做题如果用了教材以外的知识，必须对所用的公式给出推导过程。在全区 80 个班级中，实验班的成绩突出，比区平均分高很多。满分为 150 分，实验一班有 4 位同学获满分，其中最差的个人成

绩 120 多分。

	实验 1 班平均分	实验 2 班平均分	区平均分	全区所有班级排名
七年级下期末	140	138	91	第一名和第八名
八年级上期末	136	133	87.76	第一名和第五名
八年级下期末	145	141	96.83	第一名和第三名

这样的实验效果是出乎我意料的。目前，广州市教育研究院正在总结研究经验，并组织更多的学校准备进行更大规模的教学实验。

科普作品，以"普"为贵。科普作品中的内容若能进入基础教育阶段的教材，被社会认可为青少年普遍要学的知识，就普得不能再普了。当然，一旦成为教材，科普书也就失去了自己作为科普的意义，只是作为历史记录而存在。这是作者的希望，也是多年努力的目标。

文集编辑工作即将完成之际，湖北科学技术出版社刘虹老师建议我写个总序。我从记忆中检索出一些与文集中某些内容有关的往事杂感，勉强塞责。书中不当之处，欢迎读者指正。

湖北科学技术出版社何龙社长和谢俊波主任热心鼓励我出版文集；还有华中师范大学国家数字化学习工程中心彭翕成老师（《绕来绕去的向量法》作者之一，该书中绝大多数例题和题解由他提供）为文集的出版付出了辛勤劳动，在此谨表示衷心的感谢。

2017 年 4 月

目录

上篇：平面几何解题新思路

下篇：平面三角解题新思路

上篇:平面几何解题新思路

第一章

精益求精——比比两个三角形的面积

有些看来极为简单平常的题目，仔细想想，却会有新收获。

图 1-1 画了两个三角形：$\triangle PAB$ 和 $\triangle QAB$，一眼可以看出，$\triangle PAB$ 的面积比 $\triangle QAB$ 的面积大。

若进一步问：$\triangle PAB$ 的面积是 $\triangle QAB$ 的多少倍呢？这就不是一眼能看出来的了。要量一量。

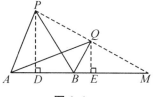

图 1-1

这是不难的。在小学里就学过，三角形面积等于底乘高之积的一半。先画出 $\triangle PAB$ 的高 PD 和 $\triangle QAB$ 的高 QE，量出

$$AB=4（厘米），$$

$$PD=4（厘米），$$

$$QE=2（厘米）。$$

立刻可以算出，$\triangle PAB$ 的面积是 8 平方厘米，$\triangle QAB$ 的面积是 4 平方厘米。因此，$\triangle PAB$ 的面积是 $\triangle QAB$ 面积的 2 倍。

你马上会想到，上面这个方法是个笨办法。根本不用算出两个三角形的面积来。因为 $\triangle PAB$ 和 $\triangle QAB$ 有一条公共边 AB，这条公共边也就可以当作公共底。

有公共底的两个三角形叫做同底三角形。同底三角形的面积比等于它们的高的比,因此

$$\frac{\triangle PAB}{\triangle QAB}=\frac{PD}{QE}=\frac{4}{2}=2。 \tag{1}$$

可见,△PAB 的面积是△QAB 的 2 倍。

在(1)式中,为了写起来简便,我们用"△PAB"表示三角形 PAB 的面积。这种记法下面还会使用。在本书中,△PAB 有时表示三角形 PAB,有时表示三角形 PAB 的面积;不要紧,我们从上下文可以看出,△PAB 什么时候表示三角形 PAB,什么时候表示它的面积。

只量高,不量底,就可以求出△PAB 和△QAB 的面积比。这里利用了两个三角形有公共底的特点。这比先分别算出两个三角形的面积的办法要高明些。

进一步问,能不能精益求精,再高明一点呢?

量高,要用带直角的三角板先画高,还要量两次。有没有更简单点的方法呢?

有,看图 1-1。设 M 是直线 AB 与 PQ 的交点,量出线段 PM 和 QM 的长度。量这两条线段,既不用画垂线,又可以一次量出。量得 PM=8(厘米)、QM=4(厘米),同样可算出

$$\frac{\triangle PAB}{\triangle QAB}=\frac{PM}{QM}=\frac{8}{4}=2。 \tag{2}$$

这是什么道理呢?

学过相似三角形的读者,很快会发现△PDM∽△QEM,因而有

$$\frac{PD}{QE}=\frac{PM}{QM}。 \tag{3}$$

这表明,知道了 PM 与 QM 的比,也就知道了 PD 与 QE 的比,从而也就知道了△PAB 与△QAB 的面积比。

很好。你找到了更高明的办法,而且应用相似三角形的知识说明了其中的道理。值得祝贺。

但你不应就此满足。你可以再问,能不能用更简单明了的推理,来说明等式

$$\frac{\triangle PAB}{\triangle QAB} = \frac{PM}{QM} \tag{4}$$

的来历呢？

比如，一位小朋友还没学过相似三角形的知识，你能不能向他说明（4）式成立的道理呢？

办法仍是有的。在直线 AB 上取一点 N，让 MN $=AB$，如图 1-2。于是

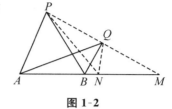

图 1-2

$$\triangle PAB = \triangle PMN,$$

$$\triangle QAB = \triangle QMN,$$

因而　$\dfrac{\triangle PAB}{\triangle QAB} = \dfrac{\triangle PMN}{\triangle QMN} = \dfrac{PM}{QM}$。 $\tag{5}$

这里，用到了"同高三角形的面积比等于底之比"。因为，把 PM 看成 $\triangle PMN$ 的底，把 QM 看成 $\triangle QMN$ 的底，$\triangle PMN$ 和 $\triangle QMN$ 便成了同高三角形。它们的公共高在图中没有画出来。

为了说明等式（4），我们在直线 AB 上取了一个点 N，又连了线段 PN、QN。如果不想添加这些辅助点和辅助线，可以利用现成的同高三角形来过渡：

$$\frac{\triangle PAB}{\triangle QAB} = \frac{\triangle PAB}{\triangle PBM} \cdot \frac{\triangle PBM}{\triangle QBM} \cdot \frac{\triangle QBM}{\triangle QAB} = \frac{AB}{BM} \cdot \frac{PM}{QM} \cdot \frac{BM}{AB} = \frac{PM}{QM}。 \tag{6}$$

这同样推出了等式（4），但没有用辅助点和辅助线。

现在回顾一下我们思考的过程，从中获得一些有益的启示：

1. 不要放过那些表面上看来平凡而简单的问题，它们背后也许有你还没有弄明白的东西；

2. 找到一种解题方法之后，不妨再想想，有没有更高明的办法；

3. 更高明的办法也许要用到更多的知识来说明其中的奥妙。不妨进一步想：能不能用更少的、更基本的知识来说明那些你本以为要用较多的知识才能说明的道理呢？

问题到此并没有结束，还可以"举一反三"。图 1-1 中画出的两个三角形

△PAB、△QAB,其特点是有一条公共边 AB。但是,有公共边的两个三角形,它们的位置关系并不一定像图 1-1 那样,情形是多种多样的。

是不是在任何情形之下,等式(4)都成立呢?

这样看问题和提问题,我们就从图 1-1 的两个特殊三角形△PAB、△QAB 出发,提出了"有公共边的两个三角形"的一般概念。有了一般概念,就可以提出更一般的问题,找出更一般的规律。

习　题　一

1.1　在一开始所提的问题中,如果 P、Q 两点在直线 AB 两侧,△PAB 与△QAB 之比可化为哪两段线段之比?(看图回答)

1.2　如图,已知 $AP:PC=4:3$,$AQ:QB=3:2$,求△AOB 与△AOC 之比。

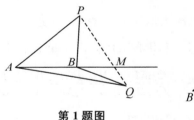

第 1 题图　　　　　　　　第 2 题图

第二章

举一反三——共边定理和它的用处

有一条公共边的两个三角形,叫做共边三角形。

几何课本里有全等三角形、相似三角形,但没有共边三角形。其实,共边三角形在几何图形中出现的机会更多。比如,平面上随意取 4 个点 A、B、C、D,如图 2-1,这里一般没有全等三角形,也没有相似三角形,但却有许多共边三角形。(你不妨数一数,不算对角线交点 P,共有 6 对共边三角形。算上 P 点,有 18 对之多呢!)

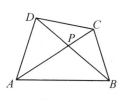

图 2-1

下面,我们就来研究一下共边三角形吧。关于共边三角形,有什么值得一提的一般规律吗?

前面,我们通过对一对特殊的共边三角形 $\triangle PAB$、$\triangle QAB$ 的讨论,发现了上一章等式(4),即共边三角形的面积比可以转化为线段比表示。用数学语言来表述就是:

共边定理 设直线 AB 与 PQ 交于 M,则

$$\frac{\triangle PAB}{\triangle QAB} = \frac{PM}{QM}\text{。} \tag{1}$$

证明:有四种情形*(如图 2-2):

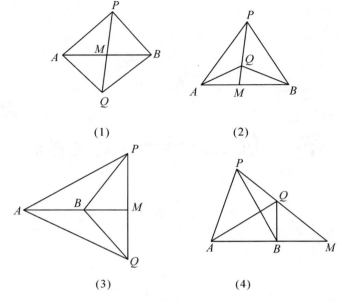

(1)　　　　　　　　　　　(2)

(3)　　　　　　　　　　　(4)

图 2-2

下面的推理适合于任一种情形。不妨设 M 与 B 不重合(否则,要证的等式显然成立),于是

$$\frac{\triangle PAB}{\triangle QAB}=\frac{\triangle PAB}{\triangle PMB}\cdot\frac{\triangle PMB}{\triangle QMB}\cdot\frac{\triangle QMB}{\triangle QAB}=\frac{AB}{MB}\cdot\frac{PM}{QM}\cdot\frac{MB}{AB}=\frac{PM}{QM}\text{。} \qquad \square$$

这里,记号"□"表示证明完毕,或计算过程结束。另一种证明方法是在直线 AB 上另取一点 N 使 $MN=AB$,立刻得到

$$\frac{\triangle PAB}{\triangle QAB}=\frac{\triangle PMN}{\triangle QMN}=\frac{PM}{QM}\text{。}$$

对比一下上一章的做法,我们体会到:在解决特殊问题的过程中,可以找到解决一般问题的方法。一开始推导等式(4)时,是针对图 1-1 的;但那方法又不局限

＊　四种情形为(1)P、Q 在直线 AB 两侧,A、B 也在直线 PQ 两侧;

　　　　(2)P、Q 在直线 AB 同侧,A、B 在直线 PQ 两侧;

　　　　(3)P、Q 在直线 AB 两侧,A、B 在直线 PQ 同侧;

　　　　(4)P、Q 在直线 AB 同侧,A、B 也在直线 PQ 同侧。

于图 1-1,它对图 2-2 中的四种情形都适用。

定理证出来了,不妨评述一下证法,以便总结经验,利于解决新问题。上面两种证法中,取辅助点的想法是巧妙的,一下子把问题化简了。但前一方法也大有教益,它叫做过渡法或架桥法。问题是寻找 $\triangle PAB$ 和 $\triangle QAB$ 的面积比,这一下看不出来。我们利用另外的三角形作为桥,逐步过渡。$\triangle PAB$ 与 $\triangle PMB$ 的比好找,$\triangle PMB$ 与 $\triangle QMB$ 的比好找,$\triangle QMB$ 与 $\triangle QAB$ 的比也好找。于是,过渡完成了。这种办法有时能解决相当难的问题。本书后面会一再用到它。

一个定理的用处越多,就越重要。为了说明共边定理是一个重要定理,下面举几个例子。

【例 2.1】 如图 2-3,设 $\triangle ABC$ 两边 AB、AC 的中点分别是 M、N,线段 BN 和 CM 交于点 P,求证:$CP=2PM$。

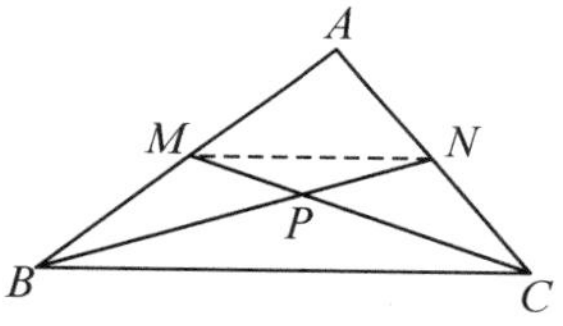

分析:问题是求线段比 $\dfrac{CP}{PM}$。用共边定理,这线段比

可以化成面积比:

$$\frac{CP}{PM}=\frac{\triangle CBN}{\triangle MBN}。$$

图 2-3

由于 N 是 AC 中点,$\triangle CBN$ 是 $\triangle ABC$ 的一半;$\triangle MBN$ 又是 $\triangle ABN$ 的一半,即 $\triangle MBN$ 是 $\triangle ABC$ 的 $\dfrac{1}{4}$,问题便水落石出了。

据此分析,可写出证明。

证明:由共边定理得

$$\frac{CP}{PM}=\frac{\triangle CBN}{\triangle MBN}=\frac{\triangle CBN}{\triangle ABN}\cdot\frac{\triangle ABN}{\triangle MBN}=\frac{CN}{AN}\cdot\frac{AB}{MB}=2。 \qquad\square$$

例 2.1 是平面几何里一条常用的定理:三角形重心(图 2-3 中,P 就是三角形的重心)到顶点的距离,等于它到对边中点距离的 2 倍。更一般的情形是:

【例 2.2】 上题中若 $AM=\lambda MB$,$AN=\mu NC$。求比值 $\dfrac{CP}{PM}$。

解:用共边定理可得

$$\frac{CP}{PM}=\frac{\triangle CBN}{\triangle MBN}=\frac{\triangle CBN}{\triangle ABN}\cdot\frac{\triangle ABN}{\triangle MBN}$$

$$=\frac{CN}{AN}\cdot\frac{AB}{MB}=\frac{1+\lambda}{\mu}。$$ □

利用这种办法,可以做一些有趣的面积计算,如:

【例 2.3】 在 $\triangle ABC$ 的三边 BC、CA、AB 上,分别取点 X、Y、Z 使得 $CX=\frac{1}{3}$ BC、$AY=\frac{1}{3}AC$、$BZ=\frac{1}{3}AB$。连 AX、BY、CZ 三条线,围成三角形 LMN,如图 2-4。问 $\triangle LMN$ 的面积是 $\triangle ABC$ 面积的几分之几?

解: 利用所给条件,先求 $\triangle MBC$、$\triangle NCA$、$\triangle LAB$ 与 $\triangle ABC$ 之比。

$$\frac{\triangle ABC}{\triangle MBC}=\frac{\triangle ABM+\triangle BCM+\triangle ACM}{\triangle MBC}$$

$$=\frac{AY}{CY}+1+\frac{AZ}{BZ}$$

$$=\frac{1}{2}+1+2=\frac{7}{2}。$$

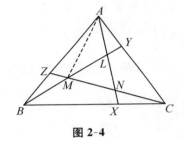

图 2-4

$$\therefore \triangle MBC=\frac{2}{7}\triangle ABC。$$

同理,$\triangle NCA=\frac{2}{7}\triangle ABC$,$\triangle LAN=\frac{2}{7}\triangle ABC$,

$$\therefore \triangle LMN=\frac{1}{7}\triangle ABC。$$ □

这三个例子都很简单。下面我们就会看到,有些初看很难下手的题目,用了共边定理,竟能迎刃而解!

【例 2.4】 在 $\triangle ABC$ 内任取一点 P,连 AP、BP、CP 分别交对边于 X、Y、Z。求证:$\frac{PX}{AX}+\frac{PY}{BY}+\frac{PZ}{CZ}=1$。

证明: 如图 2-5,用共边定理可得

$$\frac{PX}{AX}+\frac{PY}{BY}+\frac{PZ}{CZ}=\frac{\triangle PBC}{\triangle ABC}+\frac{\triangle PAC}{\triangle ABC}+\frac{\triangle PAB}{\triangle ABC}$$

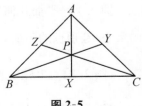

图 2-5

$$= \frac{\triangle ABC}{\triangle ABC} = 1。$$

【例 2.5】 在图 2-5 中,试证:$\dfrac{AZ}{ZB} \cdot \dfrac{BX}{XC} \cdot \dfrac{CY}{YA} = 1$。

证明: 用共边定理可得

$$\frac{AZ}{ZB} \cdot \frac{BX}{XC} \cdot \frac{CY}{YA} = \frac{\triangle PAC}{\triangle PBC} \cdot \frac{\triangle PAB}{\triangle PAC} \cdot \frac{\triangle PBC}{\triangle PAB} = 1。$$

【例 2.6】 (1978 年北京市中学生数学竞赛试题)设 M 是 ABC 的 AC 边的中点。过 M 任作一直线与 AB 边交于 P,与 BC 边的延长线交于 Q,如图 2-6。求证:$\dfrac{PA}{PB} = \dfrac{QC}{QB}$。

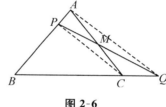

证明: $\dfrac{PA}{PB} = \dfrac{\triangle QPA}{\triangle QPB} = \dfrac{\triangle QPA}{\triangle QPC} \cdot \dfrac{\triangle QPC}{\triangle QPB}$

$$= \frac{AM}{MC} \cdot \frac{QC}{QB} = \frac{QC}{QB}。$$

图 2-6

【例 2.7】 四边形 $ABCD$ 中,$AD = BC$,另两边 AB、cD 的中点分别为 M、N。延长 AD、BC 分别与直线 MN 交于 P、Q,如图 2-7。求证:$PD = QC$。

证明: 由已知条件及共边定理得

$$\frac{PA}{PD} = \frac{\triangle AMN}{\triangle DMN} = \frac{\triangle BMN}{\triangle CMN} = \frac{QB}{QC}。$$

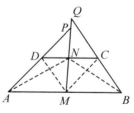

利用 $PA = PD + DA$ 及 $QB = QC + CB$ 代入两端并整理,再用条件 $DA = CB$,即得 $PD = QC$。

图 2-7

【例 2.8】 (1979 年安徽省数学竞赛试题)设 G 是 $\triangle ABC$ 的重心(三角形三条中线的交点)。过 G 任作一直线与 $\triangle ABC$ 的两边 AB、AC 分别交于 X、Y。求证:$GX \leqslant 2GY$。

证明: 如图 2-8,有

$$\frac{GY}{XY} = \frac{\triangle GAC}{\triangle XAC} \geqslant \frac{\triangle GAC}{\triangle ABC} = \frac{1}{3}。$$

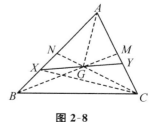

这表明 $GX \leqslant \dfrac{2}{3} XY$,从而 $GX \leqslant 2GY$。

图 2-8

证明中用到$\triangle GAC = \frac{1}{3}\triangle ABC$,这是因为 M、N 分别是 AC、AB 的中点,因而有 $\triangle GAB = \triangle GBC$ 以及 $\triangle GBC = \triangle GAC$ 之故。

例子暂时讲到这里。如果你对这里介绍的方法有兴趣,不妨自己动手做一做下面的习题。经过努力仍做不出来时,再看书尾所附的提示或参考答案。

习　题　二

2.1 已知 P 是 AC 的中点,Q 在 AB 边上且 $AQ = 2QB$。试求比值 $\frac{PR}{BR}$、$\frac{QR}{CR}$ 和 $\frac{\triangle RBC}{\triangle ABC}$。

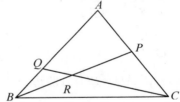

第 1 题图

2.2 在 ABC 的三边 BC、CA、AB 上,分别取点 X、Y、Z 使得 $BX = XC$,$CY = 2YA$,$AZ = 3ZB$。问直线 AX、BY、CZ 围成的三角形面积是 $\triangle ABC$ 的几分之几?

2.3 (1943 年匈牙利数学竞赛试题)在 $\triangle ABC$ 内任取一点 P,试证:P 到三角形 ABC 周界点的最大距离至少是最小距离的 2 倍。

2.4 如图,在 $\triangle ABC$ 之外,$\angle ABC$ 之内任取一点 P,直线 AP、BP、CP 分别与 BC、CA、AB 交于 X、Y、Z。求证:$\frac{PX}{AX} + \frac{PZ}{CZ} - \frac{PY}{BY} = 1$。

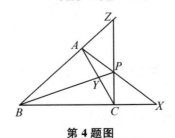

第 4 题图

2.5 如图,在 $\triangle ABC$ 的两边 AB、AC 上分别取点 X、Y,直线 XY 与 BC 的延长线交于 Z。求证: $\dfrac{AX}{XB} \cdot \dfrac{BZ}{ZC} \cdot \dfrac{CY}{YA} = 1$。

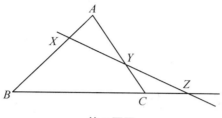

第 5 题图

2.6 如图 2-7(这里不再设 M、N 为 AB、CD 中点,亦不设 $AD = BC$),若已知 $\dfrac{PD}{AD} = \dfrac{QC}{BC}$,试证: $\dfrac{DN}{CN} = \dfrac{AM}{BM}$。

2.7 如图,在 $\triangle ABC$ 的 BC 边上任取一点 P,过 P 作直线与 AC 边交于 X,与 AB 边的延长线交于 Y,求证: $\dfrac{PY}{PX} > \dfrac{PB}{PC}$。

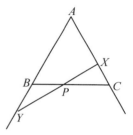

第 7 题图

第三章

从反面想一想——共边三角形与平行线

共边定理的前提是"设直线 AB 与 PQ 交于 M"。

但是,如果 AB 与 PQ 不相交呢?

这样提问题,叫做从反面着想。数学里的很多命题,如果从反面想一想,往往能开辟出新天地。

直线 AB 与 PQ 会不会不相交呢? 当然会,当△PAB 和△QAB 面积相等,而且 P、Q 在直线 AB 同侧时,它们一定不会相交。请看:

【例 3.1】 求证:若 P、Q 两点在直线 AB 同侧,且△PAB=△QAB,则直线 PQ 与 AB 不相交(即 $PQ/\!/AB$)。

证明:用反证法。若 PQ 延长后与直线 AB 交于 M(如图 3-1),则

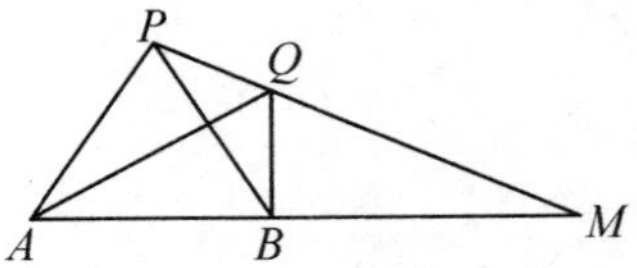

$$\frac{\triangle PAB}{\triangle QAB}=\frac{PM}{QM}>1。$$

图 3-1

即△PAB>△QAB,这与假设△PAB=△QAB 矛盾。   □

反过来,当 $PQ/\!/AB$ 时,一定有△PAB=△QAB。这也可以用反证法来证明。

【例 3.2】 如图 3-2,若已知 $PQ/\!/AB$,试证：$\triangle PAB = \triangle QAB$。

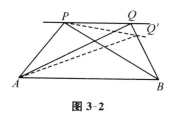

图 3-2

证明：用反证法。若 $\triangle PAB \neq \triangle QAB$,则可在射线 BQ 上另取一点 Q' 使 $\triangle Q'$ $AB = \triangle PAB$,由例 3.1 结果可知 $PQ'/\!/AB$,于是过 P 有两条直线与 AB 平行,矛盾。 □

这样一来,共边三角形与平行线联系起来了。于是又可以找到一批应用的例子。

【例 3.3】 已知平行四边形 $ABCD$ 的两条对角线 AC、BD 交于 D（图 3-3）。求证：$AO = CO$。

证明：$\dfrac{AO}{CO} = \dfrac{\triangle ABD}{\triangle BCD} = \dfrac{\triangle ABC}{\triangle ABC} = 1$。 □

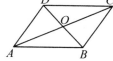

图 3-3

你能看出这个简短的证明的道理吗？第一步,用共边定理。然后,由 $DC/\!/AB$ 可得 $\triangle ABD = \triangle ABC$,又由 $AD/\!/BC$ 得 $\triangle ABC = \triangle BCD$。这就证出来了。

【例 3.4】 已知直线 l 平行于 BC,与 $\triangle ABC$ 的两边 AB、AC 分别交于 P、Q,如图 3-4。

求证：$\dfrac{AP}{PB} = \dfrac{AQ}{QC}$。

证明：$\dfrac{AP}{PB} = \dfrac{\triangle APQ}{\triangle BPQ} = \dfrac{\triangle APQ}{\triangle CPQ} = \dfrac{AQ}{CQ}$。 □

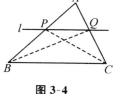

图 3-4

【例 3.5】 (1978 年全国中学生数学竞赛试题)已知线段 AB 和一条平行于 AB 的直线 l。取不在 AB 上也不在 l 上的一点 P,作直线 PA、PB 分别与 l 交于 M、N,连 AN、BM 交于 O,连 PO 交 AB 于 Q,如图 3-5。求证：$AQ = BQ$。

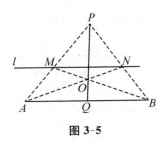

图 3-5

这个题目是有来历的。1978 年举行全国中学生数学竞赛时,数学大师华罗庚教授在北京主持命题小组的工作。著名数学家苏步青教授写信给华罗庚,建议出这样一个题目:在平面上给了两点 A、B 和平行于 AB 的一条直线,只用直尺,怎样找出线段 AB 的中点来?

命题小组觉得,这个题目难了一些。改成例 3.5 的样子:告诉你怎么找 AB 的中点,但要求你说出道理,即给出证明。

应用共边三角形的性质,证明是不难的。

证明:用共边定理可得

$$\frac{AQ}{BQ} = \frac{\triangle AOP}{\triangle BOP} = \frac{\triangle AOP}{\triangle AOB} \cdot \frac{\triangle AOB}{\triangle BOP}$$

$$= \frac{PN}{BN} \cdot \frac{AM}{PM} = \frac{\triangle PMN}{\triangle BMN} \cdot \frac{\triangle AMN}{\triangle PMN} = \frac{\triangle AMN}{\triangle BMN} = 1 \text{。}$$

这最后一步用到了 $MN /\!/ AB$。

【**例 3.6**】 梯形 $ABCD$ 的对角线交于 O。过 O 作平行于梯形下底 AB 的直线与两腰 AD、BC 交于 M、N,如图 3-6。求证:$MO = NO$。

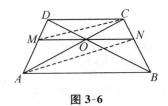

图 3-6

证明:$\dfrac{MO}{NO} = \dfrac{\triangle MAC}{\triangle NAC} = \dfrac{\triangle AOD}{\triangle BOC} = \dfrac{\triangle ABD - \triangle ABO}{\triangle ABC - \triangle ABO} = 1$。

这个证明中,关键的一步是看出 $\triangle MAC = \triangle AOD$ 和 $\triangle NAC = \triangle BOC$,这里用

到了面积分割的技巧：

$$\triangle MAC = \triangle MAO + \triangle MOC = \triangle MAO + \triangle MOD = \triangle AOD,$$

$$\triangle NAC = \triangle CON + \triangle AON = \triangle CON + \triangle BON = \triangle BOC。$$

这种面积分割的技巧，在下面的例中，有更充分的体现。

【例 3.7】 已知 A、B、C 在一直线上，X、Y、Z 在一直线上，并且 $AY /\!/ BZ$、BX $/\!/ CY$。求证：$AX /\!/ CZ$。

分析：只要证明 $\triangle AXC = \triangle AXZ$

就可以了。由图 3-7 可知：

$$\triangle AXC = \triangle AXB + \triangle BXC$$

$$= \triangle AXB + \triangle BXY = S_{ABXY}。$$

（S_{ABXY} 表示四边形 $ABXY$ 的面积，这种记法后面还会

使用。）

$$\triangle AXZ = \triangle AXY + \triangle AYZ = \triangle AXY + \triangle BAY = S_{ABXY}。$$

$$\therefore \quad \triangle AXC = \triangle AXZ。$$

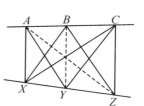

图 3-7

习 题 三

3.1 如图，设 $\square ABCD$ 对角线交点为 O，过 O 任作直线与 AB、CD 分别交于 P、Q。求证：$PO = QO$。

3.2 在图 3-4 中，已知 $\dfrac{PA}{BA} = \dfrac{QA}{CA}$，求证：$PQ /\!/ BC$。

3.3 在图 3-5 中，试证直线 PO 也平分线段 MN。

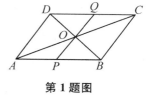

第 1 题图

3.4 在例 3.6 中，如果直线 $MN /\!/ AB$ 但不过点 O，而与两对角线分别交于 G、H（如图）。求证：$MG = NH$。

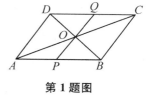

第 4 题图

第四章

井田问题与定比分点公式

一块不规则四边形的田地,如图 4-1 中的 $ABCD$。在每条边上都取三等分点,再把两双对边上的三等分点连起来,成了一个"井"字形。"井"字把这块田分成 9 小块。由于四边形不规则,这 9 小块的面积有大有小。但是,巧得很,无论如何,正中间那一块的面积,恰是四边形 $ABCD$ 面积的九分之一!

但要证明这个有趣的断言,却不是那么容易。

面前有一个难题,它又十分有趣。不做不甘心,做又太难。怎么办呢? 有一条十分有用的规则:

"如果当前的问题太难,你就做一个比较容易的类似的问题。"

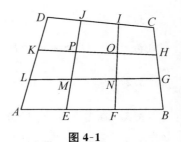

图 4-1

我们退一步,先解决一个简单一点的问题:在图 4-1 中,能不能证明中间长条的面积——四边形 $KLGH$ 的面积是 $ABCD$ 面积的三分之一呢?

这并不难:

【例 4.1】 在图 4-1 中,已知 E、F、G、H、I、J、K、L 是各边 AB、BC、CD、DA 的三等分点,求证:$S_{ABCD} = 3S_{KLGH} = 3S_{EFIJ}$。

证明：如图 4-2，$\triangle ABL = \dfrac{1}{3}\triangle ABD$，$\triangle CDH = \dfrac{1}{3}\triangle CDB$。

两式相加得：

$$\triangle ABL + \triangle CDH = \frac{1}{3}S_{ABCD}。$$

因而

$$S_{KLGH} = \triangle LGH + \triangle LKH$$

$$= \frac{1}{2}(\triangle LBH + \triangle LHD)$$

$$= \frac{1}{2}(S_{ABCD} - \triangle ABL - \triangle CDH)$$

$$= \frac{1}{2}\left(S_{ABCD} - \frac{1}{3}S_{ABCD}\right)$$

$$= \frac{1}{3}S_{ABCD}。$$

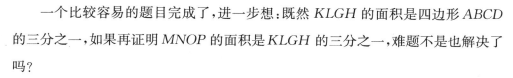

图 4-2

同理，$S_{EFIJ} = \dfrac{1}{3}S_{ABCD}$。

一个比较容易的题目完成了，进一步想：既然 $KLGH$ 的面积是四边形 $ABCD$ 的三分之一，如果再证明 $MNOP$ 的面积是 $KLGH$ 的三分之一，难题不是也解决了吗？

但要证明这一点，还得先证明 M、N 是 LG 的三等分点，P、O 是 KH 的三等分点。为此要考虑题目：

【例 4.2】　与例 4.1 条件相同。求证：M、N 是 LG 的三等分点，P、D 是 KH 的三等分点。

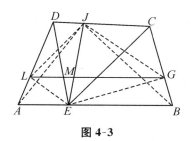

图 4-3

证明：如图 4-3。要证明的是

$$MG = 2ML，$$

为此，只要证明

$$\triangle GEJ = 2\triangle LEJ$$

就可以了。细细分析可得：

$$\triangle GEJ = S_{BEJC} - \triangle BEG - \triangle CJG$$

$$= S_{BEJC} - \frac{1}{3}\triangle BEC - \frac{2}{3}\triangle BJC$$

$$= S_{BEJC} - \frac{1}{3}(S_{BEJC} - \triangle CEJ) - \frac{2}{3}(S_{BEJC} - \triangle BEJ)$$

$$= \frac{1}{3}\triangle CEJ + \frac{2}{3}\triangle BEJ$$

$$= 2\left(\frac{1}{3}\triangle DEJ + \frac{2}{3}\triangle AEJ\right)。$$

$$\triangle LEJ = S_{AEJD} - \triangle AEL - \triangle DJL$$

$$= S_{AEJD} - \frac{1}{3}\triangle AED - \frac{2}{3}\triangle DJA$$

$$= S_{AEJD} - \frac{1}{3}(S_{AEJD} - \triangle DEJ) - \frac{2}{3}(S_{AEJD} - \triangle AEJ)$$

$$= \frac{1}{3}\triangle DEJ + \frac{2}{3}\triangle AEJ。$$

这表明 $\triangle GEJ = 2\triangle LEJ$，从而 $MG = 2ML$，即 M 是 LG 的三等分点。同理，N 是 LG 的三等分点，P、O 是 KH 的三等分点。　　　□

这样，一个难题被我们化整为零地解决了。

问题没有解决之前，要退一步想。问题解决之后，要进一步想。进一步想什么？至少有几个方面可以考虑：

（1）能不能做更难、更一般的问题？

（2）同样的问题，能不能做得更简单、更漂亮？

（3）从解题过程中，能总结出一些经验、方法吗？

更一般的问题,更难的问题,是容易提出来的。例如,三等分点可以变成五等分点,或者横着三等分,竖着五等分;也可以考虑,如果是四等分,六等分,问题怎么提法;还可以问,除了中央那一块,其他 8 块的面积能不能计算? 如不能算,加上什么条件就可以算了? 等等,都不妨考虑。

想把问题做得更简单,更漂亮,是很不容易的。因为问题往往无从下手。如果一时想不到办法,可以慢慢琢磨,不必急于求成。

最重要的是总结经验和方法。有了经验和方法,难题也就不怕了,好的解法也就容易想到了。

分析例 4.2 的解题过程,就会发现:关键在于如何计算 $\triangle GEJ$ 和 $\triangle LEJ$。在计算时,我们假定知道了 $\triangle CEJ$、$\triangle BEJ$ 和 G 在 BC 上的位置,则可以求出 $\triangle GEJ$;如果知道了 $\triangle DEJ$、$\triangle AEJ$ 和 L 在 AD 上的位置,则可以求出 $\triangle LEJ$。把这种计算方法总结一下,便得到一个十分有用的公式:

定比分点公式 设线段 PQ 不与直线 AB 相交,T 在线段 PQ 上并且 $PT=\lambda PQ$,则

$$\triangle TAB=\lambda\triangle QAB+(1-\lambda)\triangle PAB。\tag{1}$$

证明 1: 如图 4-4,记四边形 $ABQP$ 面积为 S,则:

$$\begin{aligned}
\triangle TAB &=S-\triangle PAT-\triangle QBT\\
&=S-\lambda\triangle PAQ-(1-\lambda)\triangle PBQ\\
&=S-\lambda(S-\triangle QAB)-(1-\lambda)(S-\triangle PAB)\\
&=S-\lambda S-(1-\lambda)S+\lambda\triangle QAB+(1-\lambda)\triangle PAB\\
&=\lambda\triangle QAB+(1-\lambda)\triangle PAB。
\end{aligned}$$

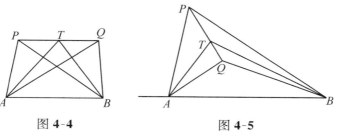

图 4-4　　　　　图 4-5

上述证明是照搬例 4.2 的,它不能包括所有情形。如图 4-5 的情形,就要改为:

$$\triangle TAB = S - \triangle APT + \triangle QBT$$

$$= S - \lambda \triangle PAQ + (1 - \lambda) \triangle PBQ$$

$$= S - \lambda (S - \triangle QAB) + (1 - \lambda)(\triangle PAB - S)$$

$$= \lambda \triangle QAB + (1 - \lambda) \triangle PAB。$$

利用共边定理,则可以给出统一的证明:

证明 2: 如图 4-6,若 $PQ /\!/ AB$,则 $\triangle TAB = \triangle QAB = \triangle PAB$,要证的公式当然成立。

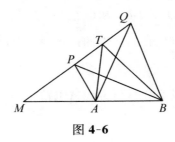

图 4-6

于是可设直线 PQ 与 AB 交于 M。由共边定理可得

$$\frac{\triangle PAB}{PM} = \frac{\triangle TAB}{TM} = \frac{\triangle QAB}{QM}。$$

从而

$$\frac{\triangle TAB - \triangle PAB}{TM - PM} = \frac{\triangle QAB - \triangle TAB}{QM - TM}。$$

也就是

$$\frac{\triangle TAB - \triangle PAB}{\triangle QAB - \triangle TAB} = \frac{TM - PM}{QM - TM} = \frac{PT}{TQ} = \frac{\lambda}{1 - \lambda}。$$

即 $(1 - \lambda)(\triangle PAB - \triangle TAB) = \lambda(\triangle TAB - \triangle QAB)。$

解出 $\triangle TAB = \lambda \triangle QAB + (1 - \lambda) \triangle PAB。$ □

有了定比分点公式,要解决刚才提出的井田问题就一点不难了。我们甚至有一般的办法,例如:

【例 4.3】　在四边形 $ABCD$ 的各边上取点 E、G、J、L（如图 4-7），连 LC、EJ 交于 M。若已知 $\dfrac{AE}{AB}=\dfrac{DJ}{DC}=\lambda$，$\dfrac{AL}{AD}=\dfrac{BG}{BC}=\mu$，求证：$\dfrac{EM}{EJ}=\mu$，$\dfrac{LM}{LG}=\lambda$。

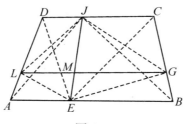

图 **4-7**

证明：应用共边定理和定比分点公式：

$$\frac{LM}{GM}=\frac{\triangle LEJ}{\triangle GEJ}$$

$$=\frac{\mu\triangle DEJ+(1-\mu)\triangle AEJ}{\mu\triangle CEJ+(1-\mu)\triangle BEJ}$$

$$=\frac{\mu(\lambda\triangle DEC)+(1-\mu)(\lambda\triangle AJB)}{\mu(1-\lambda)\triangle DEC+(1-\mu)(1-\lambda)\triangle AJB}$$

$$=\frac{\lambda}{(1-\lambda)}\cdot\frac{\left[\mu\triangle DEC+(1-\mu)\triangle AJB\right]}{\left[\mu\triangle DEC+(1-\mu)\triangle AJB\right]}$$

$$=\frac{\lambda}{1-\lambda}。$$

因而 $\dfrac{LM}{LG}=\lambda$，同理 $\dfrac{EM}{EJ}=\mu$。　　　　　　　　　　　□

有了例 4.3 的结果，马上可知在图 4-1 中，M、N 是 LG 的三等分点，P、O 是 KH 的三等分点。这时，井田问题当然容易解决了。

在定比分点公式中，有一个条件"线段 PQ 不与直线 AB 相交"。如果相交，这公式就不成立了。看看图 4-8，当 T 靠近 PQ 与 AB 的交点 M 时，$\triangle TAB$ 的面积可以十分接近 0，当然不会再有（1）式了。

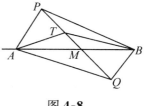

图 **4-8**

这时，有另一个公式：

定比分点公式补充　若线段 PQ 与直线 AB 交于 M，T 在线段 PM 上并且 PT

$=\lambda PQ$，则

$$\triangle TAB = (1-\lambda)\triangle PAB - \triangle QAB。$$

证明：对图 4-8 应用共边定理可得

$$\frac{\triangle PAB}{PM} = \frac{\triangle TAB}{TM} = \frac{\triangle QAB}{QM}。$$

于是有

$$\frac{\triangle PAB - \triangle TAB}{PM - TM} = \frac{\triangle TAB + \triangle QAB}{TM + QM}。$$

也就是

$$\frac{\triangle PAB - \triangle TAB}{\triangle TAB + \triangle QAB} = \frac{PM - TM}{TM + QM} = \frac{PT}{TQ} = \frac{\lambda}{1-\lambda}。$$

由此解出

$$\triangle TAB = (1-\lambda)\triangle PAB - \lambda\triangle QAB。$$

习 题 四

4.1 若图 4-1 中的四边形 $ABCD$ 是梯形，$AB /\!/ CD$，并且已知上底 $CD = \frac{2}{3}$ AB，且 $ABCD$ 面积为 S。试计算"井"字形分成的 9 块面积各是多少？

4.2 把图 4-1 中的三等分改成四等分、五等分，会有什么结果？

4.3 思考：在图 4-1 中，如果知道了 $\triangle ABD$、$\triangle ABC$、$\triangle BCD$ 的面积，能不能求出"井"字形分成的 9 小块的面积？

第五章

一箭三雕

我们来讲一个有趣的例子。它初看似乎很难,但却有一种非常巧妙的简单解法。更让人惊奇的是,这个解法能从一个平凡的想法出发,一步一步地找出来。

在第三章(例 3.5),介绍了苏步青教授写信给华罗庚建议的一个数学竞赛题。这题目中有两条平行线:AB 和 MN。如果 AB 和 MN 不平行,而是相交于某一点 R(如图 5-1),点 Q 显然不再是中点了。此时,关于 Q 在 AB 上的位置,有什么可说的没有呢?

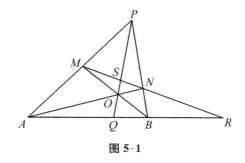

图 5-1

华罗庚在《1978 年中学生数学竞赛题解》这本书的前言中,谈到了这个问题。他指出,在图 5-1 情形下,虽然不会再有 $AQ=QB$ 了,但成立着等式

$$\frac{AQ}{BQ} = \frac{AR}{BR}。 \tag{1}$$

并且说明:如果 R 离 B 点越来越远,比值 $\frac{AR}{BR}$ 就越来越接近 1。当 $MN /\!/ AB$ 时,可以想象 R 到了无穷远处,$\frac{AR}{BR}$ 等于 1。可见,图 5-1 是图 3-5 的更一般情形。

华罗庚指出,苏步青教授建议的题目包含了仿射几何的基本原理,而图 5-1 中 (1) 式这个一般情形的成立,则包含了射影几何的基本原理。在那篇前言中,华罗庚还用中学生可以理解的方法给出了 (1) 式的证明。那个证明长达一页,用到了三角函数,这里不重复了。有兴趣的读者可参看《1978 年中学生数学竞赛题解》一书中华罗庚写的前言。

如果应用共边定理,那么可以用更简单的方法得到更一般的结果。即:

【**例 5.1**】 如图 5-1,试证下列三个等式都成立:

$$\frac{AQ}{BQ} = \frac{AR}{BR}, \tag{2}$$

$$\frac{PS}{OS} = \frac{PQ}{OQ}, \tag{3}$$

$$\frac{MS}{NS} = \frac{MR}{NR}。 \tag{4}$$

证明:先证 (2) 式。当然,只要证明 $\frac{AQ}{BQ} \cdot \frac{BR}{AR} = 1$ 就可以了。用共边定理可得

$$\frac{AQ}{BQ} \cdot \frac{BR}{AR} = \frac{\triangle AOP}{\triangle BOP} \cdot \frac{\triangle BMN}{\triangle AMN}$$

$$= \frac{\triangle AOP}{\triangle ABP} \cdot \frac{\triangle ABP}{\triangle BOP} \cdot \frac{\triangle BMN}{\triangle OMN} \cdot \frac{\triangle OMN}{\triangle AMN}$$

$$= \frac{MO}{MB} \cdot \frac{NA}{NO} \cdot \frac{MB}{MO} \cdot \frac{NO}{NA} = 1。$$

这样,(2) 式得证。

也许你想,工作才做了三分之一,还有大半呢! 其实,(3)、(4) 两式也已得证。只要把图 5-1 中的字母换一换,上述推导便也给出了 (3) 和 (4)。

图 5-2 与图 5-1 一模一样,只是字母标注的方法不同。上述关于(2)式的证明,也适用于图 5-2,因而证明了图 5-2 中有

$$\frac{AQ}{BQ} = \frac{AR}{BR}。$$

也就是说,在图 5-1 中 $\frac{PS}{OS} = \frac{PQ}{OQ}$ 式成立。

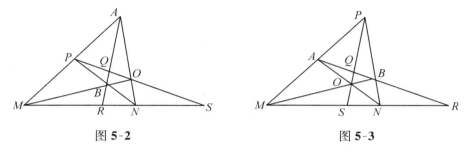

图 5-2   图 5-3

把字母再重新标注一下,如图 5-3。上述关于(2)式的证明,对图 5-3 也适用!因此,在图 5-3 中也有

$$\frac{AQ}{BQ} = \frac{AR}{BR}。$$

对比一下图 5-3 与图 5-1 中的字母可知,在图 5-1 中 $\frac{MS}{NS} = \frac{MR}{NS}$ 式成立。   □

这样重新标注字母,而且费口舌说明,也许还不如老老实实针对图 5-1 写出(3)式和(4)式的证明。但这样做不仅有趣,还引导我们进一步问个为什么。

这并非巧合。只要在题目中交代清楚图是怎么画出来的,便可真相大白了。例 5.1 不应简单地说"如图 5-1……",应当这么说:

"平面上取任意四点 M、N、A、B,直线 AB、MN 交于 R,MA、NB 交于 P,NA、MB 交于 O,PO、AB 交于 Q,PO、MN 交于 S。

求证:$\frac{AQ}{BQ} = \frac{AR}{BR} = \cdots\cdots$"

这样叙述题目,题目不依赖图。题目一开始是"平面上取任意四点 M、N、A、B",这四点定下来了,图也定下来了。四点的相对位置不同,结论中的线段在图中的位置也不同。图 5-1,图 5-2,图 5-3 这三个图的区别,在于 M、N、A、B 四点的相

对位置变了,而其他各点与这四点的关系没有变。R 仍是 AB、MN 的交点,P 仍是 MA、NB 的交点,O 仍是 NA、MB 的交点,Q 仍是 PO、AB 的交点,S 仍是 PO、MN 的交点。在解题过程中,反复用的是共边定理。共边定理不依赖于具体图形,只与某点是某两直线的交点有关。因此,按一个图写出的证明也适用于另外的图,因为不同的图中,交点关系是一样的。

这就是我们的证法能够一箭三雕的奥秘。

这个题目,看图似乎眼花缭乱,数学大师给出的证明都那么长,为什么我们能找到这种简捷、多功能的证明方法呢?

下面给出思考的过程与方法。它比题目本身还重要。掌握了它,你可以解决不少初看似乎无从下手的问题。

开始做题之前,先把图形中的点按出现的顺序排个队:

第一批点:A、B、M、N,它们是自由的,不受约束,只不过其中任三点不能在同一直线上,要不,下面的图没法作了。

第二批点:P、R、O,它们是由第一批点确定的:

AM 与 BN 相交产生 P;

AB 与 MN 相交产生 R;

AN 与 BM 相交产生 O。

第三批点:Q、S,它们是由前两批点确定的:

PO 与 MN 相交产生 S;

PO 与 AB 相交产生 Q。

第一批点叫做自由点,后两批点叫做约束点。

解题的步骤,与点的排队大有关系。

题目的结论是 $\dfrac{AQ}{BQ}=\dfrac{AR}{BR}$,也就是要证明 $\dfrac{AQ}{BQ} \cdot \dfrac{BR}{AR}=1$。我们关心的东西是 $\dfrac{AQ}{BQ}$

$\cdot \dfrac{BR}{AR}$ 这个式子。

怎样处理这个式子呢?

解多元一次方程组有"消元法"。把未知数一个一个地消去,消到后面问题就解决了。这个办法解几何题也可借用,不妨叫做消点法。

消点法,就是从我们要处理的式子中消去约束点。约束点消完了,问题往往就水落石出了。

消约束点有个顺序:后产生的先消去。在式子 $\dfrac{AQ}{BQ} \cdot \dfrac{BR}{AR}$ 中,Q 是最后产生的,就先消 Q。

怎样才能消去 Q 呢? 就要查一查 Q 是怎么来的。这叫做"解铃还需系铃人"。一查便知:

PO 与 AB 相交产生 Q。

根据这个条件,用共边定理可得

$$\frac{AQ}{BQ} = \frac{\triangle APO}{\triangle BPO}。$$

于是式子 $\dfrac{AQ}{BQ} \cdot \dfrac{BR}{AR}$ 转变了形式

$$\frac{AQ}{BQ} \cdot \frac{BR}{AR} = \frac{\triangle APO}{\triangle BPO} \cdot \frac{BR}{AR}。 \tag{5}$$

下一步,应当从(5)式的右端消去 P、O、R。消 R 容易,因为 AB 与 MN 相交产生 R,

故得

$$\frac{BR}{AR} = \frac{\triangle BMN}{\triangle AMN}。 \tag{6}$$

但在 $\triangle APO$、$\triangle BPO$ 中,都要消去两个点 P、O,不那么容易。这时,有笨办法也有巧办法。

巧办法是利用和 $\triangle APO$、$\triangle BPO$ 都共边的三角形来过渡。例如,利用 $\triangle ABO$ 过渡可得

$$\frac{\triangle APO}{\triangle BPO} = \frac{\triangle APO}{\triangle ABO} \cdot \frac{\triangle ABO}{\triangle BPO} = \frac{PN}{BN} \cdot \frac{AM}{PM}$$

$$= \frac{\triangle PMN}{\triangle BMN} \cdot \frac{\triangle AMN}{\triangle PMN}$$

$$= \frac{\triangle AMN}{\triangle BMN}。 \tag{7}$$

把(7)式和(6)式代入(5)式,问题便解决了。

如果用笨办法,那么要一次一次地消去 P、O,并且分别处理两个三角形:

$$\begin{cases} \triangle APO = \dfrac{AP}{AM} \cdot \triangle AMO = \dfrac{AP}{AM} \cdot \dfrac{AO}{AN} \cdot \triangle AMN, \\[2mm] \dfrac{AP}{AM} = \dfrac{\triangle ABN}{\triangle ABN - \triangle BMN}, \\[2mm] \dfrac{AO}{AN} = \dfrac{\triangle ABM}{\triangle BMN + \triangle ABM}。 \end{cases} \tag{8}$$

$$\begin{cases} \triangle BPO = \dfrac{BP}{BM} \cdot \triangle BNO = \dfrac{BP}{BN} \cdot \dfrac{BO}{BM} \cdot \triangle BMN, \\[2mm] \dfrac{BP}{BN} = \dfrac{\triangle ABM}{\triangle ABM - \triangle AMN}, \\[2mm] \dfrac{BO}{BM} = \dfrac{\triangle ABN}{\triangle AMN + \triangle ABN}。 \end{cases} \tag{9}$$

把(8)式、(9)式、(6)式代入(5)式,并且注意到

$$\triangle AMN + \triangle ABN = \triangle BMN + \triangle ABM,$$

$$\triangle ABN - \triangle BMN = \triangle ABM - \triangle AMN。$$

同样可以解决问题。

附带指出,在(8)式、(9)式中,$\dfrac{AP}{AM}$、$\dfrac{AO}{AN}$、$\dfrac{BP}{BN}$、$\dfrac{BO}{BM}$ 变成面积比是这么来的:

倒过来看,

$$\frac{AM}{AP} = \frac{AP - MP}{AP} = 1 - \frac{MP}{AP} = 1 - \frac{\triangle BMN}{\triangle ABN} = \frac{\triangle ABN - \triangle BMN}{\triangle ABN},$$

$$\frac{AN}{AO} = \frac{ON + AO}{AO} = \frac{ON}{AO} + 1 = \frac{\triangle BMN}{\triangle ABM} + 1 = \frac{\triangle BMN + \triangle ABM}{\triangle ABM}。$$

就求出来了。另两个式子可如法办理。

对比一下可知,利用过渡的技巧好得多。在前面共边定理的证明中,例 2.1

中,例 2.2 中,例 2.6 中,例 3.5 中,反复使用了过渡技巧。这一技巧值得细细揣摩。实在没有巧办法,或一时想不出巧办法,笨办法也不失为一条路。它的优点是不用挖空心思想,一步一步地算,总可以解决问题。

习 题 五

5.1 在例 5.1 中,如果增加直线 BS、BS 与 ON 交于 X,与 PM 交于 Y,又将有哪些成比例的线段出现? 试找出来并加以证明。

5.2 在例 5.1 中,如果取 $\triangle PON$ 为过渡三角形,试完成下列推导:

$$\frac{AQ}{BQ} = \frac{\triangle AOP}{\triangle BOP} = \frac{\triangle AOP}{\triangle PON} \cdot \frac{\triangle PON}{\triangle BOP}$$

$$= \frac{(\quad)}{(\quad)} \cdot \frac{(\quad)}{(\quad)} = = \frac{\triangle ABM}{(\quad)} \cdot \frac{(\quad)}{(\quad)}$$

$$= \frac{(\quad)}{(\quad)} = \frac{AR}{BR}。$$

5.3 试用消点法找出例 2.4、例 2.7 和例 3.5 的解法。

第六章

用消点法证明帕普斯定理和高斯线定理

我们举两个例子来表明消点法的效果。

【例 6.1】 已知 A、B、C 三点在一直线上，X、Y、Z 三点也在一直线上。直线 BX、AY 交于 P，BZ、CY 交于 Q，AZ、CX 交于 R，如图 6-1。

求证：P、Q、R 三点在一直线上。

这个例子是一条著名的古老定理——帕普斯定理，这是一个优美的定理。但一下看不出来怎样证明它。下面我们对它试用消点法，看看效果如何。

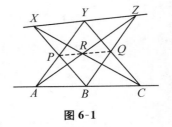

图 6-1

题目要证的是三点共直线。"三点共线"似乎不够具体，我们来把它具体化。

要证 P、Q、R 共线，也就是证明 R 在直线 PQ 上。R 是 CX、AZ 相交得到的，要证明 R 在 PQ 上，只要证明 CX、AZ 与 PQ 交于同一点就可以了。为清楚起见，设 CX 与 PQ 交于 U，AZ 与 PQ 交于 V，如图 6-2 和图 6-3 所表示的那样，只要证明 $\dfrac{PU}{QU} = \dfrac{PV}{QV}$ 就可以了。

这也就是证明

$$\frac{PU}{QU} \cdot \frac{QV}{PV} = 1。 \tag{1}$$

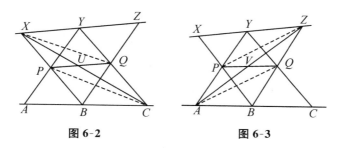

图 6-2   图 6-3

我们把图中各点出现的顺序排一下：

第一批点：A、B、C 共线，X、Y、Z 共线。

第二批点：P、Q。

      P——AY 与 BX 的交点，

      Q——BZ 与 CY 的交点。

第三批点：U、V。

      U——PQ 与 XC 的交点，

      V——PQ 与 AZ 的交点。

按消点法，应先从(1)式的左端消去 U、V。根据 U、V 产生的条件，用共边定理得

$$\begin{cases} \dfrac{PU}{QU} = \dfrac{\triangle PXC}{\triangle QXC}, \\[3mm] \dfrac{QV}{PV} = \dfrac{\triangle QAZ}{\triangle PAZ}。 \end{cases} \tag{2}$$

进一步，消去第二批点，即从(2)式的右端消去 P、Q：

$$\begin{cases} \triangle PXC = \dfrac{\triangle PXC}{\triangle BXC} \cdot \triangle BXC = \dfrac{PX}{BX}\triangle BXC = \dfrac{PX \triangle BXC}{BP+PX} \\[3mm] \quad\quad = \dfrac{\triangle AXY \cdot \triangle BXC}{\triangle ABY + \triangle AXY} = \dfrac{\triangle AXY \cdot \triangle BXC}{S_{ABYX}}, \\[3mm] \triangle QXC = \dfrac{\triangle QXC}{\triangle XYC} \cdot \triangle XYC = \dfrac{QC}{YC}\triangle XYC = \dfrac{\triangle BCZ \cdot \triangle XYC}{S_{BCZY}}。 \end{cases} \tag{3}$$

$$\begin{cases} \triangle QAZ = \dfrac{\triangle QAZ}{\triangle ABZ} \cdot \triangle ABZ = \dfrac{QZ}{BZ}\triangle ABZ = \dfrac{\triangle YZC \cdot \triangle ABZ}{S_{BCZY}}, \\[3mm] \triangle PAZ = \dfrac{\triangle PAZ}{\triangle AYZ} \cdot \triangle AYZ = \dfrac{AP}{AY}\triangle AYZ = \dfrac{\triangle ABX \cdot \triangle AYZ}{S_{ABYX}}。 \end{cases} \quad (4)$$

现在,只剩下第一批点了,不妨看看结果如何。把(4)式、(3)式代入(2)式,再代入(1)式,得到:

$$\frac{PU}{QU} \cdot \frac{QV}{PV} = \frac{\triangle PXC}{\triangle QXC} \cdot \frac{\triangle QAZ}{\triangle PAZ}$$

$$= \frac{\triangle AXY \cdot \triangle BXC}{S_{ABYX}} \cdot \frac{S_{BCZY}}{\triangle BCZ \cdot \triangle XYC} \cdot \frac{\triangle YZC \cdot \triangle ABZ}{S_{BCZY}}$$

$$\cdot \frac{S_{ABYX}}{\triangle ABX \cdot \triangle AYZ}$$

$$= \frac{\triangle AXY}{\triangle AYZ} \cdot \frac{\triangle BXC}{\triangle ABX} \cdot \frac{\triangle YZC}{\triangle XYC} \cdot \frac{\triangle ABZ}{\triangle BCZ}$$

$$= \frac{XY}{YZ} \cdot \frac{BC}{AB} \cdot \frac{YZ}{XY} \cdot \frac{AB}{BC} = 1。$$

这就给出了帕普斯定理的证明。

【例 6.2】 四边形 $ABCD$ 的两双对边 DA、CB 延长后交于 K,AB、DC 延长后交于 L,两条对角线 AC、BD 的中点分别为 N、M。直线 NM 交 KL 于 P。求证:$KP = PL$。

这个题目的另一种说法是,求证 M、N 和 LK 的中点 P 三点在一直线上,这条直线叫做四边形 $ABCD$ 的高斯线。

如图 6-4,题中各点是这样出现的:

第一批点,A、B、C、D,自由点。

第二批点,M、N、K、L。

$\quad$ M 是 BD 的中点,K 是 DA、BC 的交点,

$\quad$ N 是 AC 的中点,L 是 AB、DC 的交点。

第三批点,P。P 是 MN 和 KL 的交点。

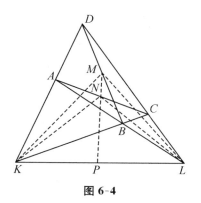

图 6-4

应用消点法时,先注意到要证的结论是 $\dfrac{KP}{PL}=1$,所以先从 $\dfrac{KP}{PL}$ 中消去点 P。因为 P 是 MN 和 KL 的交点,故得

$$\frac{KP}{LP}=\frac{\triangle KMN}{\triangle LMN}。 \tag{5}$$

下面逐步从(5)式右端消去 K、L、M、N。利用前面介绍的定比分点公式的补充公式可得(注意:利用 $AN=NC=\dfrac{1}{2}AC$)

$$\begin{cases} \triangle KMN=\dfrac{1}{2}(\triangle KMC-\triangle KMA), \\[2mm] \triangle LMN=\dfrac{1}{2}(\triangle LMA-\triangle LMC)。 \end{cases} \tag{6}$$

再利用条件 $BM=MD=\dfrac{1}{2}BD$,可得

$$\begin{cases} \triangle KMC=\dfrac{1}{2}\triangle KDC, \quad \triangle KMA=\dfrac{1}{2}\triangle KBA, \\[2mm] \triangle LMA=\dfrac{1}{2}\triangle LDA, \quad \triangle LMC=\dfrac{1}{2}\triangle LBC。 \end{cases} \tag{7}$$

把(7)式代入式(6)式得到:

$$\begin{cases} \triangle KMN=\dfrac{1}{4}(\triangle KDC-\triangle KBA)=\dfrac{1}{4}S_{ABCD}, \\[2mm] \triangle LMN=\dfrac{1}{4}(\triangle LDA-\triangle LBC)=\dfrac{1}{4}S_{ABCD}。 \end{cases} \tag{8}$$

再代入(5)式,就得到了所要的结论。

这里,消去 K、L 两点是利用(6)式中两块三角形面积相减得到四边形面积这么一个碰巧的情形。一般说来,可用笨办法:

$$\triangle KDC = \frac{KD}{AD}\triangle ADC = \frac{KD\triangle ADC}{(KD-KA)}$$

$$= \frac{\triangle BDC \cdot \triangle ADC}{\triangle BDC - \triangle ABC},$$

$$\triangle KBA = \frac{KA}{AD}\triangle ABD = \frac{KA\triangle ABD}{(KD-KA)}$$

$$= \frac{\triangle ABC \cdot \triangle ABD}{\triangle BDC - \triangle ABC}, \tag{9}$$

$$\triangle LDA = \frac{LD}{CD}\triangle ADC = \frac{LD\triangle ADC}{(LD-LC)}$$

$$= \frac{\triangle ABD \cdot \triangle ADC}{\triangle ABD - \triangle ABC},$$

$$\triangle LBC = \frac{LC}{DC}\triangle BDC = \frac{LC\triangle BDC}{(LD-LC)}$$

$$= \frac{\triangle ABC \cdot \triangle BDC}{\triangle ABD - \triangle ABC}。$$

然后,再利用 $\triangle BDC = \triangle ABC + \triangle ADC - \triangle ABD$ 代入(9)式,可得

$$\triangle KDC - \triangle KBA = \frac{\triangle BDC \cdot \triangle ADC - \triangle ABC \cdot \triangle ABD}{\triangle BDC - \triangle ABC}$$

$$= \frac{(\triangle ADC - \triangle ABD)(\triangle ABC + \triangle ADC)}{\triangle ADC - \triangle ABD} = S_{ABCD}。$$

类似地求出 $\triangle LDA - \triangle LBC = S_{ABCD}$,同样解决了问题。

比较巧、笨两个办法,我们体会到,做几何题时看图有很大好处。从图上一眼可以看出来的事实,如果下定决心硬算,没想到居然要算这么多,甚至还用上了因式分解!

从五、六两章可见,消点法告诉我们一个普遍有效的解题思路。使用消点法的要点是:

一、把题目中涉及的点按作图过程排个队。作图过程中先出现的点在前面,后出现的在后面。

二、把要解决的问题化为对某个式子进行处理化简的问题。这个式子中都是一些几何量。

三、从要化简的式子中,逐步消去由约束条件产生的点,后产生的先消去。

四、消点时一方面应用该点产生的几何条件,一方面对照图形,注意发现图形提示给我们的捷径。

当你掌握了消点法之后,在几何题前面,便会胸有成竹,主动权在手了。

习 题 六

如图,D 是 $\triangle ABE$ 内任一点,C 是 AB 上任一点,直线 CD、BD 与 AE 分别交于 J、I,直线 AD 与 CE、BE 分别交于 H、G,用消点法证明:IH、JG、AB 三直线交于一点。

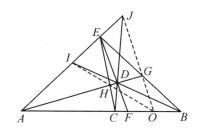

第七章

共角三角形与共角定理

研究几何图形,要特别重视那些到处出现的基本图形。共边三角形就是一类到处出现的图形。我们抓住它进行研究,发现了共边定理,果然大见成效。

但是,共边定理的条件和结论中都没有提到角度,所以它不能帮我们解决有关角度的几何问题。要解决与角度有关的问题,我们应当寻找新的工具,应当继续前进。

观察由任意四点出发画出的几何图形,如图 7-1。我们已经知道,图中有许多共边三角形。现在,我们把注意力集中于另一类三角形对。例如,△AOD 和△BOC,它们不是共边三有形,但它俩也有联系:∠AOD＝∠BOC。又如△BOC 和△AQC,它们之间的联系表面在∠BCO 与∠ACQ 互补。

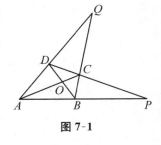

图 7-1

我们把这样的一对三角形叫共角三角形。精确地说:如果两个角∠ABC 和∠A′B′C′相等或互补,那么我们便说△ABC 和△A′B′C′是一对共角三角形。

在图 7-1 中,有许多对共角三角形:△AQB 与△DQC,△AOB 与△DOC,

$\triangle ABO$ 与 $\triangle AOD$，$\triangle BCD$ 与 $\triangle DCQ$，$\triangle AOB$ 与 $\triangle BPD$……共角三角形不见得比共边三角形少。拿 $\triangle AOD$ 而言，在图中有 5 个三角形和它共边：$\triangle ADP$、$\triangle ADC$、$\triangle ADB$、$\triangle AOB$、$\triangle DOC$。但和它共角的三角形有：$\triangle ADC$、$\triangle QAC$、$\triangle ABD$、$\triangle BOC$、$\triangle AOB$、$\triangle DOC$、$\triangle QBD$，共 7 个之多。可见，研究共角三角形很重要。

一对共边三角形当然总是连在一起的，公共边把它们连起来了。但共角三角形可以分开。我们熟悉的全等三角形、相似三角形，都是特殊的共角三角形。因此，共角三角形变化更多，更有用。正如对共边三角形有共边定理一样，对共角三角形，我们有

共角定理　若 $\angle ABC$ 与 $\angle A'B'C'$ 相等或互补，则有

$$\frac{\triangle ABC}{\triangle A'B'C'}=\frac{AB\cdot BC}{A'B'\cdot B'C'}{}^{*}。$$

证明：把两个三角形拼在一起，让 $\angle B$ 的两边所在直线与 $\angle B'$ 两边所在直线重合，如图 7-2。其中(1)是两角相等的情形，(2)是两角互补的情形。两种情形下都有：

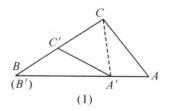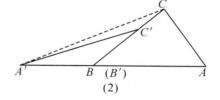

(1)　　　　　　　　　　　　(2)

图 7-2

$$\frac{\triangle ABC}{\triangle A'B'C'}=\frac{\triangle ABC}{\triangle A'BC}\cdot\frac{\triangle A'BC}{\triangle A'B'C'}=\frac{AB}{A'B}\cdot\frac{BC}{B'C'}。$$

别看这个定理得来不费工夫，它却相当有用。先举几个简单的例。

【**例 7.1**】　已知 $\triangle ABC$ 中，$\angle B=\angle C$，求证：$AB=AC$。

证明：把 $\triangle ABC$ 和 $\triangle ACB$ 看成两个三角形，用共角定理得

---

* 　也可写作 $\dfrac{\triangle ABC}{AB\cdot BC}=\dfrac{\triangle A'B'C'}{A'B'\cdot B'C'}$。

$$1=\frac{\triangle ABC}{\triangle ACB}=\frac{AB \cdot BC}{AC \cdot BC}$$

$$\therefore \frac{AB}{AC}=1。$$

题目虽然简单,但能体现方法的优越性。我们不用构造全等三角形,甚至连图也不用画,问题就解决了。

【例 7.2】 如图 7-3,已知 AD 是 $\triangle ABC$ 的一条角平分线。

求证:$\dfrac{BD}{CD}=\dfrac{BA}{CA}$。

证明:因 $\angle BAD=\angle CAD$,故得:

$$\frac{BD}{CD}=\frac{\triangle BAD}{\triangle CAD}=\frac{BA \cdot AD}{CA \cdot AD}=\frac{BA}{CA}。$$

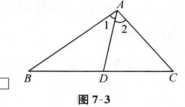

图 7-3

【例 7.3】 已知 $\triangle ABC$ 与 $\triangle A'B'C'$ 中,$\angle A=\angle A'$,$\angle B=\angle B'$,求证:$\dfrac{AB}{A'B'}=\dfrac{BC}{B'C'}=\dfrac{CA}{C'A'}$。

证明:由题设条件可知也有 $\angle C=\angle C'$。对 $\triangle ABC$ 与 $\triangle A'B'C'$ 三次使用共角定理可得

$$\frac{\triangle ABC}{\triangle A'B'C'}=\frac{AB \cdot BC}{A'B' \cdot B'C'}=\frac{BC \cdot CA}{B'C' \cdot C'A'}=\frac{CA \cdot AB}{C'A' \cdot A'B'}。$$

由 $\dfrac{AB \cdot BC}{A'B' \cdot B'C'}=\dfrac{BC \cdot CA}{B'C' \cdot C'A'}$

得 $\dfrac{AB}{A'B'}=\dfrac{CA}{C'A'}$。

由 $\dfrac{BC \cdot CA}{B'C' \cdot C'A'}=\dfrac{CA \cdot AB}{C'A' \cdot A'B'}$

得 $\dfrac{BC}{B'C'}=\dfrac{AB}{A'B'}$。

【例 7.4】 如图 7-4,在 $\square ABCD$ 中,求证:$AB=CD$。

证明:由于 $\triangle ABC=\triangle ADC$ 及 $\angle BAC=\angle DCA$,用共角定理得

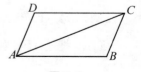

图 7-4

$$1 = \frac{\triangle BAC}{\triangle DCA} = \frac{AB \cdot AC}{CD \cdot AC} = \frac{AB}{CD}.$$

【例 7.5】 如图 7-5,自 A 发出的三条射线构成两个 $60°$ 的角,直线 l 与三射线顺次交于 P、X、Q。

求证:$\dfrac{1}{AX} = \dfrac{1}{AP} + \dfrac{1}{AQ}$。

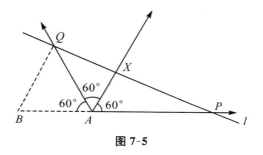

图 7-5

证明: 在 PA 的延长线上任取一点 B。把显然成立的等式

$$\triangle PAQ = \triangle QAX + \triangle PAX$$

两端同除以 $\triangle BAQ$,

得　$\dfrac{\triangle PAQ}{\triangle BAQ} = \dfrac{\triangle QAX}{\triangle BAQ} + \dfrac{\triangle PAX}{\triangle BAQ}$。

由共角定理得

$$\frac{PA \cdot AQ}{AB \cdot AQ} = \frac{AX \cdot AQ}{AB \cdot AQ} + \frac{AP \cdot AX}{AQ \cdot AB}.$$

两端同乘 AB,除以 $AX \cdot AP$ 即得

$$\frac{1}{AX} = \frac{1}{AP} + \frac{1}{AQ}.$$

例 7.5 证明中用到了面积关系 $\triangle PAQ = \triangle QAX + \triangle PAX$。这种手法是几何解题的典型技巧之一。它与共边定理、共角定理相配合,可以解决大量问题。后面我们将提供更多例题,其中包括若干难度相当大的题目,甚至有些是国际数学竞赛的试题。

顺便提到,例 7.5 提供了一个解方程

$$\frac{1}{x} = \frac{1}{a} + \frac{1}{b}$$

的简易图算法。已知 $\frac{1}{x} = \frac{1}{5} + \frac{1}{4}$，求 x。用手算有点麻烦。在图上量取 $AQ = 4$ 厘米，$AP = 5$ 厘米，直线一连，交出 X 点，量一量 AX 长多少厘米，便求出了 x！这种计算题在物理中很有用，因为并联电阻公式是

$$\frac{1}{R} = \frac{1}{R_1} + \frac{1}{R_2},$$

串联电容公式是

$$\frac{1}{C} = \frac{1}{C_1} + \frac{1}{C_2},$$

在光学中，还有透镜焦距公式

$$\frac{1}{f} = \frac{1}{f_1} + \frac{1}{f_2},$$

都正好用上这个算图。

下面，介绍几个难度稍大的例题。

【例 7.6】 设 D、E 分别是 $\triangle ABC$ 两边 AC、AB 上的点，且使 $\angle DBC = \angle ECB = \frac{\angle A}{2}$，求证：$BE = CD$。

证明： 记 BD、CE 交点为 P。如图 7-6，由 $\angle 1 + \angle 2 = \angle A$，可知 $\angle A$ 与 $\angle 3$ 互补，从而 $\angle BEC$ 与 $\angle CDB$ 互补，由共角定理：

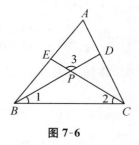
图 7-6

$$\frac{BE \cdot CE}{BD \cdot CD} = \frac{\triangle BEC}{\triangle BDC} = \frac{BC \cdot CE}{BD \cdot BC},$$

约简即得

$$\frac{BE}{CD} = 1 。$$

□

【例 7.7】 （1978 年辽宁省中学数学竞赛试题）设 M 是任意三角形 ABC 的 BC 边的中点，在 AB、AC 上分别取点 E、F，连 EF 与 AM 交于 N。求证：$\frac{AM}{AN}$

$$=\frac{1}{2}\left(\frac{AB}{AE}+\frac{AC}{AF}\right)。$$

证明：如图 7-7，由 $MB=MC$ 得

$$\triangle ABC=2\triangle ABM=2\triangle ACM。$$

将等式

$$\triangle AEF=\triangle AEN+\triangle AFN \qquad (2)$$

两端同用 $\triangle ABC$ 除，并用（1）式，可得

$$\frac{\triangle AEF}{\triangle ABC}=\frac{\triangle AEN}{2\triangle ABM}+\frac{\triangle AFN}{2\triangle ACM}。 \qquad (3)$$

对（3）式用共角定理得

$$\frac{AE\cdot AF}{AB\cdot AC}=\frac{1}{2}\left(\frac{AE\cdot AN}{AB\cdot AM}+\frac{AF\cdot AN}{AC\cdot AM}\right)=\frac{1}{2}\left(\frac{AE}{AB}+\frac{AF}{AC}\right)\cdot\frac{AN}{AM}。 \qquad (4)$$

由（4）式解出 $\quad\dfrac{AM}{AN}=\dfrac{1}{2}\left(\dfrac{AB}{AE}+\dfrac{AC}{AF}\right)。$ □

为了由（4）式解出 $\dfrac{AM}{AN}$，可将两端同乘以

$$\frac{AB\cdot AC\cdot AM}{AE\cdot AF\cdot AN}。$$

【例 7.8】 如图 7-8，设 $\triangle ABC$ 是等腰直角三角形，$\angle C$ $=90°$。在 BC 边上取一点 M 使 $CM=2MB$，过 C 作 MA 的垂线与斜边 AB 交于 P。求两线段 AP、PB 的比 $\dfrac{AP}{PB}$。

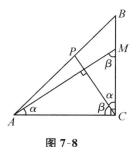

图 7-8

解：注意到 $\angle ACP=\angle AMC$，$\angle BCP=\angle MAC$，可在下列推导中用共角定理：

$$\frac{AP}{BP}=\frac{\triangle ACP}{\triangle BCP}=\frac{\triangle ACP}{\triangle AMC}\cdot\frac{\triangle AMC}{\triangle BCP}$$

$$=\frac{AC\cdot CP}{AM\cdot MC}\cdot\frac{AM\cdot AC}{BC\cdot CP}$$

$$=\frac{AC\cdot AC}{MC\cdot BC}=\frac{3}{2}。$$ □

【例 7.9】 (四边形蝴蝶定理)已知四边形 $AQBP$ 的对角线 PQ 经过另一对角线 AB 的中点 M。过 M 作两直线分别与 AQ、BP 交于 C、D,与 BQ、AP 交于 E、F。连 CF、DE 分别与 AB 交于 G、N(如图 7-9)。求证:$MG=MH$。

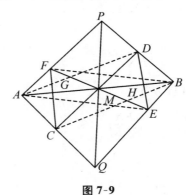

图 7-9

证明: 由于 $AM=BM$,故只要证明 $\dfrac{MG}{AG}=\dfrac{MH}{BH}$ 即可。这可化为求证

$$\frac{MG}{AG}\cdot\frac{BH}{MH}=1。$$

而
$$\frac{MG}{AG}\cdot\frac{BH}{MH}=\frac{\triangle MCF}{\triangle ACF}\cdot\frac{\triangle BDF}{\triangle MDE}$$

$$=\frac{\triangle MCF}{\triangle MDE}\cdot\frac{\triangle BDE}{\triangle BPQ}\cdot\frac{\triangle BPQ}{\triangle APQ}\cdot\frac{\triangle APQ}{\triangle ACF}$$

$$=\frac{MC\cdot MF}{MD\cdot ME}\cdot\frac{BD\cdot BE}{BP\cdot BQ}\cdot\frac{BM}{AM}\cdot\frac{AP\cdot AQ}{AC\cdot AF}$$

$$=\frac{\triangle ABC}{\triangle ABD}\cdot\frac{\triangle ABF}{\triangle ABE}\cdot\frac{\triangle ABD}{\triangle ABP}\cdot\frac{\triangle ABE}{\triangle ABQ}\cdot\frac{1}{1}\cdot\frac{\triangle ABP}{\triangle ABF}$$

$$\cdot\frac{\triangle ABQ}{\triangle ABC}$$

$$=1。\qquad\qquad\square$$

例 7.8 和例 7.9 充分显示了面积比与线段比相互转化的作用。而且都利用了过渡技巧:在例 7.8 中,$\triangle AMC$ 起了过渡作用,因为它与 $\triangle ACP$、$\triangle BCP$ 都能成为共角三角形。在例 7.9 中,通过 $\triangle BPQ$ 与 $\triangle APQ$ 两次过渡,把 $\triangle ACF$ 与 $\triangle BDE$ 联系起来了。

下面，是一个别具风格的题目：

【例 7.10】 (1965－1966 年波兰数学竞赛试题)凸六边形 $ABCDEF$ 的三条主对角线 AD、BE、CF 都平分它的面积。求证：AD、BE、CF 交于一点。

证明：用反证法。设 AD、BE、CF 不交于一点。记 X 为 AD、BE 的交点，Y 为 AD、CF 的交点，Z 为 CF、BE 的交点，如图 7-10。

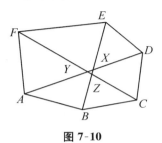

图 7-10

由题设可知 S_{ABCF} 和 S_{ABCD} 都是六边形面积之半，故

$$S_{ABCF} = S_{ABCD}。$$

两端都减去四边形 $ABCY$ 的面积，可得

$$\triangle AYF = \triangle DYC。$$

同理得 $\triangle AXB = \triangle DXE$，$\triangle FZE = \triangle BZC$，故有

$$1 = \frac{\triangle AXB}{\triangle DXE} \cdot \frac{\triangle DYC}{\triangle AYF} \cdot \frac{\triangle FZE}{\triangle BZC}$$

$$= \frac{AX \cdot BX}{DX \cdot EX} \cdot \frac{DY \cdot CY}{AY \cdot FY} \cdot \frac{EZ \cdot FZ}{BZ \cdot CZ}$$

$$= \frac{(AY+XY)}{AY} \cdot \frac{(BZ+XZ)}{BZ} \cdot \frac{(DX+XY)}{DX} \cdot \frac{(CZ+ZY)}{CZ} \cdot$$

$$\frac{(EX+XZ)}{EX} \cdot \frac{(FY+YZ)}{FY} > 1。$$

这推出了矛盾。

习 题 七

7.1 设 $\triangle ABC$ 的一条外角平分线 AE 与 BC 边的延长线交于 E。求证: $\dfrac{BE}{CE} = \dfrac{AB}{AC}$。

7.2 用共角定理证明:任意三角形两边中点的连接线段等于第三边的一半。

7.3 已知:CD 是直角三角形 ABC 的斜边 AB 上的高,如图。

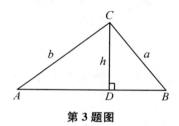

第3题图

求证:(1)$h = \dfrac{ab}{c}$; (2)$\dfrac{c}{h} = \dfrac{b}{a} + \dfrac{a}{b}$; (3)$c^2 = a^2 + b^2$。

(这里 $h = CD, a = BC, b = AC, c = AB$。)

7.4 一直线与 $\square ABCD$ 的两边 AB、BC 分别交于 P、Q。已知 $BP = 3PA$,$BQ = 2QC$,且 PQ 与平行四边形对角线 BD 交于 N,求线段 BN 与 BD 之比。

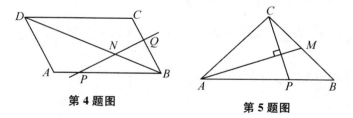

第4题图　　　　　　　第5题图

7.5 已知等腰直角三角形 ABC 的一腰 BC 的中点为 M,自 C 作 AM 的垂线与边 AB 交于 P。求证:$AP = 2PB$。

7.6 在例 7.7 中,如果 M 不是 BC 中点而是三分点。$BM = 2MC$,若已知 $\dfrac{AB}{AE}$

和 $\dfrac{AC}{AF}$，如何求 $\dfrac{AM}{AN}$？

7.7 试用定比分点公式解例 7.7。

7.8 已知 PQ 垂直平分 AB，O 是 PQ 上任一点。过 O 作直线与 AP、AB、BQ 顺次交于 F、M、E，又作直线与 AQ、AB、BP 顺次交于 C、N、D，连 CF、DE 交 AB 于 G、H，如图。

求证：$\dfrac{MG}{AG} = \dfrac{NH}{BH} \cdot \dfrac{MB}{NA}$。

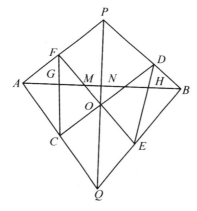

第 8 题图

第八章

又从反面着想——共角不等式

共边定理的条件是两直线相交,我们从反面想:如果不相交呢? 结果想出了共边三角形与平行线的关系,颇有成效。

共角定理的条件是两角相等或互补,那么,从反面想:如果既不相等又不互补呢?

这种想法果然有道理,由此引出了一个重要的命题:

共角不等式　如果$\angle ABC > \angle A'B'C'$,而且两角之和小于$180°$,则有

$$\frac{\triangle ABC}{\triangle A'B'C'} > \frac{AB \cdot BC}{A'B' \cdot B'C'} \left(\text{或写作} \frac{\triangle ABC}{AB \cdot BC} > \frac{\triangle A'B'C'}{A'B' \cdot B'C'}\right)。$$

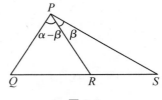

图 8-1

证明:记$\angle ABC = \alpha$, $\angle A'B'C' = \beta$。

如图 8-1,作一个顶角为$\alpha - \beta$的等腰三角形PQR,延长QR至S使$\angle RPS =$

β,则$\angle QPS=\alpha$,由共角定理可知：

$$\frac{\triangle ABC}{AB \cdot BC}=\frac{\triangle QPS}{PQ \cdot PS}>\frac{\triangle RPS}{PR \cdot PS}=\frac{\triangle A'B'C'}{A'B' \cdot B'C'}。$$

□

请读者思考一下：条件$\angle ABC+\angle A'B'C<180°$在证明中用到什么地方了？（提示：为什么可以延长$QR$至$S$使$\angle RPS=\beta$？）

有了共角不等式,马上可以引出一串基本的几何不等式来。

【例8.1】 在$\triangle ABC$中,如果$\angle B>\angle C$,则$AC>AB$。试证明之。

证明：如图8-2,我们把$\triangle ABC$、$\triangle ACB$看成两个三角形,它们用共角不等式得

$$1=\frac{\triangle ABC}{\triangle ACB}>\frac{AB \cdot BC}{AC \cdot BC}=\frac{AB}{AC}。$$

$\therefore AC>AB$。

□

例8.1可以叙述成：在任意三角形中,大角对大边。又因为我们已经证明了等角对等边(例7.1),可见也一定有大边对大角。这可用反证法证明：

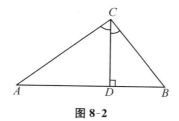

图8-2

如果$AC>AB$,但$\angle B$不大于$\angle C$,有两种可能：

(1)$\angle B=\angle C$,这时必有$AC=AB$,矛盾；

(2)$\angle B<\angle C$,由于大角对大边,故应有$AB>AC$,矛盾。这表明只有$\angle B>\angle C$。

【例8.2】 在任意三角形中,任两边之和大于第三边,试证明之。

证明：因为大角对大边,故只要证明较小的两角对边之和大于最大角对边即可。如图8-2,设$\triangle ABC$中$\angle ACB$不小于$\angle A$和$\angle B$,作AB上的高CD,由共角不等式得

$$1 = \frac{\triangle ADC}{\triangle ACD} > \frac{AD \cdot DC}{AC \cdot DC} = \frac{AD}{AC},$$

即 $AC > AD$,同理 $BC > BD$。

故 $AC + BC > AD + BD = AB$。

【例8.3】 在 $\triangle ABC$ 的 BC 边上任取一点 P,求证:AP 的长度小于 AB、AC 中较大者。

证明:如图 8-3,由于 $\angle B + \angle C < 180° = \angle 1 + \angle 2$

所以 $\angle B < \angle 1$ 或 $\angle C < \angle 2$ 必有一成立。

故 $AP < AB$ 或 $AP < AC$ 中必有一成立。

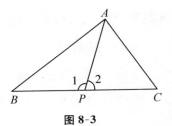

图 8-3

【例8.4】 设 $\triangle ABC$ 与 $\triangle A'B'C'$ 中,$AB = A'B'$,$BC = B'C'$,但 $\angle ABC > \angle A'B'C'$。求证:$AC > A'C'$。

证明:如图 8-4,把两个三角形沿 AB、$A'B'$ 边拼在一起,并且让 A 与 A' 重合,B 与 B' 重合,让 C、C' 在直线 AB 同侧。

由 $BC = B'C'$ 可得

$$\angle BC'C = \angle BCC',$$

$\therefore \angle AC'C = \angle BC'C + \angle AC'B > \angle BCC' - \angle ACB = \angle ACC'$。

$\therefore AC > AC' = A'C'$。

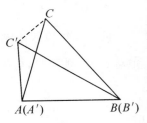

图 8-4

例 8.4 表明,若 $\triangle ABC$ 中,AB、BC 长度固定,让 $\angle B$ 变化,则 $\angle B$ 变大时,AC 边变长;$\angle B$ 变小时,AC 边变短。这和我们的直觉是一致的。

细心的读者会发现:例 8.4 的证明中,推理过程依赖于图 8-4。如果图 8-4 变成图 8-5 的样子,证法就应当改变。变成:

$\because BC = B'C'$,

$\therefore \angle BC'C = \angle BCC'$。

$\therefore \angle AC'C = (\angle AC'C + \angle BC'C) - \angle BC'C$

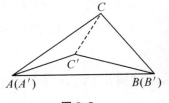

图 8-5

$$> \angle ACB - \angle BCC' = \angle ACC'。$$

$$\therefore AC > AC' = A'C'。$$

这样证明,用到了 $\angle AC'C + \angle BC'C > \angle ACB$,这是显然的。因为 C' 在 $\triangle ABC$ 之内,$\angle AC'C + \angle BC'C > 180°$,但 $\angle ACB < 180°$。

可是这样分成两种情形,毕竟麻烦一些,能不能不找这个麻烦呢? 办法是有的,那就是设法保证图 8-4 中的点 C' 一定在 $\triangle ABC$ 之外,为了做到这一点,只要在拼接 $\triangle ABC$ 和 $\triangle A'B'C'$ 时注意把 AB、BC 中较短的一边与 $A'B'$、$B'C'$ 中较短的一边拼在一起就可以了。由例 8.3 可以保证,这时 C' 一定落在 $\triangle ABC$ 之外。其中原因,请你细细思索。

此外,在例 8.4 的证明中,还用到这样的推理:"由 $BC = B'C'$ 可得 $\angle BC'C = \angle BCC'$",也就是用到了"等腰三角形两底角相等"这条定理。它能不能用比较面积的方法推出来呢? 可以。

【例 8.5】 在 $\triangle ABC$ 中,$AB = AC$。求证:$\angle B = \angle C$。

证明:用反证法。若不然,不妨设 $\angle B > \angle C$,由共角不等式得

$$1 = \frac{\triangle ABC}{\triangle ACB} > \frac{AB \cdot BC}{AC \cdot BC} = \frac{AB}{AC}。$$

这推出 $AC > AB$,与假设矛盾。　　　　　　　　　　　　□

也许你觉得以上几个例子未免太简单了。其实,复杂的事物都是由简单的东西组成的,把简单的东西掌握住,复杂的也就不难了。几何里各种各样的不等式,都可以从以上几个不等式推出来。归根结底,可以从共角不等式推出来。

【例 8.6】 求证:三角形的中线,不小于同一边上的角平分线。

证明:如图 8-6,设 $\triangle ABC$ 在 BC 边上的中线为 AM,角分线为 AP。不妨设 $AB \geqslant AC$,即 $\angle C \geqslant \angle B$。由共角定理可得

$$\frac{BP}{PC} = \frac{\triangle ABP}{\triangle ACP} = \frac{AB \cdot AP}{AC \cdot AP} = \frac{AB}{AC} \geqslant 1。$$

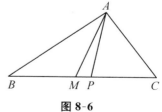

图 8-6

由于 M 是 BC 中点,故 P 在线段 MC 上(至多与 M 重合),因而

$$\angle PAC \leqslant \angle MAC。$$

$$\therefore \angle AMP = \angle B + \angle BAM \leqslant \angle B + \angle BAP \leqslant \angle C + \angle PAC = \angle MPA。$$

$$\therefore AP \leqslant AM（大角对大边）。$$

【例 8.7】 已知△ABC 中，$\angle A \leqslant 90°$，$AB = AC$，过 A 作 BC 的平行线 AP，求证：$AB \cdot AC < PB \cdot PC$。

分析： 如图 8-7，只要能证明$\angle 4 < \angle 3$，

再用共角不等式，可得

$$1 = \frac{\triangle ABC}{\triangle PBC} > \frac{AB \cdot AC}{PB \cdot PC}。$$

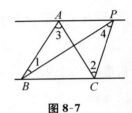

图 8-7

问题就解决了。

为了证明$\angle 4 < \angle 3$，可先证$\angle 2 > \angle 1$，这是因为

$$\angle 1 + \angle 3 = \angle 2 + \angle 4。（为什么？）$$

那么，是不是一定有$\angle 2 > \angle 1$ 呢？用反证法。若不然，$\angle 2 \leqslant \angle 1$，由共角不等式

$$1 = \frac{\triangle ABP}{\triangle ACP} \geqslant \frac{AB \cdot BP}{AC \cdot CP} = \frac{BP}{CP}，$$

这推出 $CP \geqslant BP$，即$\angle CBP \geqslant \angle BCP$，这不可能！把以上的分析倒过来，便可写出下面的证明：

证明： 由 $AB = AC$ 得$\angle ABC = \angle ACB$。

$$\therefore \angle PBC = \angle ABC - \angle 1 < \angle ACB + \angle 2 = \angle PCB。$$

$$\therefore PC < PB。 \tag{1}$$

以下再证$\angle 1 < \angle 2$。用反证法。若不然，$\angle 1 \geqslant \angle 2$，由共角不等式及 $AP // BC$，

$$1 = \frac{\triangle ABP}{\triangle ACP} \geqslant \frac{AB \cdot BP}{AC \cdot CP} = \frac{BP}{CP}。$$

$$\therefore PC \geqslant PB。 \tag{2}$$

这与(1)式矛盾，故$\angle 1 < \angle 2$。

∴ ∠3>∠4。

又由共角不等式得(因∠BAC≤90°,故∠BAC+∠BPC<180°)

$$1=\frac{\triangle ABC}{\triangle PBC}>\frac{AB \cdot AC}{PB \cdot PC}。$$

∴ PB · PC>AB · AC。

由例8.7可推出,面积和一边长度给定的所有三角形中,当另两边相等时三角形周长最短。这个问题留作习题。

下面的例,是著名的斯坦纳—雷米欧司定理。

要证明等腰三角形两底角的角平分线相等是容易的。早在2000多年前,欧几里得在他写的《几何原本》中便给出了这条定理。用共角定理也很容易证明这个命题,如图8-8,△ABC 中有 AB=AC,则∠ABC=∠ACB,设 BP、CQ 是角平分线,则∠1=∠2,由共角定理:

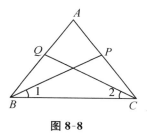

图 8-8

$$\frac{\triangle PBC}{\triangle QBC}=\frac{PC \cdot BC}{QB \cdot BC}=\frac{PC \cdot PB}{QB \cdot QC},$$

化简后立刻得 PB=QC。

但反过来,若已知△ABC 中,∠B 和∠C 的角平分线相等,是不是一定有 AC=AB 呢?看样子是对的,但欧几里得却没能给出这条命题的证明。直到2000年后,18世纪的数学家雷米欧司,特别指出这是一个看来简单但却无从下手的题目。作为对雷米欧司的回答,著名几何学家斯坦纳给出了证明。后来,在100多年间,人们对这个定理给出了上百种证法。

用共角不等式,可给出一个十分简单的证法。

【例8.8】 (斯坦纳—雷米欧司定理)已知△ABC 中,∠ABC 的角平分线 BP 等于∠ACB 的角平分线 CQ。求证:AB=AC。

证明:不妨设 AC≥AB,证不等式 AC>AB 不成立。

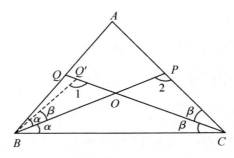

图 8-9

如图 8-9,$\alpha=\dfrac{1}{2}\angle B$,$\beta=\dfrac{1}{2}\angle C$。当 $AC\geqslant AB$ 时,必有 $\alpha\geqslant\beta$。于是在 QO 上取一点 Q' 使 $\angle Q'BP=\beta$,则

$$\angle BQ'C=\angle CPB,\angle Q'BC\geqslant\angle PCB。$$

由共角定理及共角不等式得

$$\dfrac{BQ'\cdot CQ'}{PC\cdot PB}=\dfrac{\triangle Q'BC}{\triangle PCB}\geqslant\dfrac{BQ'\cdot BC}{PC\cdot BC}。$$

$$\therefore\dfrac{CQ'}{PB}\geqslant 1,即\ CQ'\geqslant PB=QC。$$

而由前作图可知 $CQ'\leqslant QC$,故 $CQ'=QC$。即 Q' 与 Q 重合,从而 $\alpha=\beta$。 □

习 题 八

8.1 用共角不等式证明:如果 $\angle ABC>\angle A'B'C'$,而且两角之和大于 $180°$,则有

$$\dfrac{\triangle ABC}{\triangle A'B'C'}<\dfrac{AB\cdot BC}{A'B'\cdot B'C'}。$$

8.2 如果下列不等式

$$\dfrac{\triangle ABC}{\triangle A'B'C'}>\dfrac{AB\cdot BC}{A'B'\cdot B'C'}$$

成立,是否一定有 $\angle ABC>\angle A'B'C'$?

8.3 求证:三角形两边之和大于第三边上中线的两倍。

8.4 证明:在给定了面积和一边长的所有三角形中,以给定边为底的等腰三角形周长最小。

8.5 已知 $PQ/\!/AB$,M 是 AB 中点,且 $PM>QM$,$\angle AQB \leqslant 90°$。求证:$PA \cdot PB > QA \cdot QB$。

8.6 在 $\triangle ABC$ 两边 AB、AC 上分别取 Q、P(如图 8-8),使 $\angle 1=\dfrac{1}{3}\angle ABC$,$\angle 2=\dfrac{1}{3}\angle ACB$。若 $BP=CQ$,求证:$AB=AC$。

第九章

倒过来想一想——共角逆定理

对共角定理,我们从反面想,想到了共角不等式。

想问题,不但可以反过来想,还可以倒过来想。共角定理说,如果 $\angle ABC$ 和 $\angle A'B'C'$ 相等或互补,则有等式 $\dfrac{\triangle ABC}{\triangle A'B'C'} = \dfrac{AB \cdot BC}{A'B' \cdot B'C'}$;倒过来,可以想:如果等式 $\dfrac{\triangle ABC}{\triangle A'B'C'} = \dfrac{AB \cdot BC}{A'B' \cdot B'C'}$ 成立,那么两个角 $\angle ABC$ 和 $\angle A'B'C'$ 是不是一定相等或互补呢?

利用共角不等式,容易解决这个问题。回答是肯定的,可以把这个答案叫做共角逆定理。

共角逆定理 若 $\triangle ABC$ 与 $\triangle A'B'C'$ 的面积比等于 $\angle B$ 与 $\angle B'$ 的两夹边乘积之比,即

$$\frac{\triangle ABC}{\triangle A'B'C'} = \frac{AB \cdot BC}{A'B' \cdot B'C'},$$

则 $\angle B$ 与 $\angle B'$ 相等或互补。

证明: 用反证法。如两角 $\angle B$、$\angle B'$ 不相等也不互补,不妨设 $\angle B > \angle B'$。这

时有两种情形：$\angle B + \angle B' < 180°$ 或 $\angle B + \angle B' > 180°$。

若 $\angle B + \angle B' < 180°$，由共角不等式得

$$\frac{\triangle ABC}{\triangle A'B'C'} > \frac{AB \cdot BC}{A'B' \cdot B'C'}。$$

这与假设矛盾。

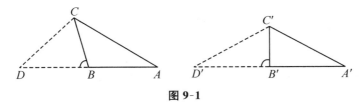

图 9-1

若 $\angle B + \angle B' > 180°$，如图 9-1，延长 AB 至 D，使 $BD = AB$，延长 $A'B'$ 至 D' 使 $B'D' = A'B'$。这时 $\angle DBC + \angle D'B'C' < 180°$，而且 $\angle DBC = 180° - \angle B < 180° - \angle B' = \angle D'B'C'$。

由共角不等式得 $\dfrac{\triangle D'B'C'}{\triangle DBC} = \dfrac{B'D' \cdot B'C'}{BD \cdot BC}$。但因 $\triangle D'B'C' = \triangle A'B'C'$，

$\triangle DBC = \triangle ABC$，$B'D' = A'B'$，$BD = AB$，故上式即 $\dfrac{\triangle ABC}{\triangle A'B'C'} < \dfrac{AB \cdot BC}{A'B' \cdot B'C'}$ 也与

假设矛盾。 □

用共角逆定理，可以证明角与角之间的相等或互补关系，先看两个简单的例子。

【例 9.1】 在 $\triangle ABC$ 中，若 $AB = AC$，则 $\angle B = \angle C$。试证明之。

证明： 由题设可得

$$\frac{\triangle ABC}{\triangle ACB} = \frac{1}{1} = \frac{AB \cdot BC}{AC \cdot BC}。$$

由共角逆定理可知 $\angle B$ 与 $\angle C$ 相等或互补，但 $\angle B + \angle C < 180°$，故不可能互补，所以相等。 □

这个题目前面已做过，即例 8.5，这里用共角逆定理提供了另一种方法。

【例 9.2】 若 $\triangle ABC$ 与 $\triangle A'B'C'$ 中，已知 $\angle A = \angle A'$，且

$$\frac{AC}{A'C'} = \frac{BC}{B'C'},$$

则当∠B 与∠B′不互补时,△ABC∽△A′B′C′。试证明之。

证明:因∠A＝∠A′,可用共角定理,配合假设条件得

$$\frac{\triangle ABC}{\triangle A'B'C'} = \frac{AB \cdot AC}{A'B' \cdot A'C'} = \frac{AB \cdot BC}{A'B' \cdot B'C'}。$$

由共角逆定理知∠B 与∠B′相等或互补。若∠B 与∠B′不互补,由∠B＝∠B′及题设∠A＝∠A′,可知△ABC∽△A′B′C′。(用到例7.3)　　□

【例9.3】　若△ABC 与△A′B′C′中,三边对应成比例,则两三角形相似。试证明之。

证明:不妨设△ABC 较大,在 AB 边和 AC 边上分别取点 M、N,使

$$AM = A'B', AN = A'C'。$$

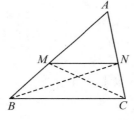

图 9-2

如图 9-2,我们的计划是:

第一步,证明△AMN∽△ABC;

第二步,证明△AMNG≌△A′B′C′,从而△ABC∽△A′B′C′。

由题设条件,得　$\dfrac{AM}{AB} = \dfrac{A'B'}{AB} = \dfrac{A'C'}{AC} = \dfrac{AN}{AC}$。

∴　$\dfrac{\triangle AMC}{\triangle AMN} = \dfrac{AC}{AN} = \dfrac{AB}{AM} = \dfrac{\triangle ANB}{\triangle AMN}$。

∴　△AMC＝△ANB。

∴　△BMN＝△CMN。

∴　BC∥MN。

$$\therefore \angle ABC = \angle AMN。$$

又因$\angle MAN = \angle BAC$,故$\triangle AMN \backsim \triangle ABC$。第一步完成了。

由$\triangle AMN \backsim \triangle ABC$,得

$$\frac{MN}{BC} = \frac{AN}{BC} = \frac{A'C'}{AC} = \frac{B'C'}{BC}。$$

$$\therefore MN = B'C'。$$

$$\therefore \triangle AMN \cong \triangle A'B'C'。$$

$$\therefore \triangle ABC \backsim \triangle A'B'C'。$$

最后一步用到了三角形全等的边、边、边判定法。这个判定法可以从我们已证明过的例8.4推出来。只要用反证法,设$\angle AMN > \angle A'B'C'$(或$\angle AMN < \angle A'B'C'$),由例8.4可知当$AM = A'B'$、$MN = B'C'$时必有$AN > A'C'$(或$AN < A'C'$),矛盾。故$\angle AMN = \angle A'B'C'$。

【例9.4】 (三角形全等的角、边、边判定法)若已知$\triangle ABC$与$\triangle A'B'C'$中,$\angle A = \angle A'$,$AB = A'B'$,$BC = B'C'$,并且$\angle C$与$\angle C'$不互补,则$\triangle ABC \cong \triangle A'B'C'$。试证明之。

证明: 由共角定理及题设条件,得

$$\frac{\triangle ABC}{\triangle A'B'C'} = \frac{AB \cdot AC}{A'B' \cdot A'C'} = \frac{AC}{A'C'} = \frac{AC \cdot BC}{A'C' \cdot B'C'}。$$

由共角逆定理可知$\angle C$与$\angle C'$相等或互补,但题设$\angle C$与$\angle C'$互补,所以$\angle C = \angle C'$,这就推出了$\triangle ABC \cong \triangle A'B'C'$。 □

在几何课上学过,三角形全等的判定法只有边角边、角边角、角角边、边边边,没有角边边,就是因角边边判定法需要一个辅助条件:一对对应边的对角不互补。不少几何定理,都需要加上某些辅助条件才成立。这种辅助条件一般是不等式,叫做非退化条件。指出非退化条件的重要性并对如何确定非退化条件进行论证,是我国数学家吴文俊教授的贡献。

长期以来,大家认为传统的几何证明方法是十分严谨的,几何证明的推理被视为逻辑推理的典范。但是,吴文俊教授通过几何定理证明的机械化研究,发现一个

重要的事实:传统的几何证明方法不但不是严谨的,而且无法达到真正严谨的程度。这是因为几何定理的成立往往要有非退化条件,而传统方法却无法确定这些非退化条件;特别对复杂的定理,确定非退化条件不是一件容易的事。吴文俊教授创立了几何定理机器证明的方法,在国际上被称为吴法。使用吴法,可以在计算机上证明所有等式型几何定理,还能发明新定理。这种机器证明的方法是非常严谨的,并且能够确定使定理成立的非退化条件。

下面我们回到共角逆定理,用它证明两个不平凡的命题。

【例9.5】 已知四边形 $ABCD$ 的两边 AB、CD 的中点分别为 M、N,另两边 $AD=BC$。延长 BC、AD 分别与直线 MN 交于 P、Q。求证:$\angle AQM=\angle BPM$。

证明:M、N 是 AB、DC 中点,

$$\because \frac{AQ}{DQ}=\frac{\triangle AMN}{\triangle DMN}=\frac{\triangle BMN}{\triangle CMN}=\frac{BP}{CP},$$

即 $\dfrac{AQ}{AQ-AD}=\dfrac{BP}{BP-BC}$。

由 $AD=BC$,可得 $AQ=BP$。

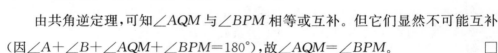

图 9-3

$$\because \frac{\triangle AMQ}{\triangle PMB}=\frac{AM\cdot QM}{BM\cdot PM}=\frac{QM}{PM}=\frac{AQ\cdot QM}{BP\cdot PM}。$$

由共角逆定理,可知 $\angle AQM$ 与 $\angle BPM$ 相等或互补。但它们显然不可能互补(因 $\angle A+\angle B+\angle AQM+\angle BPM=180°$),故 $\angle AQM=\angle BPM$。 □

此题还有一个巧妙证法。如图 9-4,延长 PM 至 P' 使 $P'M=PM$,则 $\triangle AMP'\cong\triangle BMP$,$\angle P'=\angle P$。但由已证的 $AQ=BP=AP'$,可知 $\triangle P'AQ$ 是等腰三角形,因而 $\angle P'=\angle AQM$。这就完成了证明。

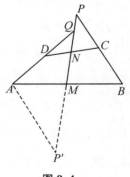

图 9-4

【例9.6】 已知 $ABCD$ 是平行四边形。在 AD 上取点 Q,AB 上取点 P。设 $BQ=DP$,BQ、PD 交于 R。求证:$\angle DRC=\angle BRC$。

证明:如图 9-5。

由 $AB /\!/ DC$，得 $\triangle DPC = \triangle DBC$。

由 $AD /\!/ BC$，得 $\triangle QBC = \triangle DBC$。

$\therefore \triangle PDC = \triangle QBC$，

$$\frac{\triangle DRC}{\triangle BRC} = \frac{\triangle DRC}{\triangle PDC} \cdot \frac{\triangle QBC}{\triangle BRC}$$

$$= \frac{DR}{DP} \cdot \frac{BQ}{BR} = \frac{DR}{BR} = \frac{DR \cdot RC}{BR \cdot RC}。$$

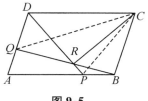

图 9-5

由共角逆定理，$\angle DRC$ 与 $\angle BRC$ 相等或互补。互补显然不可能，故它们相等。

$\square$

习 题 九

9.1 有位同学用下列方法"证明"了"角边边"全等判定法：已知：$\triangle ABC$ 与 $\triangle A'B'C'$ 中，$\angle A = \angle A'$，$BC = B'C'$，$AC = A'C'$。

求证：$\triangle ABC \cong \triangle A'B'C'$。

证明：把两个三角形沿 BC、$B'C'$ 边拼在一起，如图。

$\because AC = A'C'$（已知），

$\therefore \angle 1 = \angle 2$。

$\because \angle BAC = \angle B'A'C' = \angle BA'C$（已知），

$\therefore \angle 3 = \angle BAC - \angle 1 = \angle B'A'C' - \angle 2 = \angle 4$。

$\therefore AB = A'B = A'B'$。

$\therefore \triangle ABC \cong \triangle A'B'C'$（边边边）。

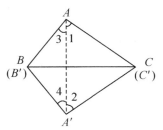

第 1 题图

你能指出这个"证明"的漏洞吗？

9.2 如图，已知 $\triangle ABD$ 是等腰三角形，M 是底边 AB 的中点。在 $\triangle ABD$ 内取一点 C 使 $BC = BD$，取 CD 的中点 N 与 M 连成直线。MN 与 AD 交于 Q，与 BC 交于 P。求证：$\angle DQN = \angle BPN$。

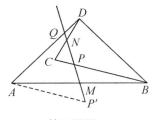

第 2 题图

第十章

面积方程

解几何题,应当吸取代数的思想与方法。前面,我们吸收了代数里"消元"的思想,引入"消点法",颇有收获。代数里列方程的方法,也很值得我们借鉴。

利用图中各种几何量之间的关系,很容易列出一些等式。这些等式中,可能包含未知量,所以可以叫方程。

用不同的方法计算同一块面积,如分块计算,结果应当相等。这种利用面积相等关系列出的方程,叫面积方程。

下面是有关面积方程的简单应用。

【例 10.1】 已知△ABC 的两高 AD、BE 之长分别为 5cm 和 7cm,$AC=15$cm,求 BC(图 10-1)。

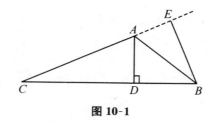

图 10-1

解：用两种方法计算△ABC的面积：

$$\frac{1}{2}AD \cdot BC = \triangle ABC = \frac{1}{2}BE \cdot AC。$$

把已知量代入得

$$\frac{1}{2} \times 5 \times BC = \frac{1}{2} \times 7 \times 15。$$

解出 $BC = 21(\text{cm})$。

【例 10.2】　已知△ABC 是等边三角形，它的高 $h = 4\text{cm}$。已知点 P 到 AB、AC 两边的距离分别为 1cm 和 2cm。求 P 到 BC 边的距离。

解：如图 10-2，设 AH 是△ABC 的高，P 到△ABC 三边的垂线段分别为 PD、PE、PF，又记△ABC 的边长为 a。由面积关系，得

$$\triangle PAB + \triangle PBC + \triangle PCA = \triangle ABC。$$

$$\frac{1}{2}a \cdot PF + \frac{1}{2}a \cdot PD + \frac{1}{2}a \cdot PE = \frac{1}{2}a \cdot AH。$$

将已知量代入并约去 $\frac{1}{2}a$，得

$$1 + PD + 2 = 4。$$

解出 $PD = 1(\text{cm})$。

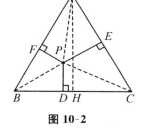

图 10-2

想一想，这样的解法完全吗？

细心的读者会发现，我们采用的图 10-2 无形之中加了一个条件"P 在△ABC 内部"，这是题设条件中没有的。如果 P 不在△ABC 内，如图 10-3 中 P_1 所在的位置，列出的面积方程就是

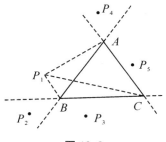

图 10-3

$$\triangle P_1 AC + \triangle P_1 BC - \triangle P_1 AB = \triangle ABC。$$

化简后得到 $2 + P_1 D - 1 = 4$，解出 $P_1 D = 3$。

若取图 10-3 中 P_2 的位置，方程成为

$$\triangle P_2 AC - \triangle P_2 AB - \triangle P_2 BC = \triangle ABC。$$

化简后得到 $2 - 1 - P_2 D = 4$，解出 $P_2 D = -3$，这表明 P 不会在 P_2 的位置。

类似的分析得出，点 P 如不在 $\triangle ABC$ 内，则可能在图 10-3 中 P_1、P_4、P_5 等位置。

当在 P_4 的位置时，面积方程为

$$\triangle P_4 BC - \triangle P_4 AB - \triangle P_4 AC = \triangle ABC。$$

化简后得 $P_4 D - 1 - 2 = 4$，$P_4 D = 7$；当在 P_5 位置时，面积方程为

$$\triangle P_5 AB + \triangle P_5 BC - \triangle P_5 AC = \triangle ABC。$$

化简后得 $1 + P_5 D - 2 = 4$，$P_5 D = 5$。

因此，可能的解为 1、3、5、7 共 4 种，分别对应于 P 在 $\triangle ABC$ 内，P 在 $\triangle ABC$ 之外但在 $\angle BCA$ 之内，P 在 $\triangle ABC$ 之外但在 $\angle ABC$ 之内，P 在 $\angle BAC$ 的对顶角之内这 4 种情形。

【例 10.3】 已知 CD 是直角三角形的斜边 AB 上的高（图 10-4）。

求证：$\dfrac{1}{CD^2} = \dfrac{1}{AC^2} + \dfrac{1}{BC^2}$。

证明： 由题设条件，参看图 10-4，列出两个方程：

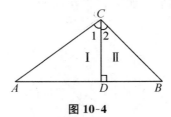

图 10-4

$$\begin{cases} AB \cdot CD = 2\triangle ABC = AC \cdot BC, & (1) \\ \triangle ABC = \triangle \text{I} + \triangle \text{II}。 & (2) \end{cases}$$

将(2)式两端同用 $\triangle ABC$ 除，注意到 $\angle 1 = \angle B$，$\angle 2 = \angle A$，用共角定理得

$$1 = \frac{\triangle \text{I} + \triangle \text{II}}{\triangle ABC} = \frac{AC \cdot CD}{AB \cdot BC} + \frac{BC \cdot CD}{AB \cdot AC}。 \tag{3}$$

由(1)式中解出

$$AB = \frac{AC \cdot BC}{CD}。 \tag{4}$$

将(4)式代入(3)式,得

$$1 = \frac{CD^2}{BC^2} + \frac{CD^2}{AC^2}。$$

两端同用 CD^2 除,即得

$$\frac{1}{CD^2} = \frac{1}{AC^2} + \frac{1}{BC^2}。 \qquad \qquad \square$$

上面这个题目还有几个变化。如果我们从(1)式中不解出 AB 而解出 CD,得

$$CD = \frac{AC \cdot BC}{AB}。$$

代入(3)式之后得

$$1 = \frac{AC^2}{AB^2} + \frac{BC^2}{AB^2}。$$

两端同乘 AB^2,得到勾股定理(如习题 7.3)。

如果从(1)式中解出

$$AC = \frac{AB \cdot CD}{BC}。$$

代入(3)式之后得

$$1 = \frac{CD^2}{BC^2} + \frac{BC^2}{AB^2}。$$

就化成了另一道题目。当然,也可以从(1)式中解出 BC,得到类似的另一个题目。

用面积方程,能解决相当难的题目。

【**例 10.4**】 (1982 年国际数学奥林匹克试题)设正六边形 $ABCDEF$ 的对角线 AC、CE 分别被内点 M、N 分成比为 $\frac{AM}{AC} = \frac{CN}{CE} = r$。

如果 B、M、N 三点共线,求 r(图 10-5)。

解：利用面积方程

$$\triangle BCN = \triangle BCM + \triangle MCN。$$

两端同用$\triangle ABC$除，

$$\frac{\triangle BCN}{\triangle ABC} = \frac{\triangle BCM}{\triangle ABC} + \frac{\triangle MCN}{\triangle ABC}。$$

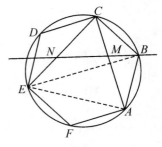

图 10-5

用共角定理可得

$$\frac{\triangle BCN}{\triangle ABC} = \frac{\triangle BCN}{\frac{1}{2}\triangle BCE} = \frac{2BC \cdot CN}{BC \cdot CE} = 2r,$$

$$\frac{\triangle BCM}{\triangle ABC} = \frac{BC \cdot CM}{BC \cdot CA} = \frac{AC - AM}{AC} = 1 - r,$$

$$\frac{\triangle MCN}{\triangle ABC} = \frac{\triangle MCN}{\frac{1}{3}\triangle ACE} = \frac{3MC \cdot CN}{AC \cdot CE} = 3r(1 - r)。$$

于是得到关于 r 的方程

$$2r = (1 - r) + 3r(1 - r)。$$

整理后得 $3r^2 = 1。$

$$r = \pm\frac{\sqrt{3}}{3}。$$

按题意应有 $r > 0$，故 $r = \frac{\sqrt{3}}{3}$。　　　　　　　　　　　□

【例 10.5】（1979 年美国数学奥林匹克试题）在锐角$\angle A$ 内有一定点P，过P 作直线与$\angle A$ 两边交于B、C。问$\left(\dfrac{1}{PB} + \dfrac{1}{PC}\right)$何时取到最大值？

解：如图 10-6，设$\triangle ABC$ 在BC 边上的高为h，又过P 作AP 的垂线与AB、AC 交于M、N。利用面积方程

$$\triangle APB + \triangle APC = \triangle ABC,$$

两端同用$\triangle APB \cdot \triangle APC$除，得

$$\frac{1}{\triangle APC} + \frac{1}{\triangle APB} = \frac{\triangle ABC}{\triangle APB \cdot \triangle APC}。$$

也就是

$$\frac{2}{h \cdot PC} + \frac{2}{h \cdot PB} = \frac{\triangle ABC}{\triangle APB \cdot \triangle APC}$$

$$= \frac{\triangle ABC}{\triangle AMN} \cdot \frac{\triangle AMN}{\triangle AMP} \cdot \frac{\triangle AMP}{\triangle APB} \cdot \frac{\triangle ANP}{\triangle APC} \cdot \frac{1}{\triangle ANP}$$

$$= \frac{AB \cdot AC}{AM \cdot AN} \cdot \frac{MN}{MP} \cdot \frac{AM}{AB} \cdot \frac{AN}{AC} \cdot \frac{2}{AP \cdot PN}$$

$$= \frac{2MN}{PM \cdot PN \cdot AP}$$

$$= 2\left(\frac{PM+PN}{PM \cdot PN}\right) \cdot \frac{1}{AP}$$

$$= 2\left(\frac{1}{PM} + \frac{1}{PN}\right) \cdot \frac{1}{AP}。$$

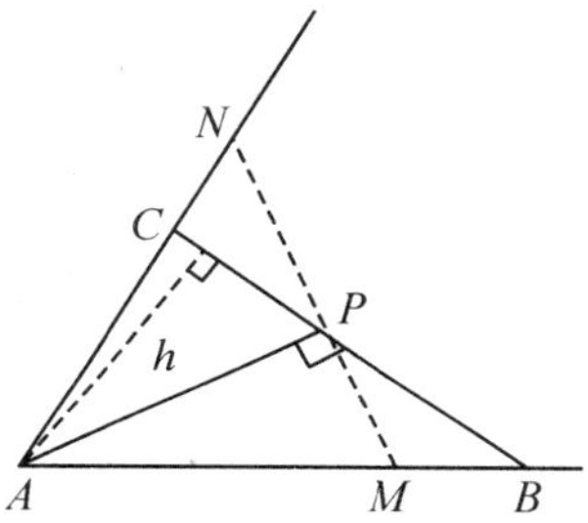

$$\therefore \frac{1}{PB} + \frac{1}{PC} = \frac{h}{AP}\left(\frac{1}{PM} + \frac{1}{PN}\right) \leqslant \frac{1}{PM} + \frac{1}{PN}。$$

图 10-6

可见，$\dfrac{1}{PB} + \dfrac{1}{PC}$ 的最大值是 $\dfrac{1}{PM} + \dfrac{1}{PN}$，当 $BC \perp AP$ 即 $h = AP$ 时，它取到最大

值。 □

面积方程的变化很多，下面各章还会用到面积方程。现在就其关键之点特别加以说明。

看了以上各例，特别是例 10.4 与例 10.5，你可能会提出这样一个问题：一个图中有很多块面积，可列出的方程很多，怎么知道该用哪几块面积来列方程呢？

这似乎涉及解题技巧，但并非无章可循。上列各题中用到了三种列方程的方法：

1. 不分割三角形，用不同的公式求它的面积，可找出三角形的边、角、高之间的关系。这是最简单、最基本的面积方程。例 10.1 及例 10.3 中的方程（1），都用了这个思路。

2. 三点 A、B、C 共线时，若 B 在 A、C 之间，可利用直线 AB 之外的任一点 P，列出方程

$$\triangle PAC = \triangle PAB + \triangle PBC。$$

这种用面积关系描述三点共线的手法,是面积方程最常用的技巧,也是一种极有效的技巧。例 10.3、例 10.4 及例 10.5 中,都用了这种技巧。

在例 10.4 中,题目提到了 B、M、N 三点共线,这提示我们可用方程

$$\triangle BCN = \triangle BCM + \triangle MCN。$$

在例 10.5 中,题目中有"过 P 作直线与 $\angle A$ 两边交于 B、C",也表明 P 在线段 BC 上,提示我们用面积方程

$$\triangle ABC = \triangle APB + \triangle APC。$$

3. 把一个三角形分成 3 个三角形,也是常用的面积方程。当题目中没有特别明确的三点共线条件时,可考虑用这种方法。

列好方程之后,用什么公式计算方程中各块面积,也是值得揣摩的技巧。通常是利用共角定理把面积化成线段的乘积。特别是利用共线条件列出的面积方程,更是常常用共角定理加以转化。转化的目标,是让题目中关心的几何量在方程中出现。例 10.3、例 10.4 和例 10.5 中,都用了共角定理,这反映了面积方程解题的一般规律。

习 题 十

10.1 求证:三角形大边上的高较小。

10.2 设 BC 是等腰三角形 ABC 的底边,P 是 BC 上任一点。

求证:P 到两腰的距离之和等于 $\triangle ABC$ 在 AB 边上的高。

10.3 设 G 是 $\triangle ABC$ 的重心(即 $\triangle ABC$ 三中线的交点)。求证:G 到 $\triangle ABC$ 三边的距离与三边之长成反比。

10.4 如图,已知四边形 $ABCD$ 的对角线 AC、BD 交于 O。分别在 AC、CD 上各取一点 M、N,使 $\dfrac{AM}{AC} = \dfrac{CN}{CD} = k$。如果 O 是 AC 中点,那么比值 $\dfrac{DO}{BO}$ 与 k 有什么联系?

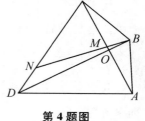

第 4 题图

第十一章

勾股差定理

面积方程与共角定理相配合,能解决很多几何问题。上一章例 10.3 中引进了两个方程,如果从前一个方程(1)中解出 CD 代入后一方程(2),马上得到了勾股定理。

由此可见,凡是用勾股定理可以解决的问题,用面积方程和共角定理也能解决。勾股定理用途很广,以致被誉为"几何的基石"。这样看来,面积方程与共角定理,可算是基石下面的地基了。

勾股定理,用于计算直角三角形的边长。而对一般三角形,能不能用面积方程和共角定理计算它的边长呢?

我们已经知道,在 $\triangle ABC$ 中,如果 $\angle C$ 的两夹边 a、b 长度不变,那么,$\angle C$ 越大,它的对边就越长(例 8.4)。当 $C=90°$ 时,由勾股定理可知 $c^2=a^2+b^2$。让 $\angle C$ 变大,如图 11-1 所示,$\angle C$ 变成 $\angle ACB_2$ 时,对边 $AB_2>AB$;让 $\angle C$ 变小,成为 $\angle ACB_1$ 时,对边 $AB_1<AB$。

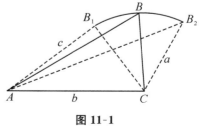

图 11-1

这就找到了一条规律:在 $\triangle ABC$ 中,如果 $\angle C$ 是钝角,则 $c^2 > a^2 + b^2$;

如果 $\angle C$ 是锐角,则 $c^2 < a^2 + b^2$。

我们把 $a^2 + b^2 - c^2$ 叫做 $\triangle ABC$ 中 $\angle C$ 的勾股差。简单一点,一个角 $\angle PQR$ 的勾股差就是 $PQ^2 + QR^2 - PR^2$。要注意的是,勾股差不仅与 $\angle PQR$ 的度数有关系,也与 PQ、QR 的长度有关系。

关于勾股差,有一个十分有用的定理:

勾股差定理 若 $\angle ACB = \angle A'C'B'$ 或两角互补,则

$$\frac{a^2 + b^2 - c^2}{\triangle ABC} = \pm \frac{a'^2 + b'^2 - c'^2}{\triangle A'B'C'}。$$

其正负号的取法是:两角相等取正,两角互补取负。

我们先不忙去证明这条定理。重要的是看看它有什么用处。

【例 11.1】 已知 $\triangle ABC$ 三边 $BC = a$,$AC = b$,$AB = c$,求 AB 边上的高 h。

解:如图 11-2,在 $\angle A$、$\angle B$ 之中总有锐角。设 $\angle A$ 为锐角,AB 上的高为 CD,则

$$\angle CAD = \angle CAB。$$

对 $\triangle CAD$ 与 $\triangle CAB$ 用勾股差定理得

$$\frac{b^2 + c^2 - a^2}{\triangle ABC} = \frac{b^2 + AD^2 - h^2}{\triangle ADC}。$$

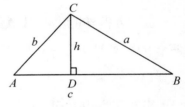

图 11-2

注意到 $\triangle ABC = \dfrac{1}{2}ch$,$\triangle ADC = \dfrac{1}{2}AD \cdot h$,$h^2 = b^2 - AD^2$,代入上式,整理得

$$\frac{b^2 + c^2 - a^2}{c} = \frac{2AD^2}{AD}。$$

$$\therefore AD = \frac{1}{2c}(b^2 + c^2 - a^2)。$$

$$\therefore h = \sqrt{b^2 - AD^2} = \frac{\sqrt{4b^2c^2 - (b^2 + c^2 - a^2)^2}}{2c}。$$

顺便知道,$\triangle ABC$ 的面积是:

$$\triangle = \frac{1}{2}ch = \frac{1}{4}\sqrt{4b^2c^2 - (b^2 + c^2 - a^2)^2}。$$

这个公式我国古代叫做"三斜求积公式",是宋代数学家秦九韶首先得到的。*

【例 11.2】 已知△ABC 三边 a、b、c,求∠ACB 的角平分线长。

解：如图 11-3,设 CP 是∠ACB 的角平分线。

设 $CP=x$,对△CAB 与△CAP 用勾股差定

理得

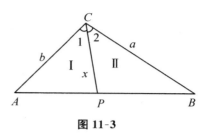

$$\frac{b^2+AP^2-x^2}{AP}=\frac{b^2+c^2-a^2}{c}。$$

图 11-3

由分角线性质 $\frac{AP}{BP}=\frac{b}{a}$,即 $\frac{AP}{c-AP}=\frac{b}{a}$,

$$\therefore AP=\frac{bc}{a+b}。$$

代入前式,整理后得

$$ab^2+\frac{b^2c^2}{a+b}-(a+b)x^2=bc^2-a^2b。$$

解出

$$x=\frac{\sqrt{ab\left[(a+b)^2-c^2\right]}}{a+b}。$$　　　　□

上式也可写成

$$x=\sqrt{ab\left[1-\frac{c^2}{(a+b)^2}\right]}。$$

【例 11.3】 已知△ABC 三边 a、b、c,在 AB 边上取一点 P,使 $AP=\frac{1}{3}AB$,

求 CP。

解：如图 11-4,记 $x=PC$。用勾股差定理得

$$\frac{b^2+AP^2-x^2}{\triangle APC}=\frac{b^2+c^2-a^2}{\triangle ABC}。$$

---

* 此公式略加整理便是海伦公式 $\Delta=\sqrt{s(s-a)(s-b)(s-c)}$,

其中 $s=\frac{1}{2}(a+b+c)$。

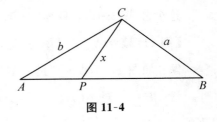

图 11-4

用条件 $AP=\frac{1}{3}c$，可知 $\triangle APC=\frac{1}{3}\triangle ABC$。

由上式得

$$3\left[b^2+\left(\frac{c}{3}\right)^2-x^2\right]=b^2+c^2-a^2。$$

解出

$$x=\frac{1}{3}\sqrt{3a^2+6b^2-2c^2}。$$

【例 11.4】 已知平行四边形 $ABCD$ 的两边 $AB=c$，$BC=a$ 和对角线 $AC=b$，求另一条对角线 BD 的长。

解：如图 11-5，对 $\triangle ABC$ 和 $\triangle BCD$ 用勾股差定理。因为 $\angle ABC$ 与 $\angle BCD$ 互补，故

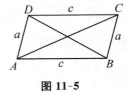

图 11-5

$$\frac{a^2+c^2-b^2}{\triangle ABC}=-\frac{a^2+c^2-BD^2}{\triangle BCD}。$$

由 $\triangle ABC=\triangle BCD$ 解出

$$BD=\sqrt{2(a^2+c^2)-b^2}。$$

从这几个例子可见，用勾股差定理计算线段的长度十分有效。对如此有用的工具，最好弄明白它的来历。下面我们利用面积方程来证明勾股差定理。

勾股差定理的证明

先证两角互补的情形。为了确定起见，不妨设 $\angle ACB\geqslant 90°$。如图 11-6，分别记 $\triangle ABC$、$\triangle A'B'C$ 的三边为 a、b、c 和 a'、b'、c'。

在图 11-6 的两图中，在射线 AB、$A'B'$ 上分别取 P 和 P'，使

$$\angle ACP=\angle B,\quad \angle A'C'P'=\angle B'。$$

又在射线 BA、$B'A'$ 上分别取 Q 和 Q'，使

$$\angle BCQ=\angle A,\quad \angle B'C'Q'=\angle A'。$$

则易知

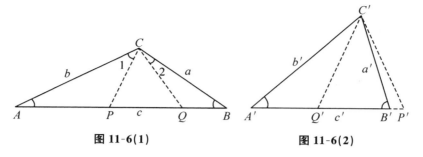

图 11-6(1)　　　　　**图 11-6(2)**

$$\angle CPQ = \angle CQP = \angle A + \angle B,$$

$$\angle C'P'Q' = \angle C'Q'P'$$

$$= 180° - (\angle A' + \angle B')$$

$$= \angle A + \angle B (\text{这是因为} \angle C \text{ 与 } \angle C' \text{ 互补之故})。$$

由此可知，$PC = QC, P'C' = Q'C'$，且

$$\angle PCQ = \angle P'C'Q'。$$

写出两个面积方程：

$$\begin{cases} \triangle ABC = \triangle ACP + \triangle CBQ + \triangle PCQ, & (1) \\ \triangle A'B'C' = \triangle A'C'P' + \triangle C'B'Q' - \triangle P'C'Q'。 & (2) \end{cases}$$

将(1)式除以△ABC，得

$$1 = \frac{\triangle ACP}{\triangle ABC} + \frac{\triangle CBQ}{\triangle ABC} + \frac{\triangle PCQ}{\triangle ABC}。 \tag{3}$$

使用共角定理，由 $\angle ACB = \angle APC = \angle BQC = 180° - \angle QPC$ 得

$$1 = \frac{AP \cdot PC}{ab} + \frac{BQ \cdot QC}{ab} + \frac{PC \cdot PQ}{ab}$$

$$= \frac{PC(AP + BQ + PQ)}{ab} = \frac{PC \cdot c}{ab}。 \tag{4}$$

另一方面，在(3)式中对 $\angle ACP = \angle B, \angle BCQ = \angle A$ 用共角定理得

$$1 = \frac{b \cdot PC}{ac} + \frac{a \cdot QC}{bc} + \frac{\triangle PCQ}{\triangle ABC}。 \tag{5}$$

从(4)式中解出 $PC = \dfrac{ab}{c}$，代入(5)式（注意 $PC = QC$），得

$$1 = \frac{b^2}{c^2} + \frac{a^2}{c^2} + \frac{\triangle PCQ}{\triangle ABC}。 \tag{6}$$

将(6)式整理得

$$-\frac{c^2 \triangle PCQ}{\triangle ABC} = a^2 + b^2 - c^2。 \tag{7}$$

由(2)式,按同样步骤得 $P'C' = \frac{a'b'}{c'}$ 及类似(5)式、(6)式的等式,推出:

$$\frac{c'^2 \triangle P'C'Q'}{\triangle A'B'C'} = a'^2 + b'^2 - c'^2。 \tag{8}$$

将(7)、(8)两式相比,注意 $\angle PCQ = \angle P'C'Q'$,$\angle ACB$ 与 $\angle A'C'B'$ 互补,以及

$P'C' = \frac{a'b'}{c'}$,$PC = \frac{ab}{c}$,用共角定理得

$$
\begin{aligned}
-\frac{a^2 + b^2 - c^2}{a'^2 + b'^2 - c'^2} &= \frac{c^2}{c'^2} \cdot \frac{\triangle PCQ}{\triangle P'C'Q'} \cdot \frac{\triangle A'B'C'}{\triangle ABC} \\
&= \frac{c^2}{c'^2} \cdot \frac{PC \cdot QC}{P'C' \cdot Q'C'} \cdot \frac{a'b'}{ab} \\
&= \frac{c^2}{c'^2} \cdot \left(\frac{ba}{c}\right)^2 \cdot \left(\frac{c'}{a'b'}\right)^2 \cdot \frac{a'b'}{ab} \\
&= \frac{ab}{a'b'} = \frac{\triangle ABC}{\triangle A'B'C'}。
\end{aligned}
$$

至此,我们证明了:

当 $\angle ACB$ 与 $\angle A'C'B'$ 互补时,

$$\frac{a^2 + b^2 - c^2}{\triangle ABC} = -\frac{a'^2 + b'^2 - c'^2}{\triangle A'B'C'}。 \tag{9}$$

当 $\angle ACB = \angle A'C'B'$ 时,任取一个 $\triangle XYZ$,使 $\angle XZY = 180° - \angle ACB$,则有:

$$\frac{a^2 + b^2 - c^2}{\triangle ABC} = -\frac{x^2 + y^2 - z^2}{\triangle XYA} = \frac{a'^2 + b'^2 - c'^2}{\triangle A'B'C'}。 \tag{10}$$

勾股差定理证毕。   □

仔细分析,上面的证明中取 $\angle ACB = 90°$ 的特殊情形,则在图 11-6 的(1)中,有 $\angle 1 + \angle 2 = \angle ACB = 90°$,故 $\triangle PCQ = 0°$,由(6)式即得勾股定理。因此,勾股定理是勾股差定理的特殊情况。

如果先证明了勾股定理,再从勾股定理导出勾股差定理,证明过程就比较简单。如图 11-7,$\angle ACB$ 与 $\angle A'C'B'$ 互补,且让射线 CB 与 $C'B'$ 重合,过 B 作 $B'A'$ 的平行线交 $A'C'$ 于 P,则有 $k>0$ 使

$$\frac{BC}{a'}=\frac{PC}{b'}=\frac{PB}{c'}=k$$

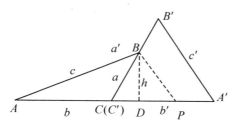

图 11-7

又作 $\triangle ABC$ 的高 $BD=h$,由勾股定理得

$$\begin{cases} c^2-(b+CD)^2=h^2=a^2-CD^2, & ① \\ BP^2-(PC-CD)^2=h^2=a^2-CD^2。 & ② \end{cases}$$

分别化简①式、②式,得

$$\begin{cases} c^2-b^2-2b\cdot CD=a^2, & ③ \\ BP^2-PC^2+2PC\cdot CD=a^2。 & ④ \end{cases}$$

将 $BC=a=ka',PC=kb',PB=kc'$ 代入④式,得

$$k^2c'^2-k^2b'^2+2kb'\cdot CD=k^2a'^2。 \qquad ⑤$$

由③式、⑤式分别得

$$\begin{cases} a^2+b^2-c^2=-2b\cdot CD, & ⑥ \\ a'^2+b'^2-c'^2=\dfrac{2b'\cdot CD}{k}。 & ⑦ \end{cases}$$

将两式相比,得

$$\frac{a^2+b^2-c^2}{a'^2+b'^2-c'^2}=-\frac{kb}{b'}=-\frac{ab}{a'b'}=-\frac{\triangle ABC}{\triangle A'B'C'}。$$

这正是我们要证明的。

习 题 十 一

11.1 已知 $\triangle ABC$ 的两边 a、b 和 b 边上的中线 l，求 c 边。

11.2 求证：若 $\dfrac{a^2+b^2-c^2}{a'^2+b'^2-c'^2}=\dfrac{\triangle ABC}{\triangle A'B'C'}$，则 $\angle C=\angle C'$。

11.3 求证：当 $\angle C \geqslant \angle C'$ 时，$\dfrac{a'^2+b'^2-c'^2}{\triangle A'B'C'} \geqslant \dfrac{a^2+b^2-c^2}{\triangle ABC}$。

11.4 求证：$\left(\dfrac{a^2+b^2-c^2}{2ab}\right)^2+\left(\dfrac{2\triangle ABC}{ab}\right)^2=1$，并由此推出三斜求积公式。

第十二章

三角形与圆

几何图形中只有直线，多少显得单调。一旦出现了圆，就更加生动活泼、丰富多彩了。

圆的性质很多，其中最重要的一条，是圆周角定理：同弧或等弧所对的圆周角相等，它们都等于同弧所对的圆心角的一半。

从圆周角定理，马上可以推出一串关于圆的重要性质：弦切角定理，圆内角定理，圆外角定理，相交弦定理，切割线定理，两割线定理……这些，在几何课上你都会学到。

其实，几何图形中的圆，它的一切性质，归根结底，都是由等腰三角形的性质变出来的。不是吗？圆上任取两点，添上圆心，便是一个等腰三角形。可见，三角形是更加基本的图形。

例如，关于圆有一条重要定理：垂直于弦的直径平分此弦和此弦所对的弧。它可以翻译成关于等腰三角形的定理：等腰三角形底边上的高平分底边和顶角。

又如，"圆内接四边形对角互补"这条定理，通常是用圆周角定理推出来的，用了圆的性质。其实，不用圆，直接用等腰三角形性质来做也很简单。如图 12-1，要

证 $\angle A + \angle C = 180°$，只要注意到 $\angle A$、$\angle B$、$\angle C$、$\angle D$ 一共是 $360°$，又有：

$$\angle A + \angle C = \angle 1 + \angle 8 + \angle 4 + \angle 5$$
$$= \angle 2 + \angle 7 + \angle 3 + \angle 6$$
$$= \angle B + \angle D,$$

马上就知道 $\angle A + \angle C$ 与 $\angle B + \angle D$ 各占 $360°$ 的一半！这里不用提到圆周角。

不过，若圆心 O 在四边形 $ABCD$ 之外，如图 12-2，证法就要变通一下，成为：

$$\angle A + \angle C = \angle 8 - \angle 1 + \angle 4 + \angle 5$$
$$= \angle 7 - \angle 2 + \angle 3 + \angle 6$$
$$= \angle 3 - \angle 2 + \angle 7 + \angle 6$$
$$= \angle B + \angle D。$$

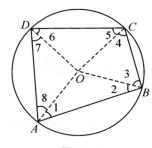

图 12-1

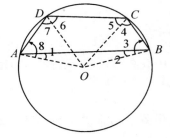

图 12-2

这样，不但不用圆周角定理，而且可以推出圆周角定理。如图 12-3，要证明同弧所对的圆周角 $\angle P = \angle Q$，只要看到它们都与 $\angle C$ 互补就可以了。

总之，圆的性质都可以从等腰三角形的性质推出来。

但是，有了圆毕竟多了一种新的图形。它能引导我们提出新的问题，如计算圆面积、圆周长，它能提供我们新的方法。如果事事从三角形谈起，会不胜其烦，而且把事情的本质淹没在一片繁复的推理之中。"圆内接四边形对角互补"这句话直观而且简洁。如果不提圆，要说成："若有一个点到某四边形四顶点距离相等，则此四边形对角互补"，那就一点儿也不漂亮了。

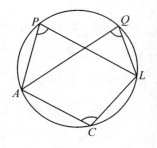

图 12-3

因此,既要知道三角形是基本的,也要重视圆的作用。由于有圆周角定理,与圆有关的图形中,常常有许多共角三角形。如何灵活地运用共角定理,在解决与圆有关的几何问题时,至关重要!下面我们看一个简单的例子,它是用共角定理导出相交弦定理、切割线定理与两割线定理。

【例 12. 1】 已知过 P 的两直线分别与同一个圆交于 A、B 和 C、D。求证:$PA \cdot PB = PC \cdot PD$。

证明: 连 AD, BC,则

$$\angle PAD = \angle PCB, \quad \angle PDA = \angle PBC。$$

对 $\triangle PAD$ 与 $\triangle PBC$ 用共角定理:

$$\frac{PA \cdot AD}{PC \cdot BC} = \frac{\triangle PAD}{\triangle PBC} = \frac{PD \cdot AD}{PB \cdot BC},$$

得

$$\frac{PA}{PC} = \frac{PD}{PB}。$$

即 $PA \cdot PB = PC \cdot PD$。 □

这个证法适用于图 12-4 的 3 种情形,其中情形(3)是 C、D 两点重合的特例。如果 A 与 B 也重合,我们顺便还证明了"从一点到同圆的两切线相等"。

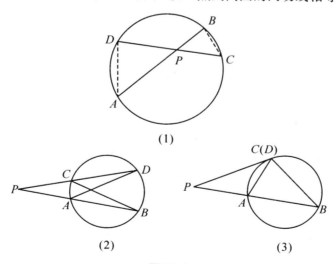

图 12-4

上面的例题,结果是读者熟悉的,没提供新的命题。下面给大家讲一个十分有用,但读者可能不熟悉的命题。

【例 12.2】 求证:三角形两边的乘积除以第三边上的高的商,等于此三角形外接圆的直径。

已知:$\odot O$ 外接于 $\triangle ABC$,CD 是 $\triangle ABC$ 的高。

求证:$\odot O$ 的直径 $d=\dfrac{AC \cdot BC}{CD}$。

证明: 如图 12-5,过 A 作 $\odot O$ 的直径 AP,则 $AC \perp PC$,$\angle APC=\angle ABC$。由共角定理得:

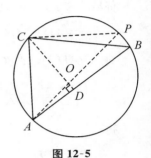

图 12-5

$$\frac{AC \cdot PC}{CD \cdot AB}=\frac{\triangle APC}{\triangle ABC}=\frac{AP \cdot PC}{BC \cdot AB}。$$

$$\therefore \frac{AC}{CD}=\frac{AP}{BC}。$$

$$\therefore d=AP=\frac{AC \cdot BC}{CD}。$$

下面的题目,曾被一些书刊详细讨论过。如用上例结果,就十分简单了。

【例 12.3】 已知两圆 O_1、O_2 内切于 Q,在直线 O_1、O_2 上任取一点 P,过 P 作 O_1O_2 的垂线与两圆分别交于 A、B。已知两圆半径分别为 r_1、r_2,求 $\triangle QAB$ 外接圆的半径。

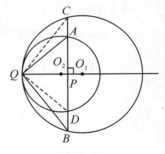

图 12-6

解: 设直线 AB 与 $\odot O_1$、$\odot O_2$ 的另外两个交点是 C、D(如图 12-6),则

$$2r_1=\frac{QB \cdot QC}{QP}, \quad 2r_2=\frac{QA \cdot QD}{QP}。$$

因直线 AB 与 O_1O_2 垂直,故 $QB=QC$,$QA=QD$。记 $\triangle QAB$ 的外接圆半径为 r,则有

$$2r=\frac{QA \cdot QB}{QP}=\sqrt{\frac{QA^2 \cdot QB^2}{QP^2}}=\sqrt{\frac{QA \cdot QD}{QP} \cdot \frac{QB \cdot QC}{QP}}=\sqrt{2r_1r_2}。$$

$$\therefore r = \sqrt{r_1 r_2}。$$

这里有一点是出乎意料的：$\triangle QAB$ 外接圆半径的大小与 P 的位置无关，是个定值。当然，PQ 必须小于等于小圆 O_2 的直径，否则 A 点就交不出来了。

下面再介绍一个很便于应用的命题。

【例 12.4】 若$\triangle ABC$ 与$\triangle A'B'C'$ 的外接圆相同或相等，则

$$\frac{\triangle ABC}{\triangle A'B'C'} = \frac{BC \cdot CA \cdot AB}{B'C' \cdot C'A' \cdot A'B'}。$$

证明 1：设$\triangle ABC$、$\triangle A'B'C'$ 外接圆直径分别为 d 和 d'，$\triangle ABC$ 在 AB 上的高为 h，$\triangle A'B'C'$ 在 $A'B'$ 上的高为 h'，则

$$\frac{BC \cdot AC}{h} = d = d' = \frac{B'C' \cdot A'C'}{h'}。$$

利用 $h = \dfrac{2\triangle ABC}{AB}$，$h' = \dfrac{2\triangle A'B'C'}{A'B'}$，代入，得

$$\frac{BC \cdot AC \cdot AB}{\triangle ABC} = \frac{B'C' \cdot A'C' \cdot A'B'}{\triangle A'B'C'}。$$

这正是要证明的。

证明 2：把$\triangle ABC$ 和$\triangle A'B'C'$ 置于同一圆上，如图 12-7，用圆周角定理和共角定理可得

$$\frac{\triangle ABC}{\triangle A'B'C'} = \frac{\triangle ABC}{\triangle AB'C} \cdot \frac{\triangle AB'C}{\triangle AB'C'} \cdot \frac{\triangle AB'C'}{\triangle A'B'C'}$$

$$= \frac{AB \cdot BC}{AB' \cdot B'C} \cdot \frac{AC \cdot B'C}{AC' \cdot B'C'} \cdot \frac{AB' \cdot AC'}{A'B' \cdot A'C'}$$

$$= \frac{AB \cdot BC \cdot AC}{A'B' \cdot B'C' \cdot A'C'}。$$

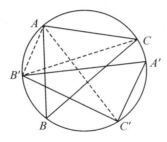

图 12-7

证明 1 的优点是不用图。证明 2 则更为直接,只用圆周角定理与共角定理,不用例 12.2 中推出的三角形外接圆直径公式。以下,把外接圆相同或相等的三角形叫共圆三角形。例 12.4 可以叫做共圆定理。

有了共圆定理,也可以用它推出直径公式(留作习题)。下面的例题,是共角定理与圆周角定理配合使用的解题范例。

【例 12.5】 已知 $\triangle ABC$ 是正三角形,在它外接圆的 $\overparen{BC}$ 上任取一点 P,连 AP。求证:$AP = BP + CP$。

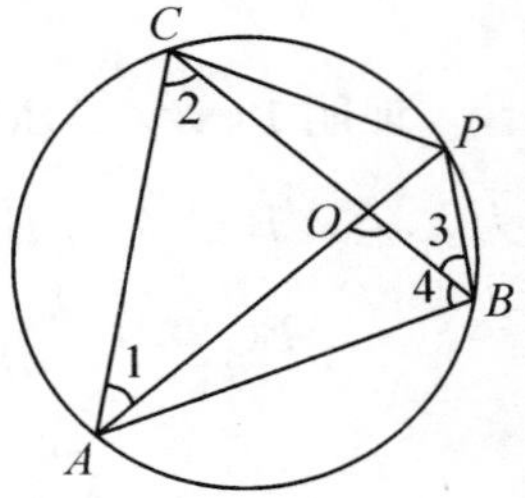

证明: 设 AP、BC 交点为 O,则如图 12-8,有

$$\angle AOB = \angle 1 + \angle 2 = \angle 3 + \angle 4$$

$$= \angle ABP = 180° - \angle ACP,$$

图 12-8

因而有

$$\frac{\triangle PAB + \triangle PAC}{\triangle AOB} = \frac{PB \cdot AB + PC \cdot AC}{AO \cdot BO}$$

$$= \frac{(PB + PC)AB}{AO \cdot BO} \text{。} \tag{1}$$

另一方面:

$$\frac{\triangle PAB + \triangle PAC}{\triangle AOB} = \frac{PA}{AO} + \frac{\triangle PAC}{\triangle AOC} \cdot \frac{\triangle AOC}{\triangle AOB}$$

$$= \frac{PA}{AO} + \frac{PA}{AO} \cdot \frac{OC}{OB}$$

$$= \frac{PA \cdot BC}{AO \cdot BO} \text{。} \tag{2}$$

比较 (1)、(2) 式的右端,即得 $PA = PB + BC$。 □

此题也可以利用共角定理一气呵成,如:

$$1 = \frac{\triangle PCA + \triangle PBA}{\triangle OAB + \triangle OBP + \triangle OPC + \triangle OAC}$$

$$= \frac{\triangle PCA + \triangle PBA}{\triangle OAB} \cdot \frac{\triangle OAB}{\triangle OAB + \triangle OBP + \triangle OPC + \triangle OAC}$$

$$= \frac{(PB + PC) \cdot AB}{AO \cdot BO} \cdot \frac{AO \cdot BO}{AO \cdot BO + BO \cdot PO + PO \cdot CO + CO \cdot AO}$$

$$= \frac{(PB+PC) \cdot AB}{AP \cdot BC} = \frac{PB+PC}{AP}。$$

这个例题提示我们总结出一条规律：

若四边形 $ABCD$ 的两条对角线的交角与 $\triangle PQR$ 的一角 $\angle Q$ 相等或互补，则

$$\frac{S_{ABCD}}{\triangle PQR} = \frac{AC \cdot BD}{PQ \cdot RQ}。$$

证明是简单的，例 12.5 已提示我们如何证明它了。如图 12-9。

$$\frac{S_{ABCD}}{\triangle PQR} = \frac{\triangle 1 + \triangle 2 + \triangle 3 + \triangle 4}{\triangle PQR}$$

$$= \frac{BO(AO+CO) + DO(AO+CO)}{PQ \cdot RQ}$$

$$= \frac{(AO+CO)(BO+DO)}{PQ \cdot RQ}$$

$$= \frac{AC \cdot BD}{PQ \cdot RQ}。$$

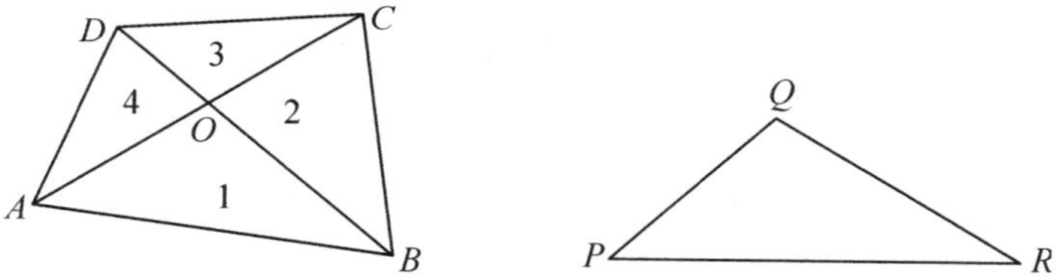

图 12-9

用上面这条规律，例 12.5 的证明可以变得更简捷：

$$1 = \frac{\triangle PAB + \triangle PAC}{S_{ABPC}} = \frac{AB \cdot PB + AC \cdot PC}{AP \cdot BC}$$

$$= \frac{PB+PC}{AP}。$$

这样简捷的表达方式，抓住了问题的实质！在做题目当中，常常会发现一些小窍门。把这些小窍门及时总结，上升为规律，有助于积累经验，形成技巧或模式。实际上，共边定理、共角定理、勾股差定理等等定理，都是这样总结出来的！

【例 12.6】 （托勒密定理）已知 $ABCD$ 是圆内接凸四边形。

求证：$AB \cdot CD + AD \cdot BC = AC \cdot BD$。

证明：如图 12-10，过 C 作 BD 的平行线与圆交于 C'，显然有

$$DC' = BC,$$

$$BC' = CD,$$

$$\triangle BDC' = \triangle BDC。$$

记 AC、BD 交点为 O，则

$$\angle AOD = \angle 1 + \angle 2 = \angle 3 + \angle 2$$

$$= \angle 4 + \angle 2 = \angle ABC'$$

$$= 180° - \angle ADC'。$$

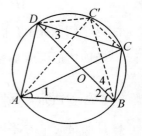

图 12-10

$$\therefore \ 1 = \frac{\triangle ADC' + \triangle ABC'}{S_{ABCD}}$$

$$= \frac{AD \cdot DC' + AB \cdot BC'}{AC \cdot BD}$$

$$= \frac{AD \cdot BC + AB \cdot CD}{AC \cdot BD}。$$

这个证法的思路在于：看到要证的等式右边是两条对角线的乘积，便想到四边形 $ABCD$ 的面积。但左边两项中相乘的线段是对边，不好凑出面积。能不能把相乘的两条线段搬到一起呢？作平行线使 BC、DC 两条线段换个位置，问题便解决了。

【例 12.7】（蝴蝶定理）

已知：如图 12-11，M 是圆中弦 AB 的中点，过 M 任作另两弦 CD、EF，连 CF、DE 与 AB 交于 G、H。求证：$MG = MH$。

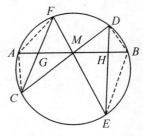

图 12-11

证明：只要证明 $\frac{MG}{AG} = \frac{MH}{BH}$ 就可以了。

先用共边定理，再用共角定理及共圆定理：

$$\frac{MG}{AG} \cdot \frac{BH}{MH} = \frac{\triangle MCF}{\triangle ACF} \cdot \frac{\triangle BDE}{\triangle MDE}$$

$$= \frac{\triangle MCF}{\triangle MDE} \cdot \frac{\triangle BDE}{\triangle ACF}$$

$$=\frac{MC \cdot MF}{MD \cdot ME} \cdot \frac{BD \cdot DE \cdot BE}{AC \cdot CF \cdot AF}$$

$$=\frac{MC}{MD} \cdot \frac{MF}{ME} \cdot \frac{MD}{MA} \cdot \frac{ME}{MC} \cdot \frac{MB}{MF}$$

$$=\frac{MB}{MA}=1。$$

□

蝴蝶定理是古今名题之一。上述证法是较简捷的新证明。思路在于:先消去 G、H,然后把所有的弦都化为以 M 为端点的线段之比,使问题水落石出。

习 题 十 二

12.1 设 d 为 $\triangle ABC$ 外接圆直径,求证:$d=\dfrac{BC \cdot AC \cdot AB}{2\triangle ABC}$。

12.2 如图 12-4,过 P 作两直线分别与一圆交于 A、B、C、D。求证:$\dfrac{AC \cdot AD}{BC \cdot BD}=\dfrac{PA}{PB}$。

12.3 已知四边形 $ABCD$ 两条对角线交角与四边形 $WXYZ$ 两条对角线交角相等。求证:$\dfrac{S_{ABCD}}{S_{WXYZ}}=\dfrac{AC \cdot BD}{WY \cdot XZ}$。

12.4 例 12.7 中,若 M 不是 AB 中点,求证:$\dfrac{MG}{MH} \cdot \dfrac{MA}{MB}=\dfrac{AG}{BH}$。

12.5 在例 12.7 中,如果 DC、FE 的交点不在弦 AB 上,题目的结论如何改变?(参看习题 7.8)

第十三章

三角形与圆(续)

如果三角形外切于圆,三角形面积△,三边 a、b、c 和内切圆的半径 r 之间的关系更明显了,如图 13-1,有

$$\triangle ABC = \triangle OAB + \triangle OBC + \triangle OAC$$

$$= \frac{r}{2}(a+b+c),$$

$$\therefore r = \frac{2\triangle}{a+b+c}。$$

利用前章例 12.2,可求出△ABC 外接圆半径 R 为

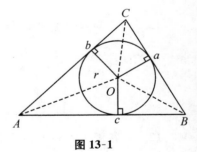

图 13-1

$$R = \frac{abc}{4\triangle}。$$

这些关系对解题很有用。

【例 13.1】 求证:三角形外接圆半径不小于其内切圆半径的 2 倍。

证明: 应用三斜求积公式(参看例 11-1)得

$$\frac{R}{r} = \frac{abc(a+b+c)}{8\triangle^2} = \frac{2abc(a+b+c)}{4b^2c^2 - (b^2+c^2-a^2)^2}$$

$$=\frac{2abc(a+b+c)}{(2bc+b^2+c^2-a^2)(2bc-b^2-c^2+a^2)}$$

$$=\frac{2abc(a+b+c)}{(a+b+c)(a+b-c)(a-b+c)(b-a+c)}$$

$$=2\cdot\frac{a}{\sqrt{a^2-(b-c)^2}}\cdot\frac{b}{\sqrt{b^2-(a-c)^2}}\cdot\frac{c}{\sqrt{c^2-(a-b)^2}}$$

$$\geqslant 2。$$

这个题目证明中,开始的做法不足为奇,几乎谁都想得出来。妙在最后一步比较 abc 与 $(a+b-c)(a-b+c)(b-a+c)$ 的大小。在比较时,巧妙地把分母中每个因式分成两个再组合起来,详细写出来是:

$$(a+b-c)(a-b+c)(b-a+c)$$

$$=\sqrt{(a+b-c)^2(a-b+c)^2(b-a+c)^2}$$

$$=\sqrt{(a+b-c)(a-b+c)}\cdot\sqrt{(b+c-a)(b-a+c)}\cdot\sqrt{(c+a-b)(c-a+b)}$$

$$=\sqrt{a^2-(b-c)^2}\cdot\sqrt{b^2-(a-c)^2}\cdot\sqrt{c^2-(a-b)^2}。$$

当用代数手段解决几何问题时,这种代数式变形的技巧十分有用。这个题目也可不用代数计算,而利用三角形面积与周长的关系。只要证明周长一定的三角形中,面积最大的是正三角形,再注意到圆内接正三角形的内切圆半径的大小便可以了。这个问题留作习题。

【例 13.2】(1964 年国际数学奥林匹克试题)三边长为 a、b、c 的△ABC 中内切一圆,作圆的 3 条与△ABC 3 边分别平行的切线,从△ABC 上截得 3 个小三角形。求这 4 个三角形的内切圆的面积之和。

解:如图 13-2,设

$$s=\frac{1}{2}(a+b+c),$$

则△ABC 内切圆半径为

$$r=\frac{\triangle ABC}{s}=\frac{ah_a}{2s}。$$

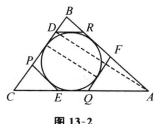

图 13-2

这里 h_a 是 $\triangle ABC$ 在 a 边上的高。因而 $\triangle AQF$ 的内切圆半径 r_A 与 r 之比为:

$$\frac{r_A}{r}=\frac{h_a-2r}{h_a}=1-\frac{a}{s}。$$

于是所求 4 圆面积之和为

$$\pi(r^2+r_A^2+r_B^2+r_C^2)$$

$$=\pi\left[1+\left(1-\frac{a}{s}\right)^2+\left(1-\frac{b}{s}\right)^2+\left(1-\frac{c}{s}\right)^2\right]r^2$$

$$=\frac{\pi}{s^3}(s-a)(s-b)(s-c)(a^2+b^2+c^2)。 \qquad\square$$

上式最后一步的变形是由于展开了 $\left(1-\dfrac{a}{s}\right)^2$、$\left(1-\dfrac{b}{s}\right)^2$、$\left(1-\dfrac{c}{s}\right)^2$,并且用了

$r=\dfrac{\triangle ABC}{s}$ 及海伦公式。

【例 13.3】 如图 13-3,在 $\triangle ABC$ 的两边 AB、AC 上分别取点 O_1、O_2,以 O_1 为心作圆与 AC 相切,与 AB 交于 B、E,以 O_2 为心作圆与 AB 相切,与 AC 交于 C、D。
求证: $BC/\!/DE$。

证明: 设 $\odot O_2$ 与 AB 切于 M,$\odot O_1$ 与 AC 切于 N,则

$$\triangle DO_1O_2=\frac{1}{2}O_1N\cdot DO_2=\frac{1}{2}O_1E\cdot O_2M$$

$$=\triangle EO_1O_2。$$

$\therefore DE/\!/O_1O_2。$

又因 O_1、O_2 分别是 BE、CD 中点,故

$$\triangle BO_1O_2=\triangle EO_1O_2=\triangle DO_1O_2=\triangle CO_1O_2。$$

$\therefore BC/\!/O_1O_2。$

$\therefore BC/\!/DE。 \qquad\square$

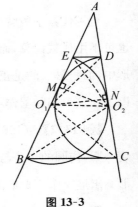

图 13-3

【例 13.4】 如图 13-4,在 $\triangle ABC$ 中,$\angle A=90°$,AD 为 BC 边上的高,3 个直角三角形 $\triangle ABC$、$\triangle ABD$、$\triangle ACD$ 的内切圆分别与各自的斜边切于 L、M、N,求证:
$AM\cdot AB+CN\cdot AC=CL\cdot BC$。

这样的题目当然可以硬算。给了 AB、AC,用勾股定理可算出 BC,利用 $AD\cdot$

$BC = AB \cdot AC$ 可算出 AD，用比例关系又可算出 BD 和 CD。每个三角形三边都知道了，可以算出切线长 AM、CN、CL，代进去检验，问题就解决了。但算起来麻烦，应当寻求简捷一些的办法。

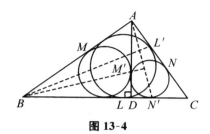

图 13-4

提供两个思路，请你自己完成证明。

思路之一：利用 $\triangle ABC \backsim \triangle DBA \backsim \triangle DAC$，可以证明

$$\frac{AM}{AB} = \frac{CN}{AC} = \frac{CL}{BC} = k。$$

于是 $AM = kAB$，$CN = kAC$，$CL = kBC$，再用勾股定理。

思路之二：把线段乘积转化为面积。设 $\triangle ABD$ 中 AD 边上切点为 M'，$\triangle ADC$ 中 CD 边上切点为 N'，$\triangle ABC$ 上 AC 边上切点为 L'，则由共角定理得（图 13-4）：

$$\frac{\triangle ABM' + \triangle ACN'}{\triangle BCL'} = \frac{AM \cdot AB + CN \cdot AC}{CL \cdot BC}。$$

于是要证明

$$\triangle ABM' + \triangle ACN' = \triangle BCL'。$$

这只要证明

$$\frac{\triangle ABM'}{\triangle ABD} = \frac{\triangle ACN'}{\triangle ACD} = \frac{\triangle BCL'}{\triangle ABC},$$

就可以达到目的了。

【例 13.5】 设 $\odot O$ 是锐角三角形 ABC 外接圆，AB 是 $\triangle ABC$ 的一边。过 A、B 两点作 $\odot O$ 的切线交于 P。在 $\overparen{AB}$ 上任取一点 Q 向 $\triangle PAB$ 的三边引垂足 L、M、N（如图 13-5）。求证：$LQ^2 = MQ \cdot NQ$。

证明：由圆周角定理及弦切角定理：

$$\angle PAB=\angle ACB=\angle PBA，$$

$$\angle AQB=180°-\angle C。$$

又因$\angle QLB=\angle QMB=\angle QLA=\angle QNA=90°$，得

$$\angle LQM=180°-\angle PBA，$$

$$\angle LQN=180°-\angle PAB，$$

$$\angle 1=\angle 2，\angle 3=\angle 4，$$

$$\angle LQN=\angle LQM=\angle AQB。$$

$$\therefore \angle 5=\angle 2=\angle 1，\angle 6=\angle 4=\angle 3。$$

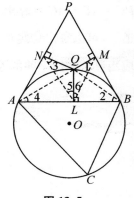

图 13-5

由共角定理：

$$\frac{MQ\cdot ML}{LQ\cdot LN}=\frac{\triangle MQL}{\triangle LQN}=\frac{LQ\cdot ML}{NQ\cdot LN}。$$

$$\therefore \frac{MQ}{LQ}=\frac{LQ}{NQ}，即\ LQ^2=MQ\cdot NQ。$$

例 13.5 充分展示了这个思想：首先利用圆的性质把角度之间的互补关系及相等关系弄清楚，然后设法应用共角定理。

下面是一个别具一格的题目。

我们知道，连接三角形两边中点的线段——中位线——等于第三边的一半，连接三边中点得到的三角形，各边是原三角形相应边的一半。那么，反过来呢？

【例 13.6】 在$\triangle ABC$中，D、E、F分别是BC、CA、AB边上的点，并且$DE=\frac{1}{2}AB$，$EF=\frac{1}{2}BC$，$DF=\frac{1}{2}AC$。

求证：D、E、F分别是BC、CA、AB三边的中点。

证明：如图 13-6，取一点O，使$\angle DOF$与$\angle B$互补，$\angle FOE$与$\angle A$互补。

这是容易做到的：取O为$\triangle BDF$、$\triangle AFE$外接圆交点即可。

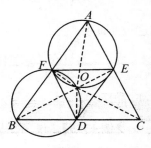

图 13-6

经计算可知,$\angle DOE$ 与 $\angle C$ 互补。可见 O 也在 $\triangle DCE$ 的外接圆上。

以下再证:O 是 $\triangle ABC$ 的外心,而且 $OF\perp AB$、$OD\perp BC$、$OE\perp AC$。

设 r_A、r_B、r_C 分别是 $\triangle AFE$、$\triangle BDF$、$\triangle CDE$ 外接圆半径,R 是 $\triangle ABC$ 外接圆半径,由共角定理及外接圆半径公式:

$$\frac{R}{r_A}=\frac{AB\cdot AC\cdot BC}{AF\cdot AE\cdot FE}\cdot\frac{\triangle AFE}{\triangle ABC}=\frac{AB\cdot AC\cdot BC}{AF\cdot AE\cdot FE}\cdot\frac{AF\cdot AE}{AB\cdot AC}=\frac{BC}{FE}=2。$$

故 $r_A=\dfrac{1}{2}R$,同理 $r_B=r_C=\dfrac{1}{2}R$。又由共圆三角形性质:

$$\frac{AF}{BF}=\frac{\triangle AFO}{\triangle BFO}=\frac{AF\cdot FO\cdot AO}{BF\cdot FO\cdot BO}=\frac{AF\cdot AO}{BF\cdot BO}。$$

$\therefore\ AO=BO$。

同理 $BO=CO$,故 AO、BO、CO 是 $\triangle ABC$ 外接圆半径,即 $\triangle AEF$、$\triangle BDF$、$\triangle CDE$ 外接圆直径。于是 $\angle AFO=90°$,故 $AF=BF$。同理可证 D、E 分别是 BC、CA 中点。 □

这个题目表明,圆能帮我们发现解题门径。题目中本来没有圆,但添上适当的圆后,矛盾就明显了。怎么想到添上这个圆呢?

设想要证的结论是对的,则 D、E、F 应是三边中点。过 D、E、F 作 BC、CA、AB 的垂线,应当交于 $\triangle ABC$ 的外心 O。但怎么才能不假定 D、E、F 是三边中点就能找到 O 点呢?这还要研究点 O 的别的性质。观察后发现:$\angle FOE$ 应当与 $\angle A$ 互补,$\angle DOF$ 应当与 $\angle B$ 互补。为了找具有这种性质的点,便引出添加 $\triangle AEF$、$\triangle BDF$ 的外接圆。

解题时,这样的倒推是十分有用的。

习 题 十 三

13.1 求证:在同圆的两个内接三角形 $\triangle PAB$ 与 $\triangle QAB$ 中,若 P、Q 在 AB 同侧,又有 $|\angle PAB-\angle PBA|>|\angle QAB-\angle QBA|$,

则

$$\frac{PA+PB+AB}{QA+QB+AB} > \frac{\triangle PAB}{\triangle QAB}.$$

13.2 利用上题结论证明:三角形外接圆半径大于等于内切圆半径的两倍,而且当且仅当三角形是正三角形时取到等式。

13.3 如图 13-3,已知 $BC /\!/ DE$,且以 BE 为直径的圆与 AC 相切,求证:以 DC 为直径的圆与 AB 相切。

13.4 从正三角形 ABC 内切圆上任一点 P 向三边作垂线段 PX、PY、PZ,其中 PX 最长。求证:$\sqrt{PX}=\sqrt{PY}+\sqrt{PZ}$。(提示:利用例 13.5)。

13.5 在上题中,如果 P 在 $\triangle ABC$ 的旁切圆上,有什么结论?

第十四章

小 结

我们引进的解题工具,总结一下有这么几条:

(1)共边定理:若直线 PQ 与 AB 交于 M,则

$$\frac{\triangle PAB}{\triangle QAB}=\frac{PM}{QM}。$$

(2)平行线与面积的关系:若 $PQ /\!/ AB$,则 $\triangle PAB=\triangle QAB$;反过来,若 $\triangle PAB=\triangle QAB$,而且 P、Q 在 AB 同侧,则 $PQ /\!/ AB$。

(3)定比分点公式:设 T 在线段 PQ 上,$PT=\lambda PQ$,则对任两点 A、B,当线段 PQ 不与直线 AB 相交时有

$$\triangle TAB=\lambda\triangle QAB+(1-\lambda)\triangle PAB;$$

当 PQ 与 AB 交于 M,且 T 在线段 PM 上时有

$$\triangle TAB=(1-\lambda)\triangle PAB-\lambda\triangle QAB。$$

(4)共角定理:如果 $\angle ABC=\angle A'B'C'$ 或 $\angle ABC+\angle A'B'C'=180°$,则

$$\frac{\triangle ABC}{\triangle A'B'C'}=\frac{AB \cdot BC}{A'B' \cdot B'C'}。$$

(5)共角不等式:如果 $\angle ABC>\angle A'B'C'$,而且两角之和小于 $180°$,则

$$\frac{\triangle ABC}{\triangle A'B'C'} > \frac{AB \cdot BC}{A'B' \cdot B'C'}。$$

（6）共角逆定理：如果

$$\frac{\triangle ABC}{\triangle A'B'C'} = \frac{AB \cdot BC}{A'B' \cdot B'C'}。$$

则$\angle ABC$与$\angle A'B'C'$相等或互补。

（7）勾股差定理：若$\angle ACB = \angle A'C'B'$或两角互补，则

$$\frac{a^2 + b^2 - c^2}{\triangle ABC} = \pm \frac{a'^2 + b'^2 - c'^2}{\triangle A'B'C'}。$$

（相等取正，互补取负。其中，a、b、c、a'、b'、c'分别记为BC、CA、AB和$B'C'$、$C'A'$、$A'B'$的边。）

（8）三角形外接圆直径公式：设CD是$\triangle ABC$的AB边上的高，则$\triangle ABC$外接圆直径为

$$d = \frac{AC \cdot BC}{CD}。$$

（9）共圆定理：若$\triangle ABC$与$\triangle A'B'C'$外接圆相同或相等，则

$$\frac{\triangle ABC}{\triangle A'B'C'} = \frac{AB \cdot BC \cdot CA}{A'B' \cdot B'C' \cdot C'A'}。$$

此外，不要忘了使用面积方程。

如果你熟悉了这些工具，再配合几何课上学的基本知识，特别是平行线的性质、三角形内角和性质、圆周角定理等，一般的几何问题大都可以解决了。

几何问题有证明题、作图题、计算题等，它们是相通的。作图题要说明作得合理，离不开证明。计算题先把答案告诉你，就成了证明题。证明题不告诉你证明什么，可以变成计算题。

证明题又可分为两大类：一类叫等式型问题，一类叫不等式型问题。要你证明两线平行、两线垂直、三点共线、四点共圆，这些结论可以用等式表达，都是等式型问题。结论中明显摆出等号，如证明两角相等、两线段相等、比例式，当然是等式型问题。如果要你证明点在线段上、点在圆内或圆外、某3条线段可构成三角形或某

个不等式,就叫做不等式型问题。

我国著名数学家吴文俊教授,创立了几何定理机器证明的方法,国际上称为吴法。凡是等式型几何定理,总能用吴法证出来,而且可以用计算机来证。你用手算也行,只要耐心、细致,一步一步地算,总可以推出来。

至于几何不等式,至今还没有有效的机器证法,通常要靠点儿技巧。正因为如此,国际数学竞赛中的几何题常常是求证几何不等式。命题人不希望选手硬算,希望他们有点儿巧思妙想。

我们这本小书,主要介绍解几何题的面积方法,面积方法是几何代数相结合的方法。一面作代数推导、计算,同时还要对照图形,注意图中几何量的关系。它的优点是既直观,又有大体稳定的模式,较少用到辅助线。

把几何问题转化为代数问题,三角函数也是有力的工具。我们这里没提到三角函数,但面积法与三角函数却有着十分密切的关系(见本书下篇)。

共角定理告诉我们,如果 $\angle ABC$ 与 $\angle A'B'C'$ 相等或互补,则

$$\frac{\triangle ABC}{\triangle A'B'C'} = \frac{AB \cdot BC}{A'B' \cdot B'C'}。$$

也就是:

$$\frac{\triangle ABC}{AB \cdot BC} = \frac{\triangle A'B'C'}{A'B' \cdot B'C'}。$$

这个等式告诉我们,三角形面积与它的任两边乘积之比,只与这两边夹角的大小有关,而与这两边的长短无关。这个比值是由这个夹角确定的一个数。如果你有函数概念,就会立刻想到,这个比值是角的函数。不妨叫做这个角的"面积系数"。

假如给了一个角 $\angle A$,怎样才能找出 $\angle A$ 的面积系数呢? 根据共角定理,在 $\angle A$ 的两边上分别任取 P、Q,计算 $\frac{\triangle APQ}{AP \cdot AQ}$ 就是了。但任意三角形面积公式比较繁。既然 P、Q 可以任取,为什么要自找麻烦呢? 我们可以设法使 $\triangle APQ$ 尽可能便于计算。什么样的三角形面积好算呢? 当然是直角三角形! 如图 14-1,不要任

意的 $\triangle APQ$，取 $\triangle ABC$ 使 $\angle BCA = 90°$，就得到：

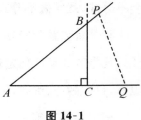

$$\frac{\triangle ABC}{AB \cdot AC} = \frac{\frac{1}{2} AC \cdot BC}{AB \cdot AC} = \frac{1}{2} \cdot \frac{BC}{AB}.$$

这就告诉我们：$\angle A$ 的面积系数，等于以 $\angle A$ 为锐角

图 14-1

的直角三角形中 $\angle A$ 的对边与斜边的比的一半！

如果你学过三角函数的基本知识，知道什么是正弦，便会联想到：在以 $\angle A$ 为锐角的直角三角形中，$\angle A$ 的正弦，即 $\sin A$，是 $\angle A$ 的对边与斜边之比。若 $\angle A$ 为直角，$\sin A = 1$。若两角互补，则其正弦相等。这么一分析，得出结论：$\angle A$ 的面积系数等于 $\sin A$ 的一半。当你使用共角定理解题时，相当于使用三角里的正弦函数解题！反过来，用三角方法解题时，凡是用到正弦的地方，都可以用共角定理代替。

那么，别的三角函数，比如余弦、正切，它们和面积又有什么关系呢？任意 $\triangle ABC$ 有三边 a、b、c。用这 3 条线段可以围成几种面积：

每条线段可产生一个正方形，它们的面积是 a^2、b^2、c^2；

每两条线段可产生一个矩形，它们的面积是 bc、ca、ab；

3 条线段产生一个三角形，面积是 $\triangle ABC$。

用这些面积，可以大做文章。我们引进了"勾股差"：

$\angle ABC$ 的勾股差是 $a^2 + c^2 - b^2$；

$\angle BAC$ 的勾股差是 $b^2 + c^2 - a^2$；

$\angle ACB$ 的勾股差是 $a^2 + b^2 - c^2$。

并且证明了比值

$$\frac{\triangle ABC}{a^2 + c^2 - b^2}$$

只与 $\angle ABC$ 的大小有关，而与 a、b、c 的长短无关。这样便进一步推出，比值

$$\frac{a^2 + c^2 - b^2}{ac}$$

也是 $\angle B$ 的函数。请你证明，这个比值恰是 $\cos B$ 的两倍。比值

$$\frac{\triangle ABC}{a^2 + c^2 - b^2}$$

则是 tanB 的四分之一。可见,面积与三角确有密切关系。不过,这本小书就不进一步讨论有关三角的问题了。

习 题 十 四

14.1 在定比分点公式中,当 T 在线段 PQ 的延长线上时,如何计算△TAB? 当 PQ 与 AB 交于 M,且 T 在线段 MQ 上呢?

14.2 利用面积关系证明:当 $\alpha + \beta < 180°$,并且 $0° \leqslant \alpha \leqslant \beta$ 时,有 $\sin\alpha \leqslant \sin\beta$。

14.3 利用勾股差定理证明,在任意三角形 ABC 中,

$$\cos A = \frac{b^2 + c^2 - a^2}{2bc}。$$

14.4 利用面积关系证明:当 $0° \leqslant \alpha \leqslant \beta < 180°$ 时,$\cos\alpha \geqslant \cos\beta$。

第十五章

数学竞赛中的面积题选例

所谓面积题,指的是题目中已提到了面积。几何题中涉及面积,是十分常见的。下面仅仅是其中一小部分。

【例 15.1】 (1902 年匈牙利数学竞赛试题)[*] 已知三角形的面积 S 和顶角 C。问 C 的两夹边 a、b 在什么情况下能使 C 的对边 c 最小?

解: 作一个面积为 S、顶角为 C 的等腰 $\triangle PCQ$,如图 15-1,设 $\triangle ABC = \triangle PCQ$,令

$$c_0 = PQ, k = PC = QC,$$

由共角定理,

$$1 = \frac{\triangle ABC}{\triangle PCQ} = \frac{ab}{k^2}。$$

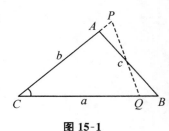

图 15-1

故 $ab = k^2$,再对 $\triangle ABC$ 与 $\triangle PCQ$ 用勾股差定理得

$$1 = \frac{\triangle ABC}{\triangle PCQ} = \frac{a^2 + b^2 - c^2}{k^2 + k^2 - c_0^2} = \frac{a^2 + b^2 - c^2}{2ab - c_0^2}。$$

---

[*] 即匈牙利数学奥林匹克试题,下同。

$$\therefore \ c^2 = c_0^2 + (a-b)^2 \text{。}$$

可见当 $a=b$ 时，c 最小。　　　　　　　　　　　　□

解这个题目的关键是想到把 $\triangle ABC$ 与面积相同的等腰三角形来比较。这并不难想到。因为从直观上看，如果面积一定，一条边很短，另一条边必然很长，对边 c 也就很长了。要使 c 最小，那两夹边 a、b 不应当一长一短。这样就找到等腰三角形了！如果你想不到等腰三角形，把 $\triangle ABC$ 与一个任意取定的有一角为 C 的三角形比较也行，只是多推两步而已。

证法如下：

设 P、Q 是 $\angle C$ 两边上任两点。记

$$PQ=h,\ PC=q,\ QC=p,$$

设

$$\lambda = \frac{\triangle ABC}{\triangle PCQ} = \frac{ab}{pq},$$

则 $ab = \lambda pq$。又用勾股差定理得

$$\lambda = \frac{\triangle ABC}{\triangle PCQ} = \frac{a^2+b^2-c^2}{p^2+q^2-h^2} \text{。}$$

$$\begin{aligned}
\therefore \ c^2 &= \lambda h^2 - \lambda(p^2+q^2) + a^2 + b^2 \\
&= \lambda h^2 - \lambda(p^2+q^2) + 2\lambda pq - 2ab + a^2 + b^2 \\
&= \lambda[h^2-(p-q)^2] + (a-b)^2 \text{。}
\end{aligned}$$

由于 λ、h、p、q 是取定了的，可见 $a=b$ 时，c 最小。

【例 15.2】 （1915 年匈牙利数学竞赛试题）求证：内接于平行四边形的三角形面积不可能大于这个平行四边形面积的一半。

这个题目是简单的。如图 15-2，过 P 作 AB 的平行线与 BC 交于 Q，直线 PQ 把 $\triangle LMP$ 分为 $\triangle 1$ 和 $\triangle 2$，其中

$$\triangle 1 \leqslant \triangle PQL = \frac{1}{2}\square PQCD,$$

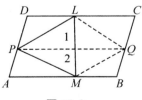

图 15-2

$$\triangle 2 \leqslant \triangle PQM = \frac{1}{2} \square PQBA。$$

$$\therefore \triangle 1 + \triangle 2 \leqslant \frac{1}{2}(\square PQCD + \square PQBA) = \frac{1}{2} \square ABCD。$$

这就证出来了。

上面这个解法虽然简单漂亮,但不如下面的解法深刻而且更有一般性。

如图 15-3,比较 $\triangle AML$、$\triangle PML$、$\triangle DML$ 的面积。

如果 $AD \parallel ML$,3 个三角形面积相等;

如果 AD 延长后与直线 ML 相交,则

$$\triangle AML > \triangle PML;$$

如果 DA 延长后与直线 LM 相交,则

$$\triangle DML > \triangle PML。$$

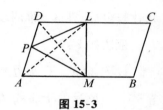

图 15-3

总之,$\triangle AML$、$\triangle DML$ 中有一个不小于 $\triangle PML$。设 $\triangle AML \geqslant \triangle PML$,则

$$\triangle PML \leqslant \triangle AML \leqslant \triangle ABL = \frac{1}{2} \square ABCD。$$

同样解决了问题,但后一方法引出了一个一般性的想法:

命题 15.1 设 $\triangle ABC$ 的一个顶点 A 在多边形 $P_1 P_2 \cdots P_n$ 内或周界上,则一定有某个 $P_k (1 \leqslant k \leqslant n)$,使 $\triangle P_k BC \geqslant \triangle ABC$。

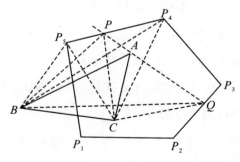

图 15-4

证明:如图 15-4,过 A 任作一直线与多边形 $P_1 P_2 \cdots P_n$ 周界交于两点 P、Q,则 $\triangle PBC$、$\triangle QBC$ 中较大者不小于 $\triangle ABC$。设 $\triangle PBC \geqslant \triangle ABC$,而 P 点在边 $P_l P_{l+1}$ 上,则 $\triangle P_l BC$ 与 $\triangle P_{l+1} BC$ 中有一个不小于 $\triangle PBC$,因而不小于 $\triangle ABC$。

命题 15.1 还有一个简单证法。如图 15-5，过 A 作 BC 的平行线 l，任取一个不与 B、C 在 l 同侧的顶点或落在 l 上的顶点 P_k，则

$$\triangle P_k BC \geqslant \triangle ABC。$$

在图 15-5 中，取 P_3、P_4、P_5 均可。

有了命题 15.1，例 15.2 就十分容易了，因为我们可以用平行四边形的顶点一个一个地换掉 $\triangle PML$ 的顶点而不减小三角形的面积！事实上，命题 15.1 能帮助我们解决更难的问题，如

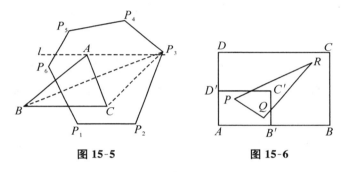

图 15-5　　　　　图 15-6

【**例 15.3**】 (1979 年安徽省数学竞赛试题)有大小两个矩形纸片 $ABCD$ 和 $A'B'C'D'$ 固定叠合如图(图 15-6)。其中 $AB=a$，$AD=b$，$AB'=\lambda a$，$AD'=\mu b$。设 P、Q 是小矩形纸片上任两点，R 是大矩形纸片上任一点。求证：$\triangle PQR \leqslant \dfrac{1}{2} ab(\lambda + \mu - \lambda\mu)$。

证明：用 A、B、C、D 中的某一点代替 R，用 A、B'、C'、D' 中的某两点代替 P、Q 所得到的诸三角形中，最大的是 $\triangle D'B'C$，易算出

$$\triangle D'B'C = \square ABCD - \triangle AB'D' - \triangle B'BC - \triangle DD'C$$

$$= \frac{1}{2} ab(\lambda + \mu - \lambda\mu)。\qquad\qquad\square$$

下面的题目是例 15.2 的变异。

【**例 15.4**】 (1964 年莫斯科数学竞赛试题)在边长为 1 的正方形内或周界上任取无三点共线的 101 个点，求证：总可以找到这样的三点，使以这三点为顶点的

三角形面积不大于 $\frac{1}{100}$。

此题比例 15.2 多了一点曲折。先把正方形等分成 50 个小矩形,则至少有一个小矩形内或其边界上有这 101 个点中的 3 个,这 3 个点形成的三角形面积不超过这小矩形面积的一半,即 $\frac{1}{100}$。

例题 15.2,15.3,15.4,说的都是四边形里的三角形。也有些竞赛题,是关于三角形里的四边形面积的问题。如

【例 15.5】 (1962－1963 年波兰数学竞赛试题)从一个已知三角形剪出一个面积最大的矩形。

这个题目难点在于矩形的位置没有限制,不少人觉得变化太多而无从入手。在有些题解书中此题的解答有 3 页之多,如耶·勃罗夫金等编著,知识出版社 1982 年出版的《波兰数学竞赛题解》。这里用简单的方法给出更一般的解答:

命题 15. 2 如果 $\triangle PQR$ 里有一个凸四边形 $ABCD$,则 $\triangle BCD$、$\triangle ACD$、$\triangle ABD$、$\triangle ABC$ 中至少有一个不超过 $\triangle PQR$ 的 $\frac{1}{4}$。(此题包含了首届全国中学生数学冬令营赛题的一个题目)

证明:不妨设 A、B、C、D 都在 $\triangle PQR$ 的周界上。不然,可以像图 15-7 那样用直线 AC、BD 与 $\triangle PQR$ 周界的交点 A'、B'、C'、D' 代替 A、B、C、D。显然

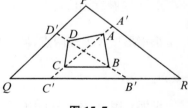

图 15-7

$$\triangle ABC \leqslant \triangle A'B'C', \quad \triangle ABD \leqslant \triangle A'B'D',$$等等。

如图 15-8,设 D 点比 A 点离直线 QR 更近。过 D 作 QR 的平行线交 AB 于 N,交 PR 于 M。将 $\triangle NCD$、$\triangle ACD$、$\triangle BCD$ 相比较。由于 $ABCD$ 是凸四边形,线段 AB 与直

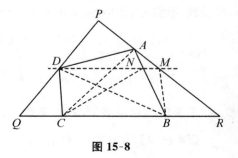

图 15-8

线 CD 不相交,故 $\triangle ACD$、$\triangle BCD$ 中至少有一个不大于 $\triangle NCD$。于是只要证明

$$\triangle NCD \leqslant \frac{1}{4}\triangle PQR$$

就够了。但是 $\triangle NCD = \triangle NBD \leqslant \triangle DMB$,我们需要证明下一命题:

命题 15.3 设 $\triangle PQR$ 的三边 PQ、QR、RP 上顺次有点 D、B、M。如果 $DM /\!/ QR$,则 $\triangle DMB \leqslant \frac{1}{4}\triangle PQR$。

证明: 如图 15-9,有

$$\frac{\triangle PQR}{\triangle DMB} = \frac{\triangle PQM + \triangle RQM}{\triangle DMB}$$

$$= \frac{\triangle PQM}{\triangle QDM} + \frac{\triangle RQM}{\triangle RDM}$$

$$= \frac{PQ}{DQ} + \frac{PQ}{PD}$$

$$= 1 + \frac{PD}{DQ} + 1 + \frac{DQ}{PD} \geqslant 4。$$

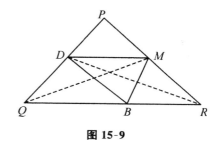

图 15-9

这里用到了代数不等式:当 a、b 是两正数时,$\frac{b}{a} + \frac{a}{b} \geqslant 2$。这是因为 $(a-b)^2 \geqslant 0$,故 $a^2 + b^2 \geqslant 2ab$。因而

$$\frac{b}{a} + \frac{a}{b} = \frac{a^2 + b^2}{ab} \geqslant 2。$$

现在解决例 15.5 已不难了。因为由命题 2,三角形里所包含的矩形面积不会超过三角形面积之半,只要剪出一个面积恰为三角形的一半的矩形就可以了。设 $\triangle PQR$ 中 $\angle Q$ 与 $\angle R$ 不是钝角,取 PQ、PR 的中点 M、N,如图 15-10 那样剪下矩形 $GHNM$ 就可以了。

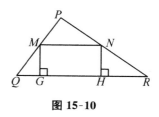

图 15-10

命题 15.1、15.2、15.3 相当有用,比较三角形与四边形的面积时,常常需要它们。

【例 15.6】 (1982 年《数学爱好者》杂志有奖通讯竞赛题)在 $\triangle ABC$ 内或边界

上任取四点 P_1、P_2、P_3、P_4，如果 $\triangle P_iP_jP_h(1 \leqslant i < j < k)$（这样的三角形共四个）之面积均大于 $\frac{1}{4} \triangle ABC$，求证：这四个三角形中，必有一个的面积大于 $\frac{3}{4} \triangle ABC$。

利用命题 15.2，例 15.6 可以迎刃而解。由命题 15.2，由 P_1、P_2、P_3、P_4 四点不可能构成凸四边形，故其中一点在另外三点构成的三角形之内。如 P_4 在 $\triangle P_1P_2P_3$ 之内，则

$$\triangle P_1P_2P_3 = \triangle P_1P_2P_4 + \triangle P_2P_3P_4 + \triangle P_3P_1P_4 > \frac{3}{4} \triangle ABC。$$

【例 15.7】 （1966 年第八届国际数学奥林匹克试题）在 $\triangle ABC$ 的三边 AB、BC、CA 上分别取点 M、K、L。求证：$\triangle LAM$、$\triangle MBK$、$\triangle KCL$ 中至少有一个面积不大于 $\frac{1}{4} \triangle ABC$。

证明：如图 15-11，记 $AM = \lambda AB$、$BK = \mu BC$、$CL = \rho CA$，则

$BM = (1-\lambda)AB,$

$CK = (1-\mu)BC,$

$AL = (1-\rho)AC。$

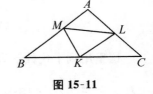

图 15-11

由共角定理得

$$\frac{\triangle LAM}{\triangle ABC} \cdot \frac{\triangle MBK}{\triangle ABC} \cdot \frac{\triangle KCL}{\triangle ABC}$$

$$= \frac{AL \cdot AM}{AC \cdot AB} \cdot \frac{BM \cdot BK}{AB \cdot BC} \cdot \frac{CK \cdot CL}{BC \cdot CA}$$

$$= (1-\rho) \cdot \lambda \cdot (1-\lambda) \cdot \mu \cdot (1-\mu) \cdot \rho$$

$$= \lambda(1-\lambda) \cdot \mu(1-\mu) \cdot \rho(1-\rho)$$

$$\leqslant \frac{1}{4} \cdot \frac{1}{4} \cdot \frac{1}{4} = \left(\frac{1}{4}\right)^3。$$

故开始的 3 个比值中至少有一个不大于 $\frac{1}{4}$。

【例 15.8】 （1980 年美国数学奥林匹克预赛试题）在 $\triangle ABC$ 中，$\angle CBA = 72°$，E 是 AC 中点，D 在 BC 上且 $2BD = DC$，AD 与 BE 交于 F，则 $\triangle BDF$ 与四边

形 $FDCE$ 面积比是(　　)。

(A) $\dfrac{1}{5}$　　(B) $\dfrac{1}{4}$　　(C) $\dfrac{1}{3}$　　(D) $\dfrac{2}{5}$　　(E)这些都不对

解： 如图 15-12,用共角定理及共边定理得

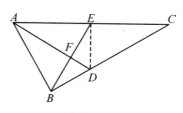

图 15-12

$$\frac{\triangle BCE}{\triangle BDF}=\frac{BC\cdot BE}{BD\cdot BF}=3\left(\frac{BF+FE}{BF}\right)$$

$$=3\left(1+\frac{FE}{BF}\right)=3\left(1+\frac{\triangle ADE}{\triangle ABD}\right)$$

$$=3\left(1+\frac{\triangle ADE}{\triangle ADC}\cdot\frac{\triangle ADC}{\triangle ABD}\right)$$

$$=3\left(1+\frac{1}{2}\times\frac{2}{1}\right)=6。$$

即 $\triangle BCE$ 是 $\triangle BDF$ 的 6 倍,故 $\triangle BDF$ 是四边形 $FDCE$ 的 $\dfrac{1}{5}$,应选(A)。

有趣的是,条件 $\angle CBA=72°$ 没有用处。如果老考虑这个条件,反而误入歧途了。

【**例 15.9**】(1951—1952 年波兰数学竞赛试题)如图 15-13,在 $\triangle ABC$ 的边 BC、CA、AB 上分别取点 M、N、P 使

$$\frac{BM}{MC}=\frac{CN}{NA}=\frac{AP}{PB}=k。$$

这里,$k>1$ 是已知的。设 $\triangle ABC=s$,求直线 AM、BN、CP 所围成的 $\triangle RST$ 的面积。

解： 用前面第二章例 2.4 的方法。

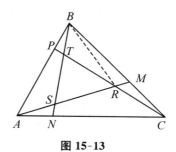

图 15-13

$$\frac{\triangle ABC}{\triangle ARC}=\frac{\triangle ARC+\triangle CRB+\triangle ARB}{\triangle ARC}$$

$$=1+\frac{PB}{AP}+\frac{BM}{MC}$$

$$=1+\frac{1}{k}+k=\frac{1+k+k^2}{k}。$$

即　$\triangle ARC=\dfrac{ks}{1+k+k^2}。$

同理，$\triangle BTC$、$\triangle ASB$ 皆为 $\dfrac{ks}{1+k+k^2}$，故

$$\triangle RST = \triangle ABC - \triangle ARC - \triangle BTC - \triangle ASB$$

$$= s - \dfrac{3ks}{1+k+k^2} = \dfrac{(1-k)^2 s}{1+k+k^2} \text{。}$$

在众多的数学竞赛中，试题风格各不相同。有些题做起来靠点技巧，有些却靠基本功，靠硬算。

【**例 15.10**】 （1961 年国际数学奥林匹克试题）设三角形三边为 a、b、c，面积为 s，求证：$a^2 + b^2 + c^2 \geqslant 4\sqrt{3}\,s$。

证明：用三斜求积公式（见十一章例 1 后的补充说明）可知

$$16s^2 = 4b^2 c^2 - (b^2 + c^2 - a^2)^2 \text{。}$$

因而只要证明

$$(a^2 + b^2 + c^2)^2 \geqslant 3[4b^2 c^2 - (b^2 + c^2 - a^2)^2]$$

即可。考虑左边与右边之差：

$$(a^2 + b^2 + c^2)^2 - 3[4b^2 c^2 - (b^2 + c^2 - a^2)^2]$$

$$= a^4 + b^4 + c^4 + 2a^2 b^2 + 2b^2 c^2 + 2a^2 c^2 - 12b^2 c^2 + 3(b^4 + c^4 + a^4 - 2a^2 b^2 - 2a^2 c^2 + 2b^2 c^2)$$

$$= 4(a^4 + b^4 + c^4 - a^2 b^2 - b^2 c^2 - c^2 a^2)$$

$$= 2[(a^2 - b^2)^2 + (b^2 - c^2)^2 + (c^2 - a^2)^2] \geqslant 0 \text{。}$$

命题得证。

【**例 15.11**】 （1963 年第 26 届莫斯科数学竞赛试题）设 A'、B'、C'、D'、E' 分别是凸五边形 $ABCDE$ 各边中点。求证：五边形 $A'B'C'D'E'$ 的面积大于 $ABCDE$ 的一半。

证明：如图 15-14，连五边形 $ABCDE$ 的对角线 AC、CE、EB、BD、DA，则五个三角形 $\triangle ABC$、$\triangle BCD$、$\triangle CDE$、$\triangle DEA$、$\triangle EAB$ 不能把五边形覆盖两次，故

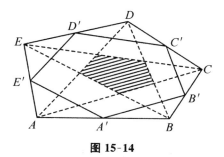

图 15-14

$$\triangle ABC+\triangle BCD+\triangle CDE+\triangle DEA+\triangle EAB<2S_{ABCDE}。$$

$$\therefore \quad \triangle BB'A'+\triangle CC'B'+\triangle DD'C'+\triangle EE'D'+\triangle AA'E'$$

$$=\frac{1}{4}\triangle ABC+\frac{1}{4}\triangle BCD+\frac{1}{4}\triangle CDE+\frac{1}{4}\triangle DEA+\frac{1}{4}\triangle EAB$$

$$<\frac{1}{2}S_{ABCDE}。$$

$$\therefore \quad S_{A'B'C'D'E'}>\frac{1}{2}S_{ABCDE}。 \qquad \square$$

【**例 15. 12**】 （1978 年安徽省数学竞赛试题）过三角形重心任作一直线,把这个三角形分成两部分。求证:这两部分面积之差不大于三角形面积的 $\frac{1}{9}$。

证明：如图 15-15,设 $\triangle ABC$ 的重心为 G,三中线分别为 AL、BM、CN,过 G 的一直线与 AB、AC 交于 Y、X。又过 G 作 BC 的平行线与 AB、AC 交于 P、Q。不妨设 Y 在 B、P 之间,X 在 M、Q 之间。

易知 $\triangle APQ=\frac{4}{9}\triangle ABC$, $\triangle BCM=\frac{1}{2}\triangle ABC$,

于是只要证明

$$\triangle APQ\leqslant\triangle AXY\leqslant\triangle ABM$$

即可。由于

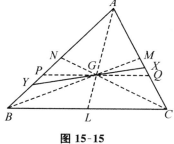

图 15-15

$$\frac{\triangle XGQ}{\triangle YGP}=\frac{XG\cdot QG}{YG\cdot PG}=\frac{XG}{YG}=\frac{\triangle AXG}{\triangle AYG}\leqslant1,$$

即 $\quad \triangle YGP\geqslant\triangle XGQ,\triangle AXY\geqslant\triangle APQ=\frac{4}{9}\triangle ABC。$

又因

$$\frac{\triangle XGM}{\triangle YGB} = \frac{GX \cdot GM}{GY \cdot GB} = \frac{1}{2} \cdot \frac{GX}{GY} \leqslant \frac{1}{2},$$

即 $\triangle YGB \geqslant \triangle XGM$，

故 $\triangle AXY \leqslant \triangle ABM = \frac{1}{2} \triangle ABC$。   □

【例 15.13】 （1983 年美国中学数学竞赛试题）如图 15-16，$\triangle ABC$ 面积是 10，D、E、F 分别在边 AB、BC、CA 上，且 $AD = 2$，$DB = 3$。若 $\triangle ABE$ 与四边形 $DBEF$ 面积相等，则此面积是(   )。

(A)4   (B)5   (C)6   (D)$\frac{5}{3}\sqrt{10}$ (E)不能唯一确定

解：∵ $\triangle ABE = S_{DBEF}$，

∴ $\triangle ADE + \triangle BDE = \triangle FDE + \triangle BDE$。

∴ $\triangle ADE = \triangle FDE$。

∴ $AF /\!/ DE$。

∴ $\triangle ABE = \triangle ADE + \triangle BDE$

　　　　$= \triangle CDE + \triangle BDE$

　　　　$= \triangle CBD$

　　　　$= \frac{\triangle CBD}{\triangle ABC} \cdot \triangle ABC$

　　　　$= \frac{BD}{AB} \cdot \triangle ABC = \frac{3}{5} \times 10$

　　　　$= 6$。

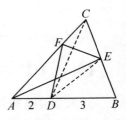

图 15-16

故应选(C)。

面积与平行的关系，在解题中是很有用的。下面又是一个例。

【例 15.14】 （1984 年美国中学数学竞赛试题）如图 15-17，在钝角形 ABC 中，$AM = MB$，$MD \perp BC$，EC

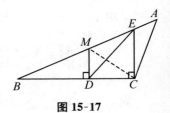

图 15-17

$\perp BC$。若$\triangle ABC=24$,$\triangle BED$ 的面积是(　　)。

(A)9　　(B)12　　(C)15　　(D)18　　(E)不唯一确定

解：∵　$MD\perp BC,EC\perp BC$,

∴　$MD/\!/EC$,

∴　$\triangle MDE=\triangle MDC$。

∴　$\triangle BED=\triangle BMD+\triangle MDE$

$\qquad\quad=\triangle BMD+\triangle MDC$

$\qquad\quad=\triangle BMC=\dfrac{1}{2}\triangle ABC=12$。

故应选(B)。

有些题解(如《中、美历届数学竞赛试题精解》,上海科学技术出版社,1987)由于没利用平行与面积的关系,而用了相似形与三角函数,解法就较繁。

【例 15.15】　(1984 年第二届美国数学邀请赛试题)如图 15-18,在$\triangle ABC$内选取一点O,过O作三条分别与$\triangle ABC$三边平行的直线,这样所得的三个三角形$\triangle 1$、$\triangle 2$、$\triangle 3$ 的面积分别为 4、9、49。求$\triangle ABC$的面积。

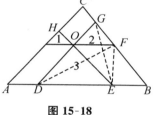

图 **15-18**

解：记$GO=\lambda GD$,则$DO=(1-\lambda)GD$。

于是

$$\frac{9}{49}=\frac{\triangle 2}{\triangle 3}=\frac{\triangle 2}{\triangle DOF}\cdot\frac{\triangle DOF}{\triangle EOF}\cdot\frac{\triangle GOF}{\triangle 3}$$

$$=\frac{GO}{DO}\cdot\frac{1}{1}\cdot\frac{GO}{DO}=\frac{\lambda^2}{(1-\lambda)^2}。$$

∴　$\triangle EOF=\triangle GOE\cdot\dfrac{\triangle 3}{\triangle 3}=\dfrac{GO}{DO}\triangle 3$

$$=\frac{\lambda}{1-\lambda}\triangle 3=\sqrt{\frac{9}{49}}\triangle 3=21。$$

同理　$\triangle IDO=14$,$\triangle HOG=6$。

因此,$\triangle ABC=\triangle 1+\triangle 2+\triangle 3+2(\triangle EOF+\triangle IDO+\triangle HOG)$

=144。

习题十五

15.1 设 $\triangle PAB$、$\triangle QAB$ 是 $\odot O$ 的两个内接三角形。已知

$$\triangle PAB > \triangle QAB,$$

问是否一定有

$$\frac{\triangle PAB}{\triangle QAB} > \frac{PA + PB + AB}{QA + QB + AB} ?$$

15.2 设 $\triangle PQR$ 是凸四边形 $ABCD$ 的内接三角形。求证：$\triangle ABC$、$\triangle ABD$、$\triangle ACD$、$\triangle BCD$ 中，至少有一个三角形的面积不小于 $\triangle PQR$。

15.3 如图，把正方形 $ABCD$ 等分为 9 个小正方形。在标号为 7、5、3 的三个小正方形内或周界上分别取点 P、Q、R。问 $\triangle PQR$ 的面积最大是多少？

15.4 在正三角形纸片上有一点 P，P 到三角形三边的距离分别为 3 厘米、5 厘米、7 厘米。经过点 P 从这纸片上剪下一个三角形，问剪下的这个三角形面积至少是多少平方厘米？

第3题图

15.5 在平行四边形 $ABCD$ 四边 AB、BC、CD、DA 上顺次取点 P、Q、R、S，使 $AP = 2PB, BQ = 2QC, CR = 2RD, DS = 2SA$。问直线 PC、QD、RA、SB 围成的凸四边形面积是 $ABCD$ 面积的几分之几？

15.6 (1985年美国中学数学竞赛试题)矩形 $ABCD$ 的对角线 BD 被分别过 A 点、C 点且与 BD 垂直的两条直线等分为长为 1 的三段，则 $ABCD$ 的面积(四舍五入到一位小数)是(　　)。

(A)4.1　　　(B)4.2　　　(C)4.3　　　(D)4.4　　　(E)4.5

15.7 (1985年美国数学邀请赛试题)设 $ABCD$ 是单位正方形。分别在四边

AB、BC、CD、DA 上取 P、Q、R、S 使

$$AP = BQ = CR = DS = \frac{1}{n}AB。$$

如果直线 AR、BS、CP、DQ 围成的正方形面积为 $\frac{1}{1985}$，求 n。

15.8 （1985 年美国数学邀请赛试题）如图，三条交于一点的直线把 $\triangle ABC$ 分成 6 个小三角形。已知其中 4 个小三角形的面积，已在图上标出。求 $\triangle ABC$ 的面积。

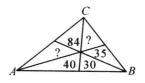

第 8 题图

15.9 （1984 年省、市、自治区中学生数学联赛试题）点 P 在 $\triangle ABC$ 的 BC 边上。在 AB、AC 两边上分别取 F、E 使 $AFPE$ 为平行四边形。求证：在 $\triangle BPF$、$\triangle CPE$、$\Box AFPE$ 中至少有一个其面积不小于 $\triangle ABC$ 的 $\frac{4}{9}$。

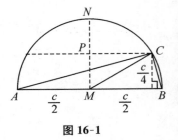

图 16-1

第十六章

面积法解数学竞赛题选例

数学竞赛中的平面几何题,可用面积法解决的占相当比例。下面略选数例,以供揣摩。

【例 16.1】 (1959 年国际数学奥林匹克试题)如图 16-1,已知斜边 c,求作一直角三角形,使斜边上的中线为两直角边的等比中项。

分析: 设直角三角形 ABC,按条件有 $AB=c$。以 AB 为直径作半圆,则 C 点一定在此半圆上。又由斜边上的中线应为 $\frac{c}{2}$,按题给条件有 $AC \cdot BC = \left(\frac{c}{2}\right)^2 = \frac{c^2}{4}$,故 $\triangle ABC = \frac{1}{2}AC \cdot BC = \frac{1}{8}c^2$,由此可知其斜边上的高为 $\frac{c}{4}$,办法就有了。

作法: 以 M 为心,$\frac{c}{2}$ 为半径作 $\odot M$;设 AB 是 $\odot M$ 的一条直径,过 M 作 AB 的垂线交 $\odot M$ 于 N;取 MN 中点 P,过 P 作 AB 的平行线交 $\odot M$ 于 C;则 $\triangle ABC$ 满足所要求之条件。

证明：$AC \cdot BC = 2\triangle ABC = \dfrac{2PM \cdot AB}{2} = \dfrac{MN}{2} \cdot c = \left(\dfrac{c}{2}\right)^2$。

【例 16.2】 （1961 年国际数学奥林匹克试题）已知 $\triangle P_1 P_2 P_3$ 内有任一点 P，直线 $P_1 P$、$P_2 P$、$P_3 P$ 与对边交点是 Q_1、Q_2、Q_3（图 16-2）。

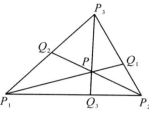

图 16-2

求证：在比值 $\dfrac{P_1 P}{P Q_1}$、$\dfrac{P_2 P}{P Q_2}$、$\dfrac{P_3 P}{P Q_3}$ 中至少有一个不大于 2，至少有一个不小于 2。

证明：因为（由共边定理）

$$\frac{PQ_1}{P_1 Q_1} + \frac{PQ_2}{P_2 Q_2} + \frac{PQ_3}{P_3 Q_3} = \frac{\triangle PP_2 P_3 + \triangle PP_3 P_1 + \triangle PP_1 P_2}{\triangle P_1 P_2 P_3} = 1,$$

故 $\dfrac{PQ_1}{P_1 Q_1}$、$\dfrac{PQ_2}{P_2 Q_2}$、$\dfrac{PQ_3}{P_3 Q_3}$ 中至少有一个不大于 $\dfrac{1}{3}$，也有一个不小于 $\dfrac{1}{3}$。如 $\dfrac{PO_i}{P_i O_i} \leqslant \dfrac{1}{3}$，则 $\dfrac{P_i P}{PQ_i} \geqslant 2$；如 $\dfrac{PO_i}{P_i O_i} \geqslant \dfrac{1}{3}$，则 $\dfrac{P_i P}{PQ_i} \leqslant 2$。 □

【例 16.3】 （1962 年国际数学奥林匹克试题）有一等腰三角形，其外接圆半径为 R，内切圆半径为 r。求证：两圆圆心距为 $\sqrt{R(R-2r)}$。

解：设等腰三角形的高为 h，底为 $2b$，腰为 a，由勾股定理可知

$$a = \sqrt{b^2 + h^2}。$$

由面积计算可知

$$bh = \triangle = \frac{1}{2} r(2a + 2b) = r(a+b),$$

$$\therefore \quad r = \frac{bh}{a+b} = \frac{bh(a-b)}{a^2 - b^2} = \frac{b}{h}\left(\sqrt{b^2 + h^2} - b\right)。$$

$$2R = \frac{a^2}{h} = \frac{b^2 + h^2}{h},$$

$$\therefore \quad R = \frac{b^2 + h^2}{2h}。$$

如图 16-3，圆心距应为

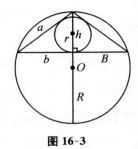

$$R-h+r = \frac{b^2+h^2}{2h} - h + \frac{b\sqrt{b^2+h^2}}{h} - \frac{b^2}{h}$$

$$= \frac{b^2}{2h} - \frac{h}{2} - \frac{b^2}{h} + \frac{b\sqrt{b^2+h^2}}{h}$$

$$= \frac{-(b^2+h^2)+2b\sqrt{b^2+h^2}}{2h}。$$

图 16-3

另一方面

$$R(R-2r) = \frac{b^2+h^2}{2h}\left[\frac{b^2+h^2}{2h} - \frac{2b}{h}\left(\sqrt{b^2+h^2}-b\right)\right]$$

$$= \frac{(b^2+h^2)^2 - 4b(b^2+h^2)\sqrt{b^2+h^2} + 4b^2(b^2+h^2)}{4h^2}$$

$$= \left[\frac{-(b^2+h^2)+2b\sqrt{b^2+h^2}}{2h}\right]^2$$

$$= (R-h+r)^2。$$

这里要说明的是,如果如图 16-4 那样,圆心距为 $h-R-r=-(R-h+r)$,计算结果是一样的。还有一种情形:

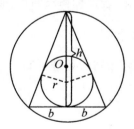

图 16-4

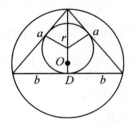

图 16-5

如图 16-5,圆心距为:

$$r-(OD)=r-(h-R)=r+R-h$$

与图 16-3 的结果相同。

解这个题目并没有什么特别的诀窍,只要老老实实,一步一步算下去,便可马到成功。它检验选手的基本功和细心程度。

【例16.4】 （根据 1965 年国际数学奥林匹克试题第 5 题改写）*

已知：在 $\triangle OAB$ 中，$\angle O$ 为锐角，AC、BD 是 $\triangle OAB$ 的高。在 AB 上任取一点 M，自 M 作 OA、OB 的垂线段 MP、MQ。再作 $\triangle OPQ$ 的高 PK 与 QT。求证：PK 与 QT 的交点在线段 CD 上，如图 16-6。

解： 要证明 PK、QT 的交点落在 CD 上，也就是证明 PK、QT、CD 三线交于一点。我们可以设 QT 与 DC 交于 S，然后只要证明 PK 通过 S 即可。因为 PK 是过 P 向 OB 引的垂线，故只要证明直线 PS 与 OB 垂直，即 $PS /\!/ AC$ 或 $PS /\!/ MQ$，于是只要证明 $\triangle MQS = \triangle MQP$ 或 $\triangle ACP = \triangle ACS$ 即可。下面我们证明 $\triangle ACP = \triangle ACS$：

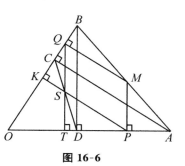

图 16-6

$$\triangle ACS = \frac{\triangle ACS}{\triangle ACD} \cdot \frac{\triangle ACD}{\triangle ACP} \cdot \triangle ACP$$

$$= \frac{CS}{CD} \cdot \frac{AD}{AP} \cdot \triangle ACP$$

$$= \frac{\triangle QCT \cdot \triangle ACP}{\triangle QCT + \triangle QTD} \cdot \frac{\triangle AMD}{\triangle AMP}$$

$$= \frac{\triangle QCT \cdot \triangle ACP}{\triangle QCT + \triangle QTB} \cdot \frac{\triangle APB}{\triangle AMP}$$

$$= \frac{\triangle QCT}{\triangle BCT} \cdot \frac{AB}{AM} \cdot \triangle ACP$$

$$= \frac{QC}{BC} \cdot \frac{AB}{AM} \cdot \triangle ACP$$

$$= \frac{\triangle AQC}{\triangle ABC} \cdot \frac{\triangle ABC}{\triangle AMC} \cdot \triangle ACP$$

$$= \frac{\triangle AQC}{\triangle AMC} \cdot \triangle ACP = \triangle ACP 。$$

□

【例16.5】 （1970 年国际数学奥林匹克试题）已知 M 为 $\triangle ABC$ 的 AB 边上任

---

* 原题是设 M 在 AB 上（或在 $\triangle OAB$ 内）变动时，求 PK 与 QT 交点的轨迹。

一点。r_1、r_2、r_3 分别为 $\triangle ABC$、$\triangle ABM$、$\triangle ACM$ 的内切圆半径，p、p_1、p_2 分别为 $\triangle ABC$、$\triangle ABM$、$\triangle ACM$ 的旁切圆半径，这些旁切圆都在 $\angle ACB$ 之内。求证：$\dfrac{r}{p} = \dfrac{r_1}{p_1} \cdot \dfrac{r_2}{p_2}$。

证明： 记 $\triangle ABC$ 三边为 a、b、c，又设 $CM = l$，$AM = c_1$，$MB = c_2$。由面积计算可知 $\dfrac{1}{2} r(a+b+c) = \triangle ABC = \dfrac{1}{2} p(a+b-c)$。

$$\therefore \quad \frac{r}{p} = \frac{a+b-c}{a+b+c}。 \tag{1}$$

同理可知：

$$\frac{r_1}{p_1} = \frac{b+l-c_1}{b+l+c_1}, \frac{r_2}{p_2} = \frac{a+l-c_2}{a+l+c_2}, \tag{2}$$

$$\therefore \quad \frac{r_1}{p_1} \cdot \frac{r_2}{p_2} = \frac{l^2 + l(b+a-c_1-c_2) + (b-c_1)(a-c_2)}{l^2 + l(b+a+c_1+c_2) + (b+c_1)(a+c_2)}。$$

利用 $c_1 + c_2 = c$ 及勾股差定理：

$$\frac{c_1}{c} = \frac{\triangle AMC}{\triangle ABC} = \frac{b^2 + c_1^2 - l^2}{b^2 + c^2 - a^2}。$$

解出 $l^2 = b^2 + c_1^2 - \dfrac{c_1(b^2+c^2-a^2)}{c}$，代入前式整理得：

$$\frac{r_1}{p_1} \cdot \frac{r_2}{p_2} = \frac{[bc+cl+c_1(a-b)](a+b-c)}{[bc+cl+c_1(a-b)](a+b+c)}$$

$$= \frac{a+b-c}{a+b+c} = \frac{r}{p}。 \qquad \square$$

这个例题告诉我们：在证明题目时，有些式子看上去很繁，这时不要害怕，仔细算下去，其中大部分是可以消掉的。

这个题目其实也有巧办法，如图 16-7。设 O 是 $\angle A$、$\angle B$ 的角平分线交点，O_1 是 AO 与 $\angle AMC$ 的平分线交点，O_2 是 BO 与 $\angle BMC$ 的平分线的交点，则 O、O_1、O_2 分别是 $\triangle ABC$、$\triangle AMC$、$\triangle BMC$ 的内心。过 O、O_1、O_2 向 AB 作垂线段 OD、O_1D_1、O_1D_2，则 $r = OD$，$r_1 = O_1D_1$，$r_2 = O_2D_2$。设 $s = \dfrac{1}{2}(a+b+c)$，由前（1）式及海伦

公式得

$$\frac{r}{p} = \frac{a+b-c}{a+b+c}$$

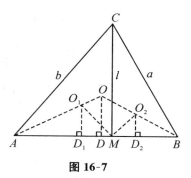

图 16-7

$$= \frac{s-c}{s} = \frac{1}{s} \cdot \frac{\triangle^2}{s(s-a)(s-b)}$$

$$= \frac{\triangle^2}{s^2(s-a)(s-b)} = \frac{r^2}{(s-a)(s-b)}$$

$$= \frac{OD}{AD} \cdot \frac{OD}{BD} = \frac{O_1 D_1}{AD_1} \cdot \frac{O_2 D_2}{BD_2}.$$

这里用到 $\triangle^2 = s(s-a)(s-b)(s-c)$ 及 $AD=s-a, BD=s-b$。

同理：$\dfrac{r_1}{p_1} = \dfrac{r_1^2}{AD_1 \cdot D_1 M} = \dfrac{O_1 D_1}{AD_1} \cdot \dfrac{O_1 D_1}{D_1 M},$

$$\frac{r_2}{p_2} = \frac{r_2^2}{MD_2 \cdot D_2 B} = \frac{O_2 D_2}{MD_2} \cdot \frac{O_2 D_2}{D_2 B}.$$

注意到 $\angle O_1 M O_2 = 90°$，故 $\triangle O_1 D_1 M \backsim \triangle M D_2 O_2$，故

$$\frac{O_1 D_1}{D_1 M} \cdot \frac{O_2 D_2}{D_2 M} = 1.$$

从而有

$$\frac{r_1}{p_1} \cdot \frac{r_2}{p_2} = \frac{O_1 D_1}{AD_1} \cdot \frac{O_1 D_1}{D_1 M} \cdot \frac{O_2 D_2}{D_2 M} \cdot \frac{O_2 D_2}{D_2 B}$$

$$= \frac{O_1 D_1}{AD_1} \cdot \frac{O_2 D_2}{D_2 B} = \frac{OD}{AD} \cdot \frac{OD}{BD}$$

$$= \frac{r}{p}.$$

【例 16.6】 （1990 年国际数学奥林匹克试题）已知圆内两弦 AB、CD 交于 E，在线段 BE 上取一点 M，作 $\triangle DEM$ 的外接圆在 E 处的切线 GE，与弦 BC 交于 F，与 CA 的延长线交于 G（如图 16-8）。

已知：$\dfrac{AM}{BM} = \lambda$，求比值 $\dfrac{GE}{GF}$。

解：注意到 $\angle BEF = \angle AEG = \angle MDE = \beta$，

$$\angle CEF = \angle DME = 180° - \angle CEG = \alpha.$$

应用共边及共角定理得：

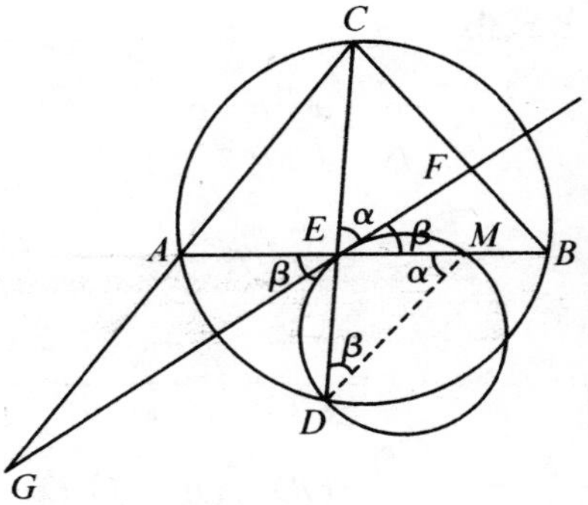

$$\frac{AE}{BE}=\frac{\triangle AEC}{\triangle BEC}=\frac{\triangle GEC-\triangle GEA}{\triangle FEC+\triangle FEB}$$

$$=\frac{\dfrac{\triangle GEC-\triangle GEA}{\triangle MDE}}{\dfrac{\triangle FEC+\triangle FEB}{\triangle MDE}}$$

$$=\frac{\dfrac{GE\cdot CE}{ME\cdot MD}-\dfrac{GE\cdot AE}{DE\cdot MD}}{\dfrac{FE\cdot CE}{ME\cdot MD}+\dfrac{FE\cdot BE}{DE\cdot MD}}$$

$$=\frac{GE}{FE}\cdot\left(\frac{CE\cdot DE-ME\cdot AE}{CE\cdot DE+ME\cdot BE}\right)$$

$$=\frac{GE}{FE}\left(\frac{AE\cdot BE-ME\cdot AE}{AE\cdot BE+ME\cdot BE}\right)\text{(由交弦定理：} CE\cdot DE=AE\cdot BE)$$

$$=\frac{AE}{BE}\cdot\frac{GE}{FE}\cdot\frac{(BE-ME)}{(AE+ME)}$$

$$=\frac{AE}{BE}\cdot\frac{GE}{FE}\cdot\frac{BM}{AM}.$$

$$\therefore \frac{GE}{FE}=\frac{AM}{BM}=\lambda.$$

$$\therefore \frac{GE}{GF}=\frac{\lambda}{1+\lambda}.$$

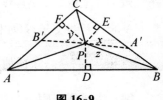

图 16-8

【例 16.7】 (1991 年国际数学奥林匹克试题)在 $\triangle ABC$ 内任取一点 P，求证：$\angle PAB$、$\angle PBC$、$\angle PCA$ 中至少有一个不大于 30°。

解： 如图 16-9，只要证明三个比值 $\dfrac{PD}{AP}$、$\dfrac{PE}{BP}$、$\dfrac{PF}{CP}$ 中至少有一个不大于 $\dfrac{1}{2}$ 即可。

此处 PD、PE、PF 是 P 到 AB、BC、CA 三边的垂线段。分别以 x、y、z 记线段 PE、PF、PD 之长。过 P 作直线与 BC、AC 分别交于 A'、B'，使 $\angle CA'B'=\angle CAB$，则 $CB'A'=\angle CBA$，于是 $\triangle ABC\backsim\triangle A'B'C'$。

分别以 a、b、c 和 a'、b'、c' 记 $\triangle ABC$ 和 $\triangle A'B'C'$ 的三边，则有 $k>0$ 使 $a'=ka$，$b'=$

图 16-9

$kb, c' = kc$。

由面积关系

$$\triangle PA'C + \triangle PB'C = \triangle A'B'C,$$

得　$x \cdot A'C + y \cdot B'C = \triangle A'B'C \leqslant A'B' \cdot PC$。

即　$b'x + a'y \leqslant c'PC$。

$\therefore$　$kbx + kay \leqslant kcPC$。

即　$bx + ay \leqslant c \cdot PC \Rightarrow \dfrac{b}{c}x + \dfrac{a}{c}y \leqslant PC$。

同理

$$cx + az \leqslant b \cdot PB \Rightarrow \frac{c}{b}x + \frac{a}{b}z \leqslant PB,$$

$$cy + bz \leqslant b \cdot PA \Rightarrow \frac{c}{a}y + \frac{b}{a}z \leqslant PA。$$

三式相加得

$$\left(\frac{b}{c} + \frac{c}{b}\right)x + \left(\frac{a}{c} + \frac{c}{a}\right)y + \left(\frac{a}{b} + \frac{b}{a}\right)z \leqslant PA + PB + PC。$$

$\therefore$　$2(x + y + z) \leqslant PA + PB + PC$。

由此可见,$2x \leqslant PB$、$2y \leqslant PC$、$2z \leqslant PA$ 三式中至少有一个成立,即 $\dfrac{PD}{AP}$、$\dfrac{PE}{BP}$、$\dfrac{PF}{CP}$ 三者之中至少有一个不大于 $\dfrac{1}{2}$。　□

应当指出,我们实际上已证明了一个有名的几何不等式:

厄尔多斯—蒙代尔不等式　在任意三角形 ABC 内或周界上取一点 P,以 x、y、z 记 P 到三边的距离,则

$$x + y + z \leqslant \frac{1}{2}(PA + PB + PC)。$$

式中等号当且仅当 $\triangle ABC$ 为正三角形,且 P 为 $\triangle ABC$ 的中心时才成立。

在数学竞赛中,有些题目与著名的定理或公式有关,上面例题不过是其中之一。以下两个也是与历史名题有关的例子。

【例 16.8】 （1978 年陕西省中学数学竞赛第二试附加题)在锐角三角形 ABC 内有一点 M 使 $\angle AMB=\angle BMC=\angle CMA=120°$，又 P 为 $\triangle ABC$ 内任一点。求证：$PA+PB+PC \geqslant MA+MB+MC$。

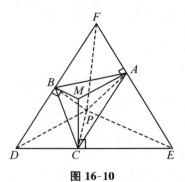

图 16-10

解： 如图 16-10,分别过 A、B、C 作 MA、MB、MC 之垂线两两相交得 $\triangle DEF$，则有 $\angle BDC=180°-\angle BMC=180°-120°=60°$。

同理，$\angle CEA=60°$，故 $\triangle DEF$ 是正三角形，有 $DE=EF=FD=d$，于是：$PA \cdot d \geqslant 2\triangle PEF$，$PB \cdot d \geqslant 2\triangle PDF$，$PC \cdot d \geqslant 2\triangle PDE$。

三式相加：

$$(PA+PB+PC)d \geqslant 2(\triangle PEF+\triangle PDF+\triangle PDE)$$

$$=2\triangle DEF$$

$$=2(\triangle MDE+\triangle MEF+\triangle MFD)$$

$$=(MA+MB+MC)d。$$

$\therefore \quad PA+PB+PC \geqslant MA+MB+MC。$ □

上面这个题,是著名的费马问题的特殊情形。一般情形是这样的:设 A、B、C 是 3 个矿井,每日矿石产量分别为 x、y、z。现在要选一个地点把 3 个矿井所产矿石集中起来,选在什么地方才能使集中矿石时运输量最小？这也就是求 P 点使 $xPA+yPB+zPC$ 达到最小。

不难用类似的方法解这个更一般的问题。下面简述其思路及解法步骤。首先,如果 x、y、z 中最大者不小于另两个之和,例如 $x \geqslant y+z$,那就选在 A 点好了。

（为什么?)

以下设 x、y、z 中任两个之和大于另一个,我们可以作一个三角形 DEF,使其三边之比为 $x:y:z$,得到三个角 $\angle D$、$\angle E$、$\angle F$。然后在 $\triangle ABC$ 内选一点 M,使

$$\angle BMC=180°-\angle D,$$

$$\angle CMA=180°-\angle E,$$

$$\angle AMB=180°-\angle F,$$

则 M 即为所求。

证明方法与前一题类似:分别过 A、B、C 作 MA、MB、MC 的垂线两两相交成 $\triangle LKN$,则 $\triangle LKN \backsim \triangle DEF$(如图 16-11)。这时对任一点 P,有

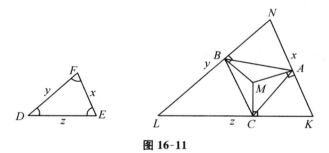

图 16-11

$$PA \cdot KN+PB \cdot LN+PC \cdot LK \geqslant 2\triangle LKN$$

$$=(MA \cdot KN+MB \cdot LN+MC \cdot LK)。$$

由于 $KN:LN:LK=x:y:z$,故得

$$xPA+yPB+zPC \geqslant xMA+yMB+zMC。$$

剩下的一个问题是如何找点 M?

注意到 $\angle AMB=180°-\angle F$,只要在 $\triangle ABC$ 外,作一个 $\triangle ABN'$,使 $\angle AN'B=\angle F$;再作 $\triangle AN'B$ 的外接圆,则在 $\triangle ABC$ 内的 $\overset{\frown}{AB}$ 上的任一点 M',都满足 $\angle AM'B=180°-\angle F$。类似地,作 $\triangle ACK'$ 使 $\angle AK'C=\angle E$,作 $\triangle ACK'$ 的外接圆,两圆的交点 M(不同于 A),即满足:

$$\angle AMB=180°-\angle F, \quad \angle AMC=180°-\angle E。$$

于是 $\quad \angle BMC=180°-\angle D。$

如果两圆交点 M 落在△ABC 之外，可以证明：△ABC 最大角的顶点是所求的点。这里就不再细讨论了。

【例 16.9】 (1986 年省、市、自治区中学生联合数学竞赛试题)已知锐角三角形 ABC 的外接圆半径是 R，点 D、E、F 分别在边 BC、CA、AB 上。求证：AD、BE、CF 是△ABC 的 3 条高的充要条件是

$$s = \frac{R}{2}(EF + FD + DE)。$$

式中 s 是△ABC 的面积。

解： 必要性的证明：若 AD、BE、CF 是△ABC 的 3 条高，则 $\angle BEC = \angle BFC = 90°$，故 B、F、E、C 共圆。故

$$\angle ABC + \angle CEF = 180°。$$

过 A 作△ABC 外接圆的切线 AT(如图 16-12)，则

$$\angle CAT = \angle ABC$$
$$= 180° - \angle CEF$$
$$= \angle FEA。$$

$\therefore$ $AT /\!/ EF$。

设△ABC 外接圆圆心为 O，则半径 $OA \perp AT$，即有 $OA \perp EF$。

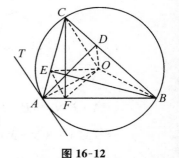

图 16-12

$\therefore$ $S_{OFAE} = \frac{R}{2}EF$。

同理 $S_{OFBD} = \frac{R}{2}DF$，$S_{ODCE} = \frac{R}{2}DE$。

三式相加，得

$$\triangle ABC = S_{OFAE} + S_{OFBD} + S_{ODCE} = \frac{R}{2}(EF + FD + DE)。$$

充分性的证明：由△$ABC = \frac{R}{2}(EF + FD + DE)$，可知

$$OA \perp EF, \quad OB \perp DF, \quad OC \perp DE,$$

否则将有$\triangle ABC < \dfrac{R}{2}(EF+FD+DE)$，与假设矛盾。于是$\angle AEF=\angle TAE=$

$\angle ABC$，从而B、F、E、C共圆。同理，B、D、E、A共圆。

$\therefore \quad \angle BFC=\angle BEC$。

同理 $\quad \angle AFC=\angle ADC$。

$\therefore \quad \angle BEC+\angle ADC=\angle BFC+\angle AFC=180°$。

由B、D、E、A共圆，得$\angle BDA=\angle BEA$，

故 $\quad \angle BEC=\angle ADC$。

$\therefore \quad \angle BEC=\angle ADC=90°$。

同理可证 $\quad \angle BFC=90°$。

即 $\quad BE \perp AC, CF \perp AB, AD \perp BC$。 □

从这个题目可以看出：锐角三角形的所有内接三角形中，周长最短的是以3高的垂足为顶点的三角形。这是因为，如果另有3点x、y、z分别在BC、CA、AB上，则不可能使$OA \perp YZ$、$OB \perp XZ$、$OC \perp XY$同时成立，故有

$$\dfrac{R}{2}(EF+FD+DE)=\triangle ABC=S_{OYAZ}+S_{OZBX}+S_{OXCY}$$

$$< \dfrac{R}{2}(YZ+ZX+XY)。$$

$\therefore \quad EF+FD+DE < YZ+ZX+XY$。

这是一个历史名题，但上述利用面积的证法可能是新的。

【例16.10】 （1980年国际数学奥林匹克试题）设P为$\triangle ABC$内一点，D、E、F分别为P到BC、CA、AB各边所引垂线的垂足。求所有使$\dfrac{a}{PD}+\dfrac{b}{PE}+\dfrac{c}{PF}$为最小的点（图16-13）。

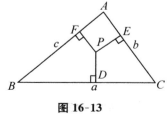

图16-13

解：显然有

$$a \cdot PD+b \cdot PE+c \cdot PF=2\triangle ABC。$$

$$\therefore \quad 2\triangle ABC\left(\frac{a}{PD}+\frac{b}{PE}+\frac{c}{PF}\right)$$

$$=(a\cdot PD+b\cdot PE+c\cdot PF)\left(\frac{a}{PD}+\frac{b}{PE}+\frac{c}{PF}\right)$$

$$=a^2+b^2+c^2+ab\left(\frac{PD}{PE}+\frac{PE}{PD}\right)+bc\left(\frac{PF}{PE}+\frac{PE}{PF}\right)+ca\left(\frac{PD}{PF}+\frac{PF}{PD}\right)$$

$$\geqslant a^2+b^2+c^2+2ab+2bc+2ca=(a+b+c)^2。$$

$$\therefore \quad \frac{a}{PD}+\frac{b}{PE}+\frac{c}{PF}\geqslant\frac{(a+b+c)^2}{2\triangle ABC}。$$

上述不等式当且仅当 $PD=PE=PF$ 时,取到等号,故所求的点是 $\triangle ABC$ 的内心。 □

这个题目解决过程中,又用到了不等式 $\frac{1}{x}+x\geqslant 2(x>0)$。这个不等式非常重要,前面不止一次用到过它,在解几何不等式、基本的代数不等式问题时常常用到。下面再举一个例子:

【例 16.11】(1984 年国际数学奥林匹克备选试题)$\triangle ABC$ 内有一点 P^*。直线 AP^*、BP^*、CP^* 分别与 BC、CA、AB 交于 P、Q、R,问 P^* 点在什么位置时才能使 $\triangle PQR$ 面积最大(图 16-14)?

解:关键在于找出 P^* 点的位置与 $\triangle PQR$ 的面积之间的关系。

记 $\frac{AQ}{QC}=\lambda,\frac{AR}{RB}=\mu,\lambda、\mu$ 定了,P^* 的位置也定了。

这时

$$\frac{BP}{PC}=\frac{\triangle BP^*A}{\triangle AP^*C}=\frac{\triangle BP^*A}{\triangle BP^*C}\cdot\frac{\triangle BP^*C}{\triangle AP^*C}$$

$$=\frac{AQ}{QC}\cdot\frac{RB}{AR}=\frac{\lambda}{\mu}。$$

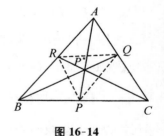

图 16-14

$$\therefore \quad \frac{\triangle ARQ}{\triangle ABC}=\frac{AR}{AB}\cdot\frac{AQ}{AC}=\frac{\lambda}{(1+\lambda)}\cdot\frac{\mu}{(1+\mu)}。$$

$$\frac{\triangle BPR}{\triangle ABC}=\frac{BP}{BC}\cdot\frac{BR}{AB}=\frac{\lambda}{(\lambda+\mu)(1+\mu)}。$$

$$\frac{\triangle CPQ}{\triangle ABC} = \frac{PC}{BC} \cdot \frac{CQ}{AC} = \frac{\mu}{(1+\lambda)(1+\mu)}.$$

$$\therefore \frac{\triangle PQR}{\triangle ABC} = 1 - \frac{\lambda\mu}{(1+\lambda)(1+\mu)} - \frac{\lambda}{(1+\mu)(\lambda+\mu)} - \frac{\mu}{(1+\lambda)(\lambda+\mu)}$$

$$= \frac{2\lambda\mu}{(1+\lambda)(1+\mu)(\lambda+\mu)}$$

$$= \frac{2\lambda\mu}{2\lambda\mu + \lambda^2 + \mu^2 + \mu(1+\lambda^2) + \lambda(1+\mu^2)}$$

$$\leqslant \frac{1}{4}.$$

这是因为 $\lambda^2 + \mu^2 \geqslant 2\lambda\mu, 1+\lambda^2 \geqslant 2\lambda, 1+\mu^2 \geqslant 2\mu$。这些不等式当且仅当 $\lambda = \mu = 1$ 时取到等号,故当 P^* 为 $\triangle ABC$ 重心时 $\triangle PQR$ 面积最大,这时它是 $\triangle ABC$ 面积的 $\frac{1}{4}$。 □

【例 16.12】 (1990 年全国数学联赛试题)已知 $\triangle ABC$ 中,$AB = AC$。在 $\triangle ABC$ 内取一点 P,直线 AP 与 BC 交于 N。设 $\angle NPC = \angle BAC = 2\angle BPN$,求证:$BN = \frac{1}{3}BC$。

解: 如图 16-15,在直线 AN 上任取一点 Q,都有

$$\frac{\triangle QPC}{\triangle QPB} = \frac{NC}{BN}.$$

我们希望证明这个比值为 2。但是,取 Q 点在什么位置才便于比较两个三角形的面积呢?

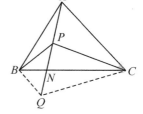

图 16-15

注意到 $\angle QPC = 2\angle QPB$,可见如取 $QP = PC$,做成一个等腰三角形 PQC,则 $\triangle PQC$ 分成两半,其中的一半应当与 $\triangle PQB$ 全等。循此线索思考,找到下述证法便不难了:

延长 PN 到 Q 使 $PQ = PC$。由 $\angle QPC = \angle BAC$ 可知 $\angle PQC = \angle ABC$,从而 A、B、C、Q 共圆。这时可推出 $\angle PQB = \angle ACB = \angle PQC$。可见 $\triangle PBQ$ 是半个 $\triangle PQC$。故 $CN = 2BN$。 □

习题解答或提示

习 题 一

1.1 $\dfrac{\triangle PAB}{\triangle QAB}=\dfrac{PM}{QM}$。

1.2 $\dfrac{\triangle AOB}{\triangle AOC}=\dfrac{\triangle AOB}{\triangle AOP}\cdot\dfrac{\triangle AOP}{\triangle POC}\cdot\dfrac{\triangle POC}{\triangle BOC}\cdot\dfrac{\triangle BOC}{\triangle BOQ}\cdot\dfrac{\triangle BOQ}{\triangle AOQ}\cdot\dfrac{\triangle AOQ}{\triangle AOC}$

$\qquad =\dfrac{BO}{PO}\cdot\dfrac{AP}{PC}\cdot\dfrac{PO}{BO}\cdot\dfrac{CO}{QO}\cdot\dfrac{BQ}{AQ}\cdot\dfrac{QO}{CO}$

$\qquad =\dfrac{AP}{PC}\cdot\dfrac{BQ}{AQ}=\dfrac{4}{3}\cdot\dfrac{2}{3}=\dfrac{8}{9}$。

习 题 二

2.1 $\dfrac{PR}{BR}=\dfrac{\triangle PQC}{\triangle BQC}=\dfrac{\triangle PQC}{\triangle AQC}\cdot\dfrac{\triangle AQC}{\triangle BQC}=\dfrac{PC}{AC}\cdot\dfrac{AQ}{BQ}=\dfrac{1}{2}\cdot\dfrac{2}{1}=1$。

$\qquad \dfrac{QR}{CR}=\dfrac{\triangle PQB}{\triangle PCB}=\dfrac{\triangle PQB}{\triangle PBA}\cdot\dfrac{\triangle PBA}{\triangle PCB}=\dfrac{BQ}{AB}\cdot\dfrac{PA}{PC}=\dfrac{1}{3}\cdot\dfrac{1}{1}=\dfrac{1}{3}$。

$\qquad \dfrac{\triangle RBC}{\triangle ABC}=\dfrac{\triangle RBC}{\triangle PBC}\cdot\dfrac{\triangle PBC}{\triangle ABC}=\dfrac{BR}{BP}\cdot\dfrac{PC}{AC}=\dfrac{1}{2}\cdot\dfrac{1}{2}=\dfrac{1}{4}$。

2.2 如图,有 $\dfrac{\triangle ABC}{\triangle ABL}=\dfrac{\triangle ABL+\triangle ACL+\triangle BCL}{\triangle ABL}$

$$=1+\dfrac{CX}{BX}+\dfrac{CY}{AY}$$

$$=1+\dfrac{1}{1}+\dfrac{2}{1}$$

$$=4,$$

$\therefore$ $\triangle ABL=\dfrac{1}{4}\triangle ABC$。

$\dfrac{\triangle ABC}{\triangle BCM}=\dfrac{\triangle BCM+\triangle ACM+\triangle ABM}{\triangle BCM}$

$$=1+\dfrac{AZ}{BZ}+\dfrac{AY}{CY}$$

$$=1+3+\dfrac{1}{2}=\dfrac{9}{2},$$

$\therefore$ $\triangle BCM=\dfrac{2}{9}\triangle ABC$。

$\dfrac{\triangle ABC}{\triangle ACN}=\dfrac{\triangle ACN+\triangle BCN+\triangle ABN}{\triangle ACN}$

$$=1+\dfrac{BZ}{AZ}+\dfrac{BX}{CX}$$

$$=1+\dfrac{1}{3}+\dfrac{1}{1}=\dfrac{7}{3}。$$

$\therefore$ $\triangle ACN=\dfrac{3}{7}\triangle ABC$。

$\therefore$ $\triangle LMN=\triangle ABC-\triangle ABL-\triangle BCM-\triangle ACN$

$$=\left(1-\dfrac{1}{4}-\dfrac{2}{9}-\dfrac{3}{7}\right)\triangle ABC$$

$$=\dfrac{25}{252}\triangle ABC。$$

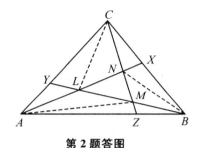

第 2 题答图

2.3 如图,不妨设 $\triangle PBC$、$\triangle PCA$、$\triangle PAB$ 中以

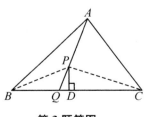

第 3 题答图

$\triangle PBC$ 最小,则 $\triangle PBC \leqslant \frac{1}{3} \triangle ABC$。连 AP 交 BC 于 Q,且自 P 向 BC 引垂线段 PD,则因为 $\frac{PQ}{AQ} = \frac{\triangle PBC}{\triangle ABC} \leqslant \frac{1}{3}$,

$$\therefore \quad PD \leqslant PQ \leqslant \frac{1}{2} PA。$$

2.4 提示:利用等式

$$\triangle ABC = \triangle PBC + \triangle PAB - \triangle PAC$$

及 $\quad \dfrac{PX}{AX} = \dfrac{\triangle PBC}{\triangle ABC}, \dfrac{PZ}{CZ} = \dfrac{\triangle PAB}{\triangle ABC}$

$$\frac{PY}{BY} = \frac{\triangle PAC}{\triangle ABC}。$$

2.5 $\dfrac{AX}{XB} \cdot \dfrac{BZ}{ZC} \cdot \dfrac{CY}{YA} = \dfrac{\triangle AXZ}{\triangle BXZ} \cdot \dfrac{\triangle BXZ}{\triangle CXZ} \cdot \dfrac{\triangle CXZ}{\triangle AXZ} = 1。$

2.6 $\dfrac{DN}{CN} = \dfrac{\triangle MDN}{\triangle MCN} = \dfrac{\triangle MDN}{\triangle MAN} \cdot \dfrac{\triangle MAN}{\triangle MBN} \cdot \dfrac{\triangle MBN}{\triangle MCN}$

$$= \frac{PD}{AP} \cdot \frac{AM}{BM} \cdot \frac{BQ}{CQ} = \frac{AM}{BM}。$$

$$\left(注意:由 \frac{PD}{AD} = \frac{QC}{BC}, 可得 \frac{PD}{AP} = \frac{CQ}{BQ}。\right)$$

2.7 $\dfrac{PY}{PX} = \dfrac{\triangle APY}{\triangle APX} > \dfrac{\triangle APB}{\triangle APC} = \dfrac{PB}{PC}。$

习 题 三

3.1 $\dfrac{PO}{QO} = \dfrac{\triangle APC}{\triangle AQC} = \dfrac{2\triangle APO}{2\triangle COQ} = \dfrac{AO}{CO} = 1。$

3.2 只要证 $\triangle PBC = \triangle QBC$。

$$\frac{\triangle PBC}{\triangle QBC} = \frac{\triangle PBC}{\triangle ABC} \cdot \frac{\triangle ABC}{\triangle QBC} = \frac{PB}{AB} \cdot \frac{AC}{QC} = 1。$$

$$\left(注意,由条件 \frac{PA}{BA} = \frac{QA}{CA}, 可得 \frac{PB}{AB} = \frac{QC}{AC}。\right)$$

3.3 只要证 $\triangle PMO = \triangle PNO$。

$$\frac{\triangle PMO}{\triangle PNO}=\frac{\triangle PMO}{\triangle MNO}\cdot\frac{\triangle MNO}{\triangle PNO}=\frac{PB}{NB}\cdot\frac{MA}{PA}=\frac{\triangle ABP}{\triangle ABN}\cdot\frac{\triangle ABM}{\triangle ABP}=1。$$

3.4 $\dfrac{MG}{NH}=\dfrac{MG}{MH}\cdot\dfrac{MH}{NH}=\dfrac{\triangle ADG}{\triangle ADH}\cdot\dfrac{\triangle MBD}{\triangle BND}$。

又因为 $\dfrac{\triangle ADG}{\triangle BND}=\dfrac{\triangle ADG}{\triangle DGC}\cdot\dfrac{\triangle DGC}{\triangle DNC}\cdot\dfrac{\triangle DNC}{\triangle BND}$

$$=\frac{AG}{GC}\cdot\frac{1}{1}\cdot\frac{CN}{BN}$$

$$=\frac{\triangle AMN}{\triangle CMN}\cdot\frac{\triangle CMN}{\triangle BMN}$$

$$=\frac{\triangle AMN}{\triangle BMN}=1。$$

$$\frac{\triangle MBD}{\triangle ADH}=\frac{\triangle MDH+\triangle MBH}{\triangle MDH+\triangle MAH}=1。$$

习　题　四

4.1　提示:先证明有 $S_{AEJD}=S_{EFIJ}=S_{FBCI}=\dfrac{s}{3}$。

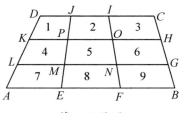

第 1 题答图

于是只要求 1、4、7 这 3 块即可。

据例 4.1 可知 $s_4=\dfrac{1}{3}S_{AEJD}=\dfrac{s}{9}$,于是只要计算 s_1 和 s_7。

由题设 $CD=\dfrac{2}{3}AB$,故 $DJ=\dfrac{2}{3}AE$。

∴ $\dfrac{\triangle DJA}{\triangle AJE}=\dfrac{DJ}{AE}=\dfrac{2}{3}$。

∴ $\triangle DJA=\dfrac{2}{15}s$,$\triangle AJE=\dfrac{3}{15}s$。

$$\therefore \quad s_1 = S_{KPJD} = \triangle DKJ + \triangle KPJ$$

$$= \frac{1}{3}\triangle DAJ + \left(\frac{1}{3}\triangle KEJ\right)$$

$$= \frac{2}{45}s + \frac{1}{3}\left(\frac{2}{3}\triangle DJA + \frac{1}{3}\triangle AJE\right)$$

$$= \frac{2}{45}s + \frac{1}{3}\left(\frac{2}{3}\triangle DJA + \frac{3}{15}s \cdot \frac{1}{3}\right)$$

$$= \frac{2s}{45} + \frac{1}{3}\left(\frac{2}{3} \cdot \frac{2}{15}s + \frac{s}{15}\right)$$

$$= \frac{13}{135}s。$$

$$\therefore \quad s_7 = \frac{s}{3} - \frac{s}{9} - \frac{13}{135}s = \frac{17}{135}s。$$

4.2 若改为四等分,则中间的 4 小块的平均值是 S_{ABCD} 的 $\frac{1}{16}$;若改为五等分,则中间一块是 S_{ABCD} 的 $\frac{1}{25}$。证法类似三等分的情形。关键在于灵活运用定比分点公式。

4.3 知道了 $\triangle ABD$、$\triangle ABC$、$\triangle BCD$ 的面积,由 $\triangle ABC + \triangle ACD = \triangle ABD + \triangle BCD$,也就知道了 $\triangle ACD$ 的面积,利用它比分点公式可知

$$\begin{cases} \triangle DJE = \frac{1}{3}\triangle DCE = \frac{1}{3}\left(\frac{2}{3}\triangle ACD + \frac{1}{3}\triangle BCD\right), \\[2mm] \triangle AJE = \frac{1}{3}\triangle ABJ = \frac{1}{3}\left(\frac{2}{3}\triangle ABD + \frac{1}{3}\triangle ABC\right), \\[2mm] \triangle ADE = \frac{1}{3}\triangle ABD, \\[2mm] \triangle ADJ = \frac{1}{3}\triangle ACD。 \end{cases} \tag{1}$$

于是,$S_{AEJD} = \triangle ADE + \triangle DJE = \frac{1}{9}\triangle BCD + \frac{2}{9}\triangle ACD + \frac{3}{9}\triangle ABD$。

再由 K、L 是 AD 的三分点及 P、M 是 JE 的三分点,求出 $AEJD$ 所分成的 3 个四边形,其他几块可用类似方法求出。

或直接用

$$\triangle DKJ = \frac{1}{3} \triangle ADJ,$$

$$\triangle PKJ = \frac{1}{3} \triangle EKJ = \frac{1}{3}\left(\frac{1}{3}\triangle EAJ + \frac{2}{3}\triangle EDJ\right)$$

等公式计算。

习　题　五

5.1 又将有 $\dfrac{BX}{SX} = \dfrac{BY}{SY}$，$\dfrac{PY}{MY} = \dfrac{PA}{MA}$ 及 $\dfrac{NX}{OX} = \dfrac{NA}{OA}$。

证明方法是把下图中的点 A、B、P、O、M、N、S、Q、R 对应于题解图中的 P、M、B、S、N、O、X、Y、A。再按例 5.1 方法来证。

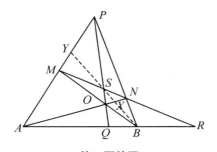

第 1 题答图

5.2 $\dfrac{AQ}{BQ} = \dfrac{\triangle AOP}{\triangle BOP} = \dfrac{\triangle AOP}{\triangle PON} \cdot \dfrac{\triangle PON}{\triangle BOP}$

$\qquad = \dfrac{AO}{NO} \cdot \dfrac{PN}{PB} = \dfrac{\triangle ABM}{\triangle NBM} \cdot \dfrac{\triangle ANM}{\triangle ABM}$

$\qquad = \dfrac{\triangle ANM}{\triangle NBM} = \dfrac{AR}{BR}$。

5.3 例 2.4 构图顺序：先取自由点 A、B、C、P，AP 与 BC 交于 X，BP 与 AC 交于 Y，CP 与 AB 交于 Z。

消点过程：从 $\dfrac{PZ}{CZ}$ 中消 Z 得 $\dfrac{\triangle PAB}{\triangle ABC}$（下略）。

例 2.7 构图顺序：先取自由点 A、B、C，取 D 使 $AD = BC$，再取 M 为 AB 中点，

N 为 CD 中点，P 为 MN、AD 交点，Q 为 MN、BC 交点。

消点过程：从 $\dfrac{PD}{AD} \cdot \dfrac{BC}{QC}$ 出发，

$$\dfrac{PD}{AD} \cdot \dfrac{BC}{QC} = \dfrac{PD}{AD} \cdot \left(\dfrac{\triangle BMN - \triangle CMN}{\triangle CMN} \right)(消\ Q)$$

$$= \dfrac{\triangle DMN}{(\triangle AMN - \triangle DMN)} \cdot \dfrac{(\triangle BMN - \triangle CMN)}{\triangle CMN}(消\ P)$$

$$= \left(\dfrac{\triangle DMN}{\triangle CMN} \right) \cdot \left(\dfrac{\triangle BMN - \triangle CMN}{\triangle AMN - \triangle DMN} \right) = 1。$$

（利用 $\triangle DMN = \triangle CMN$，$\triangle AMN = \triangle BMN$ 消去 M、N。）

例 3.5 构图顺序：先取自由点 A、B、P，在 AP 上取 M，过 M 作 AB 的平行线与 PB 交 N，AN 与 BM 交于 O，PO 与 AB 交于 Q。

从 $\dfrac{AQ}{BQ}$ 出发消点，

$$\dfrac{AQ}{BQ} = \dfrac{\triangle AOP}{\triangle BOP}(消\ Q)$$

$$= \dfrac{\triangle AOP}{\triangle ABP} \cdot \dfrac{\triangle ABP}{\triangle BOP}$$

$$= \dfrac{MO}{MB} \cdot \dfrac{AN}{NO}$$

$$= \dfrac{\triangle AMN}{S_{ABNM}} \cdot \dfrac{S_{ABNM}}{\triangle BMN}(消\ O)$$

$$= \dfrac{\triangle AMN}{\triangle BMN} = 1(消\ M、N)。$$

习　题　六

构图顺序：(1)自由点 A、B、E、D。

(2)半自由点：AB 上任取点 C。

(3)约束点：J——AE 与 CD 交点，

I——AE 与 BD 交点、

$$H——AD 与 CE 交点，$$

$$G——AD 与 BE 交点。$$

结论转化：要证 IH、JG、AB 交于一点，即 IH 与 AB 的交点与 JG 与 AB 的交点重合，为此作辅助点：

(4)辅助约束点：$O——JG$ 与 AB 交点，

$$P——IH 与 AB 交点。$$

要证明 O、P 重合，即

$$\frac{AO}{BO} \cdot \frac{BP}{AP} = 1。$$

消点过程：

$(1)\dfrac{AO}{BO} \cdot \dfrac{BP}{AP} = \dfrac{\triangle AJG}{\triangle BJG} \cdot \dfrac{\triangle BIH}{\triangle AIH}($消去 O、P $)。$

$(2)\triangle AJG = \dfrac{\triangle AJG}{\triangle AJD} \cdot \triangle AJD = \dfrac{AG}{AD} \cdot \triangle AJD = \dfrac{\triangle ABE}{S_{ABDE}} \cdot \triangle AJD,$ 〕消 G

$\quad \triangle BJG = \dfrac{\triangle BJG}{\triangle BJE} \cdot \triangle BJE = \dfrac{BG}{BE} \cdot \triangle BJE = \dfrac{\triangle ABD}{S_{ABDE}} \cdot \triangle BJE,$ 〕

$\quad \triangle BIH = \dfrac{\triangle BIH}{\triangle BIA} \cdot \triangle BIA = \dfrac{HD}{AD} \cdot \triangle BIA = \dfrac{\triangle CDE}{S_{ACDE}} \cdot \triangle BIA,$ 〕消 H

$\quad \triangle AIH = \dfrac{\triangle AIH}{\triangle AID} \cdot \triangle AID = \dfrac{AH}{AD} \cdot \triangle AID = \dfrac{\triangle ACE}{S_{ACDE}} \cdot \triangle AID,$ 〕

代入前式得：

$$\frac{\triangle AJG}{\triangle BJG} \cdot \frac{\triangle BIH}{\triangle AIH} = \frac{\triangle ABE}{\triangle ABD} \cdot \frac{\triangle CDE}{\triangle ACE} \cdot \frac{\triangle AJD}{\triangle BJE} \cdot \frac{\triangle BIA}{\triangle AID}。$$

$(3)\triangle AJD = \dfrac{\triangle AJD}{\triangle ADC} \cdot \triangle ADC = \dfrac{JD}{DC} \cdot \triangle ADC = \dfrac{\triangle ADE \cdot \triangle ADC}{\triangle ACE - \triangle ADE},$ 〕消 K

$\quad \triangle BJE = \dfrac{\triangle BJE}{\triangle BEA} \cdot \triangle BEA = \dfrac{JE}{EA} \cdot \triangle BEA = \dfrac{\triangle CDE \cdot \triangle ABE}{\triangle ACD - \triangle ECD},$ 〕

$\quad \triangle BIA = \dfrac{\triangle BIA}{\triangle BDA} \cdot \triangle BDA = \dfrac{BI}{BD} \cdot \triangle BDA = \dfrac{\triangle ABE}{S_{ABED}} \cdot \triangle ABD$ 〕消 J

$\quad \triangle AID = \dfrac{\triangle AID}{\triangle ADE} \cdot \triangle ADE = \dfrac{AI}{EA} \cdot \triangle ADE = \dfrac{\triangle ABD}{S_{ABED}} \cdot \triangle ADE,$ 〕

代入前式得：

$$\frac{\triangle ABE}{\triangle ABD} \cdot \frac{\triangle CDE}{\triangle ACE} \cdot \frac{\triangle AJD}{\triangle BJE} \cdot \frac{\triangle BIA}{\triangle AID}$$

$$=\frac{\triangle ABE}{\triangle ABD} \cdot \frac{\triangle CDE}{\triangle ACE} \cdot \frac{\triangle ADE}{\triangle CDE} \cdot \frac{\triangle ADC}{\triangle ABE} \cdot \frac{\triangle ABE}{\triangle ABD} \cdot \frac{\triangle ABD}{\triangle ADE}$$

$$=\frac{\triangle ADC \cdot \triangle ABE}{\triangle ACE \cdot \triangle ABD}$$

$$=\frac{\triangle ADC}{\triangle ABD} \cdot \frac{\triangle ABE}{\triangle ACE}$$

$$=\frac{AC}{AB} \cdot \frac{AB}{AC}=1_{\circ}$$

习 题 七

7.1 注意 $\angle BAE + \angle CAE = 180°$，故 $\dfrac{BE}{CE}=\dfrac{\triangle ABE}{\triangle ACE}=\dfrac{AB \cdot AE}{AC \cdot AE}=\dfrac{AB}{AC}_{\circ}$

7.2 设 M、N 是 AB、AC 中点，则由 $\triangle MBC=\dfrac{1}{2}\triangle ABC=\triangle NBC$ 知 $MN \parallel$

BC，故 $\triangle AMN=\triangle ABC$。由共角定理得

$$\frac{AM \cdot AN}{AB \cdot AC}=\frac{\triangle AMN}{\triangle ABC}=\frac{AM \cdot MN}{AB \cdot BC}$$

$$\therefore \quad \frac{MN}{BC}=\frac{AN}{AC}=\frac{1}{2}_{\circ}$$

7.3 (1)用 $ab=2\triangle ABC=ch$；

(2)用 $\triangle ACD + \triangle BCD = \triangle ABC$；

(3)把(1)、(2)联立。

7.4 提示：$\dfrac{BN}{BD}=\dfrac{\triangle BPQ}{S_{BPDQ}}=\dfrac{\triangle PBQ}{\triangle ABC} \cdot \triangle ABC \cdot \dfrac{1}{\triangle PBD + \triangle BQD}$

但

$$\frac{\triangle PBQ}{\triangle ABC}=\frac{PB}{AB} \cdot \frac{BQ}{BC}=\frac{3}{4} \cdot \frac{2}{3}=\frac{1}{2},$$

$$\triangle PBD=\frac{3}{4}\triangle ABC, \quad \triangle BQD=\frac{2}{3}\triangle ABC_{\circ}$$

7.5 提示：$\dfrac{AP}{PB} = \dfrac{\triangle ACP}{\triangle PCB} = \dfrac{\triangle ACP}{\triangle AMC} \cdot \dfrac{\triangle MAC}{\triangle PCB}$。

又有 $\angle ACP = \angle AMC$，$\angle PCB = \angle MAC$。

7.6 提示：$\dfrac{AM}{AN} = \dfrac{\triangle AEM + \triangle AMF}{\triangle AEF}$，

$\triangle AEF = \dfrac{AE \cdot AF}{AB \cdot AC} \triangle ABC$，

$\triangle AEM = \dfrac{AE}{AB} \triangle ABM$，

$\triangle ABM = \dfrac{BM}{BC} \triangle ABC$，类似可计算 $\triangle AMF$。

7.7 提示：$\dfrac{AM}{AN} = \dfrac{AM}{AM - NM} = \dfrac{1}{1 - \dfrac{NM}{AM}}$，$\dfrac{NM}{AM} = \dfrac{\triangle BNC}{\triangle ABC}$，

$\triangle BNC = \dfrac{\triangle BEC + \triangle BFC}{2}$。

7.8 $\dfrac{MG}{AG} \cdot \dfrac{BH}{NH} = \dfrac{\triangle MCF}{\triangle ACF} \cdot \dfrac{\triangle BDE}{\triangle NDE}$

$\qquad = \dfrac{BD \cdot BE}{AF \cdot AC} \cdot \dfrac{MF \cdot OC}{OE \cdot ND}$

$\qquad = \dfrac{BD \cdot BE}{AF \cdot AC} \cdot \dfrac{\triangle BMF}{\triangle BOE} \cdot \dfrac{\triangle AOC}{\triangle AND}$

$\qquad = \dfrac{BD \cdot BE}{AF \cdot AC} \cdot \dfrac{BM \cdot AF}{AN \cdot BD} \cdot \dfrac{AC \cdot QO}{BE \cdot QO}$

$\qquad = \dfrac{BM}{AN}$。

习　题　八

8.1 延长 AB 至 P，延长 $A'B'$ 至 P'，使 $AB = BP$，$A'B' = B'P'$，则 $\triangle ABC = \triangle PBC$，$\triangle A'B'C' = \triangle P'B'C'$，且 $\angle ABC = 180° - \angle PBC$，$\angle A'B'C' = 180° - \angle P'B'C'$，因而 $\angle PBC + \angle P'B'C' < 180°$，并且 $\angle P'B'C' > \angle PBC$，由共角定理，

$$\frac{\triangle A'B'C'}{\triangle ABC}=\frac{\triangle P'B'C'}{\triangle PBC}>\frac{P'B'\cdot B'C'}{PB\cdot BC}=\frac{A'B'\cdot B'C'}{AB\cdot BC}。$$

8.2 不一定。例如，设 $\triangle ABC$ 为以 AC 为斜边的等腰直角三角形，$\triangle A'B'C'$ 为等腰三角形，顶角 $\angle A'B'C'=150°$，并设 $AB=BC=A'B'=A'C'=1$，则 $\triangle ABC=\frac{1}{2}$，$\triangle A'B'C'=\frac{1}{4}$。

8.3 提示：把三角形绕一边中点旋转 $180°$，得到平行四边形，则原来的中线成为平行四边形一条对角线的 $\frac{1}{2}$。

8.4 如图，设 $AP\mathbin{/\mkern-5mu/}BC$，分别过 B、C 作 AB、AC 的垂线与直线 AP 形成等腰三角形 WUV，设 $l=WU=WV$，则

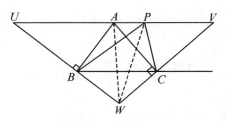

$$l(AB+AC)=2\triangle AWU+2\triangle AWV$$
$$=2\triangle WUV$$
$$=2\triangle PWU+2\triangle PWV$$
$$<l(PB+PC)。$$

第 4 题答图

8.5 如图，如能证明 $\angle AQB>\angle APB$，则立得所要结论，这等价于 $\angle QAP<\angle QBP$，参照例 8.7 证法。

8.6 照搬例 8.8 的方法。

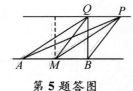

第 5 题答图

习 题 九

9.1 证明过程中得到的 $\angle 3$ 与 $\angle 4$ 可能为 $0°$（即 A、B、A' 可能共线），便推不出 $AB=A'B'$ 了。

9.2 这个题目是例 9.5 的变形，可用类似做法：

$$\frac{AQ}{DQ}=\frac{\triangle AMN}{\triangle DMN}=\frac{\triangle BMN}{\triangle CMN}=\frac{BP}{CP}。$$

（因 M、N 分别是 AB、CD 中点）

即 $\dfrac{AQ}{AD-AQ}=\dfrac{BP}{BC-BP}$。

由 $AD=BD=BC$，可得 $AQ=BP$。

延长 PM 至 P' 使 $PM=P'M$，则易知 $\triangle AMP'\cong\triangle BMP$，于是 $AP'=BP=AQ$，可见

$$\angle MP'A=\angle AQM。$$

但 $\angle MP'A=\angle BPM$，故 $\angle BPM=\angle AQM$，这等价于

$$\angle BPN=\angle DQN。$$

习 题 十

10.1 提示：由三角形面积公式 $S=\dfrac{1}{2}ah$ 可推出所要结论。

10.2 分别以 h、x、y 记 $\triangle ABC$ 在 AB 边上的高、P 到 AB 边的距离和 P 到 AC 边的距离。又令 $AB=AC=b$，则由 $\triangle APC+\triangle APB=\triangle ABC$，可得 $\dfrac{1}{2}bx+\dfrac{1}{2}by=\dfrac{1}{2}hb$。

10.3 设 G 到 BC、CA、AB 的距离分别为 x、y、z，则

$$\triangle GBC=\dfrac{1}{2}x\cdot BC,\quad \triangle GCA=\dfrac{1}{2}y\cdot CA,\quad \triangle GAB=\dfrac{1}{2}z\cdot AB。$$

由于 G 是重心，可证 $\triangle GBC=\triangle GCA=\triangle GAB$，由此可推出所要结论。

10.4 利用面积方程 $\triangle BCN=\triangle BCM+\triangle MCN$，两端同用 $\triangle BDC$ 除：

$$\dfrac{\triangle BCN}{\triangle BDC}=\dfrac{CN}{DC}=k,$$

$$\dfrac{\triangle BCM}{\triangle BDC}=\dfrac{\triangle BCM}{\triangle BCA}\cdot\dfrac{\triangle BCA}{\triangle DCA}\cdot\dfrac{\triangle DCA}{\triangle DCO}\cdot\dfrac{\triangle DCO}{\triangle BDC}$$

$$=\dfrac{CM}{CA}\cdot\dfrac{BO}{DO}\cdot\dfrac{CA}{CO}\cdot\dfrac{DO}{BD}$$

$$=(1-k)\cdot 2\cdot\dfrac{BO}{BD}。$$

$$\frac{\triangle MCN}{\triangle BDC} = \frac{\triangle MCN}{\triangle DCA} \cdot \frac{\triangle DCA}{\triangle DCO} \cdot \frac{\triangle DCO}{\triangle BDC}$$

$$= \frac{MC \cdot NC}{AC \cdot CD} \cdot 2 \cdot \frac{DO}{BD}$$

$$= 2k(1-k) \cdot \frac{DO}{BD}。$$

设 $\dfrac{DO}{BO} = x$，则 $\dfrac{BO}{BD} = \dfrac{1}{1+x}$，$\dfrac{DO}{BD} = \dfrac{x}{1+x}$，

代入面积方程得：

$$k = 2(1-k)\frac{1}{1+k} + 2k(1-k)\frac{x}{1+x}。$$

整理：

$$k(1+x) = 2(1-k) + 2k(1-k)x。$$

解出：$x = \dfrac{3k-2}{k(1-2k)}$，即 $\dfrac{DO}{BO} = \dfrac{3k-2}{k(1-2k)}$。

习 题 十 一

11.1 由勾股差定理，如图，有：

$$\frac{b^2 + a^2 - c^2}{\left(\dfrac{b}{2}\right)^2 + a^2 - l^2} = \frac{\triangle ABC}{\triangle \text{I}} = 2。$$

即可解出 $c^2 = 2l^2 + \dfrac{b^2}{2} - a^2$。

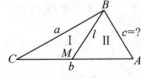

第1题答图

11.2 若 $a^2 + b^2 - c^2 = 0$，则 $a'^2 + b'^2 - c'^2 = 0$，则 $\angle C = \angle C' = 90°$。

以下设 $a^2 + b^2 - c^2 \neq 0$，则 $a'^2 + b'^2 - c'^2 \neq 0$。注意 $\dfrac{\triangle ABC}{\triangle A'B'C'} > 0$，故 $\angle C$ 和 $\angle C'$

同为锐角或同为钝角。

不妨只证 $\angle C$ 与 $\angle C'$ 同为锐角的情形。如 $\angle C < \angle C'$，构造另一三角形 $A_1B_1C_1$ 使 $A_1C_1 = b'$，$B_1C_1 = a'$，$\angle A_1B_1C_1 = \angle C$，则有

$$A_1B_1 < c'，\triangle A_1B_1C_1 < \triangle A'B'C'。$$

记　$a_1 = B_1C_1 = a', b_1 = A_1C_1 = b', c_1 = A_1B_1$,

则　$a_1^2 + b_1^2 - c_1^2 > a'^2 + b'^2 - c'^2$。

$\therefore \dfrac{a^2+b^2-c^2}{a_1^2+b_1^2-c_1^2} < \dfrac{a^2+b^2-c^2}{a'^2+b'^2-c'^2} = \dfrac{\triangle ABC}{\triangle A'B'C'} < \dfrac{\triangle ABC}{\triangle A_1B_1C_1}$。

这与勾股差定理矛盾。

11.3　只要证明:当 a、b 不变时,$\angle C$ 越大,$\triangle ABC$ 中 $\angle C$ 的勾股差越小。再分锐角、钝角两种情形讨论即可。

11.4　若 $\angle C$ 为直角,则 $\triangle ABC = \dfrac{ab}{2}$,结论显然。

以下只证明 $\angle C < 90°$ 的情形。

如图,设 $\triangle ABC$ 在 AC 边上的高 $h = BD$,由勾股差定理得:

$$\dfrac{a^2+b^2-c^2}{a^2+CD^2-h^2} = \dfrac{\triangle ABC}{\triangle DBC} = \dfrac{AC}{DC}。$$

记 $\dfrac{AC}{DC} = k$。我们有 $DC = \dfrac{b}{k}$,$\triangle DBC = \dfrac{\triangle ABC}{k}$,

$$a^2 + CD^2 - h^2 = \dfrac{a^2+b^2-c^2}{k}。$$

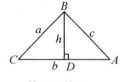

第 4 题答图

$$\left(\dfrac{a^2+CD^2-h^2}{2ab}\right)^2 + \left(\dfrac{2\triangle DBC}{ab}\right)^2 = \left(\dfrac{2CD^2}{2ab}\right)^2 + \left(\dfrac{CD \cdot h}{ab}\right)^2$$

$$= \left(\dfrac{CD}{ka}\right)^2 + \left(\dfrac{h}{ka}\right)^2$$

$$= \dfrac{1}{k^2}\left(\dfrac{CD^2+h^2}{a^2}\right) = \dfrac{1}{k^2}。$$

把 $\triangle DBC = \dfrac{1}{k}\triangle ABC$,$a^2+CD^2-h^2 = \dfrac{1}{k}(a^2+b^2-c^2)$ 代入上式左端,即得所要证的等式。由此等式解出

$$(\triangle ABC)^2 = \left(\dfrac{ab}{2}\right)^2 - \left(\dfrac{a^2+b^2-c^2}{4}\right)^2。$$

此即三斜求积公式。

习 题 十 二

12.1 设 $\triangle ABC$ 在 BC 边上的高为 h,例 12.2 中已证明了 $d = \dfrac{AB \cdot AC}{h}$,但 h

$= \dfrac{2\triangle ABC}{BC}$,代入即得

$$d = \frac{BC \cdot CA \cdot AB}{2\triangle ABC}。$$

12.2 结合共边定理与共圆定理得

$$\frac{PA}{PB} = \frac{\triangle ADC}{\triangle BDC} = \frac{AD \cdot AC \cdot DC}{BD \cdot BC \cdot DC} = \frac{AD \cdot AC}{BD \cdot BC}。$$

12.3 注意:当四边形 $ABCD$ 或 $WXYZ$ 的一条对角线沿所在直线任意滑动时,四边形面积保持不变。(为什么?)由此即可把要证的命题转化为共角定理。

12.4 $\dfrac{MG}{AG} \cdot \dfrac{BH}{MH} = \dfrac{\triangle MCF}{\triangle ACF} \cdot \dfrac{\triangle BDE}{\triangle MDE}$

$$= \frac{\triangle BDE}{\triangle ACF} \cdot \frac{MC \cdot MF}{MD \cdot ME} = \frac{\triangle BDE}{\triangle ACF} \cdot \frac{\triangle ACB}{\triangle ADB} \cdot \frac{\triangle AFB}{\triangle AEB}$$

$$= \frac{BD \cdot DE \cdot BE}{AC \cdot CF \cdot AF} \cdot \frac{AC \cdot BC \cdot AB}{AD \cdot BD \cdot AB} \cdot \frac{AF \cdot FB \cdot AB}{AE \cdot EB \cdot AB}$$

$$= \frac{DE \cdot BC \cdot FB}{CF \cdot AE \cdot AD} = \frac{DE}{CF} \cdot \frac{BC}{AD} \cdot \frac{FB}{AE}$$

$$= \frac{ME}{MC} \cdot \frac{MC}{MA} \cdot \frac{MB}{ME} = \frac{MB}{MA}。$$

这等价于要证的等式。

12.5 将得到与习题 7.8 相同的结论,如图,

将有 $\dfrac{MG}{AG} \cdot \dfrac{BH}{NH} = \dfrac{MB}{NA}$,推导过程为:

$$\frac{MG}{AG} \cdot \frac{BH}{NH} = \frac{\triangle MCF}{\triangle ACF} \cdot \frac{\triangle BDE}{\triangle NDE}$$

$$= \frac{\triangle BDE}{\triangle ACF} \cdot \frac{\triangle MCF}{\triangle NDE}$$

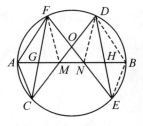

第 5 题答图

$$= \frac{\triangle BDF}{\triangle ACF} \cdot \frac{\triangle MCF}{\triangle DCF} \cdot \frac{\triangle DCF}{\triangle DEF} \cdot \frac{\triangle DEF}{\triangle DEN}$$

$$= \frac{BD \cdot DE \cdot BE}{AC \cdot AF \cdot CF} \cdot \frac{MC}{DC} \cdot \frac{DC \cdot CF}{DE \cdot EF} \cdot \frac{EF}{EN}$$

$$= \frac{BD \cdot BE \cdot MC}{AC \cdot AF \cdot EN} = \frac{MB}{MC} \cdot \frac{NE}{NA} \cdot \frac{MC}{EN}$$

$$= \frac{MB}{NA}。$$

习题十三

13.1 提示:(1)如图,设△PAB、△QAB 的内心分别为 I、J 则 △IAB、△JAB 的高 r、s 分别为其内切圆半径。

(2)要证的结论等价于 $s > r$。

(3)注意 $\angle AJB = \angle AIB$,故 A、J、I、B 四点共圆,即可推出 $s > r$。

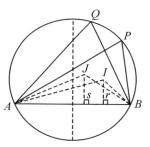

第 1 题答图

13.2 提示:如图,(1)正三角形的外接圆半径恰是其内切圆半径的 2 倍。

(2)如图,如果△PAB 不是正三角形,设其最大角为 $\angle B$,最小角为 $\angle A$,则

$$\angle B > 60° > \angle A,$$

在 $\overset{\frown}{PA}$ 上取 Q 使 $\angle QBA = 60°$,则 △QBA 的内切圆比 △PAB 的内切圆大(用习题 13.1 的结果)。

(3)如果△QBA 是正三角形,问题已解决了。如不

第 2 题答图

然,设 $\angle QAB < \angle QBA$,在 $\overset{\frown}{AB}$ 上取 C 使 $\angle CQA = 60°$,则 △CQA 的内切圆比 △BQA 的内切圆大。这时,△CQA 为正三角形。问题即解决。

13.3 设 O_1、O_2 分别是 BE、DC 的中点。

由 $BC // DE$,可知 $O_1O_2 // BC // DE$。故 $\triangle DO_1O_2 = \triangle EO_1O_2$。设 O_1N、O_2M 分别是 △DO_1O_2 和 △EO_1O_2 的高,则 $O_1N \cdot DO_2 = O_2M \cdot EO_1$。当 $\odot O_1$ 与 CD 相

切时，$O_1N = O_1E$。于是有 $O_2D = O_2M$。这就推出了 $\odot O_2$ 与 BE 相切。

13.4 提示:如图,设 M、N 是两切点,而且 P 在 $\overset{\frown}{MN}$ 上,记 PX 与 MN 交点为 Q。因 M、N 是 AB、AC 中点,故 QX 是 $\triangle ABC$ 的高的一半。

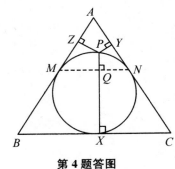

第 4 题答图

于是　　　$PY + PZ + PQ = XQ$。

两端加 PQ 得:

$$PY + PZ + 2PQ = PX。$$

但要证的等式等价于

$$PY + PZ + 2\sqrt{PY \cdot PZ} = PX,$$

故只要证明

$$PY \cdot PZ = PQ^2。$$

这正是例 13.5 的结果。

13.5 提示:如图,有 $PZ + PY - PX = h$,这里 h 是 $\triangle ABC$ 的高。设 M、N 是两切点,易知 $AB = 2BM, AC = 2CN$。设 PX 与 MN 交于 Q,则

$$QX = \frac{1}{2}h = \frac{1}{2}(PZ + PY - PX),$$

$$PQ = \frac{3}{4}h - PZ - PY。$$

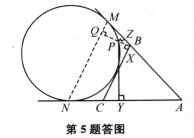

第 5 题答图

$$\therefore \quad PX = QX - PQ = PZ + PY - h$$

$$= \frac{1}{3}(PY + PZ) - \frac{2}{3}PQ。$$

$$\therefore \quad 3PX = PY + PZ - 2PQ。$$

由例 13.5, $PQ = \sqrt{PY \cdot PZ}$,

$$\therefore \quad 3\sqrt{PX} = |\sqrt{PY} - \sqrt{PZ}|。$$

习题十四

14.1 当 T 在 PQ 的延长线上时,Q 在线段 PT 上。由于 $PT = \lambda PQ$,则 $PQ =$

$\frac{1}{\lambda}PT$。对 Q 用定比分点公式,得

$$\triangle QAB = \frac{1}{\lambda}\triangle TAB + \left(1 - \frac{1}{\lambda}\right)\triangle PAB。$$

∴　$\lambda\triangle QAB = \triangle TAB + (\lambda - 1)\triangle PAB。$

∴　$\triangle TAB = \lambda\triangle QAB + (1 - \lambda)\triangle PAB。$

可见原来的公式仍成立。

当线段 PQ 与直线 AB 交于 M,且 T 在线段 QM 上时,有 $\triangle TAB = \lambda\triangle QAB -$
$(1 - \lambda)\triangle PAB$。

14.2　如图,作顶角为 $\beta - \alpha$ 的等腰三角形 PAB,记
$PA = PB = a$,延长底边 AB 至 C 使 $\angle APC = \beta$,则 $\angle BPC$
$= \alpha$。显然有

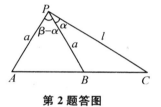

第 2 题答图

$$\triangle APC \geqslant \triangle BPC。$$

即　$al\sin\angle APC \geqslant al\sin\angle BPC。$

∴　$\sin\beta \geqslant \sin\alpha。$

14.3　按通常定义,在直角三角形 ABC 中,如 c 为斜边,则锐角 $\angle A$ 的余弦
$\cos A = \frac{b}{c}$,对于钝角,则定义 $\cos\alpha = -\cos(180° - \alpha)$,
这是证明的依据。

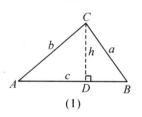

(1)

如图,设 CD 是 $\triangle ABC$ 的一条高,$CD = h$。由勾股差
定理,当 $\angle A$ 为锐角时,如图(1),有

$$\frac{b^2 + c^2 - a^2}{b^2 + AD^2 - h^2} = \frac{\triangle ABC}{\triangle ADC} = \frac{c}{AD}。$$

由 $b^2 = AD^2 + h^2$,得

$$\frac{b^2 + c^2 - a^2}{2AD^2} = \frac{c}{AD}。$$

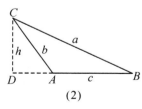

(2)

第 3 题答图

∴　$\dfrac{b^2 + c^2 - a^2}{bc} = \dfrac{2AD}{b} = 2\cos A。$

当 $\angle A$ 为钝角时,如图(2),由勾股差定理,得

$$\frac{b^2+c^2-a^2}{b^2+AD^2-h^2}=-\frac{\triangle ABC}{\triangle ADC}=-\frac{c}{AD}。$$

$$\therefore \quad \frac{b^2+c^2-a^2}{bc}=-2\cos(180°-\angle A)=2\cos A。$$

14.4 提示:(1)只需证明 $0\leqslant\alpha\leqslant\beta\leqslant 90°$ 的情形,因 $\cos\alpha=-\cos(180°-\alpha)$。

(2)当 α 为锐角时,$\cos\alpha=\sin(90°-\alpha)$。可利用正弦的性质推导余弦的性质。

习题十五

15.1 不一定。可从下列事实出发来想:

如图,OQ 是 $\odot O$ 的一条半径,M 是 OQ 中点,过 M 作与 OQ 垂直的弦 AB,又作与 AB 平行的直径 PR,则

$$\triangle PAB=\triangle QAB。$$

且可证明 $\triangle PAB$ 的周长大于 $\triangle QAB$ 周长。故

$$1=\frac{\triangle PAB}{\triangle QAB}<\frac{PA+PB+AB}{QA+QB+AB}。$$

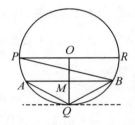

第1题答图

这时略微将 P 点上移,使不等式会 $\frac{\triangle PAB}{\triangle QAB}<\frac{PA+PB+AB}{QA+QB+AB}$ 仍成立,但 $\triangle PAB>\triangle QAB$。

15.2 提示:应用命题15.1。

15.3 提示:应用命题15.1,可推出 $\triangle PQR$ 面积最大是 $\frac{2}{9}S_{ABCD}$。

15.4 提示:如图,过 P 作平行于 AB、BC、CA 的直线,在 $\triangle ABC$ 的三个角处构成三个平行四边形,则过 P 作直线切下来的三角形面积不小于每个平行四边形面积的 2 倍——即不小于图中阴影部分的 2 倍。

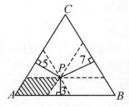

第4题图

易算出 $\triangle ABC$ 的高是 $3+5+7=15$(厘米),故阴影部分面积是 $\triangle ABC$ 的 $2\times\frac{3}{15}\times\frac{5}{15}=\frac{2}{15}$,于是切下的三角形面积至少是 $\triangle ABC$ 的 $\frac{4}{15}$。

15.5 提示:如图,关键在于计算图中 $\triangle ABN$ 的面积,即阴影部分的面积。

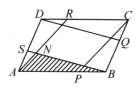

第5题答图

$$\frac{\triangle ABN}{S_{ABCD}}=\frac{\triangle ABN}{\triangle ABS}\cdot\frac{\triangle ABS}{\triangle ABD}\cdot\frac{\triangle ABD}{S_{ABCD}}$$

$$=\frac{BN}{BS}\cdot\frac{AS}{AD}\cdot\frac{1}{2}$$

$$=\frac{\triangle ABR}{\triangle ABR+\triangle ARS}\cdot\frac{1}{3}\cdot\frac{1}{2}$$

$$=\frac{\triangle ABC}{\triangle ABC+\frac{1}{3}\triangle ARD}\cdot\frac{1}{6}$$

$$=\frac{\triangle ABC}{6\left(\triangle ABC+\frac{1}{9}\triangle ABC\right)}=\frac{3}{20}$$

故可知所求四边形面积为 S_{ABCD} 的 $\frac{2}{5}$。$\left(即\ 1-\frac{3\times4}{20}=\frac{8}{20}\right)$

15.6 提示:如图,矩形的宽 $x=AD$,长 $y=AB$,点 A 到对角线的距离 $h=AP$,三者之间的关系是

$$\begin{cases}x^2+y^2=9,(勾股定理)\\xy=3h,(\triangle ABD=\triangle ABD)\\y=hx。\left(共角定理:2=\frac{\triangle ABP}{\triangle PAD}=\frac{AB\cdot BP}{PA\cdot AD}=\frac{2y}{hx}\right)\end{cases}$$

第6题答图

可解出 $x=\sqrt{3},y=\sqrt{6}$。

$\therefore\ xy\approx4.2。(\sqrt{18}=3\sqrt{2}\approx3\times1.414\cdots\cdots)$

15.7 提示:用习题15.5的方法。也可用下列直接计算方法。如图,小正方形边长记为 d,则

$$\frac{d}{AP}=\frac{AD}{AR}。(\triangle PAN\backsim\triangle ARD)$$

$$\therefore\ \frac{d}{\frac{1}{n}AB}=\frac{AB}{\sqrt{1+\left(1-\frac{1}{n}\right)^2}\cdot AB}。$$

$$\therefore\ d=\frac{AB}{\sqrt{n^2+(n-1)^2}}。$$

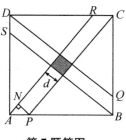

第7题答图

$$\therefore \quad d^2 = \frac{AB^2}{n^2 + (n-1)^2} \text{。}$$

由题意，$n^2 + (n-1)^2 = 1985$。

解得 $n = 32$。

15.8 提示：如图，可列出方程：

$$\begin{cases} \dfrac{84+x}{35+y} = \dfrac{40}{30} = \dfrac{4}{3}, & (1) \\[2mm] \dfrac{35+y}{30+40} = \dfrac{84}{x}, & (2) \\[2mm] \dfrac{84+x}{40+30} = \dfrac{y}{35} \text{。} & (3) \end{cases}$$

第8题答图

从其中选易解的(1)与(3)联立得：$\begin{cases} 3x - 4y = -112, \\ x - 2y = -84 \text{。} \end{cases}$

解得 $\begin{cases} x = 56, \\ y = 70 \text{。} \end{cases}$

由此可算出整个三角形面积为 315。

15.9 提示：如图，分几种情形：

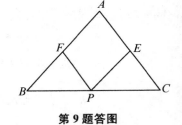

第9题答图

(1)若 $PB \geqslant \dfrac{2}{3} BC$，则 $\triangle BPF \geqslant \dfrac{4}{9} \triangle ABC$。

(2)若 $PC \geqslant \dfrac{2}{3} BC$，则 $\triangle PCE \geqslant \dfrac{4}{9} \triangle ABC$。

(3)若 $PB < \dfrac{2}{3} BC$，$PC < \dfrac{2}{3} BC$，记 $k = \dfrac{PB}{BC}$，

则 $\dfrac{1}{3} < k < \dfrac{2}{3}$，记 $\lambda = k - \dfrac{1}{3}$，则 $0 < \lambda < \dfrac{1}{3}$。

$$\therefore \quad \frac{\triangle AFE}{\triangle ABC} = k(1-k) = \left(\frac{1}{3} + \lambda \right)\left(\frac{2}{3} - \lambda \right) = \frac{2}{9} + \lambda\left(\frac{1}{3} - \lambda \right) > \frac{2}{9} \text{。}$$

$$\therefore \quad \frac{\square AFPE}{\triangle ABC} = \frac{2\triangle AFE}{\triangle ABC} > \frac{4}{9} \text{。}$$

下篇:平面三角解题新思路

第十七章

平凡的出发点——矩形面积公式
怎样变成平行四边形面积公式

数学爱好者往往喜欢那些新鲜、巧妙、不同一般的问题,喜欢寻求解题的"绝招"。这是人之常情,也是好事。但是,如果常常想一想平凡的事实,基本的道理,那对学习数学会更有好处。因为,在这个世界上,平凡的东西往往是最重要、最不可少的。

矩形面积公式,在小学里就学过:矩形面积=长×宽。这公式是怎么来的呢?如图17-1,一看便知。

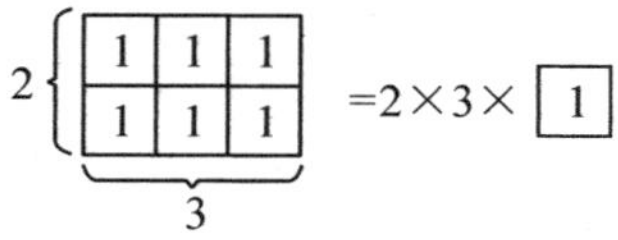

这不过是平凡的事实,我们当然不能就此满足,应当由此向前,考虑它的更一般情形,看看会有什么新的收获。

$$2\left\{\begin{array}{|c|c|c|}\hline 1 & 1 & 1 \\ \hline 1 & 1 & 1 \\ \hline\end{array}\right. = 2\times 3\times \boxed{1}$$

$$\underbrace{\qquad\qquad}_{3}$$

图 17-1

想数学问题要善于说"假如"。图上是等边三角形,你可以想,假如是任意三角形呢?题目中爸爸的年龄是儿子年龄的 3 倍,你可以想,假如是 2 倍或 4 倍呢?刚才说的是矩形,那么,假如不是矩形呢?

当然,一加上"假如"二字,也可能离原来的问题十万八千里,那就不好想下去了。善于用"假如"的人,会掌握分寸。让原来的问题变一变,可又变得不太多,保

持连续性。一下把矩形变成任意多边形，就变得太多了，不好再想下去。那么，究竟应该怎么变呢？如果图 17-1 中的矩形是用木条钉子钉成的框架，它的形状不太稳定，一不小心，它变了形。因为木条的长短不变，所以它就变成了一个平行四边形。6 个边长为 1 的正方形，变成了 6 个边长为 1 的菱形。

这个公式告诉我们，平行四边形面积，等于相邻两边的乘积，再乘上一个边长为 1 的小菱形面积。可是，小菱形面积是多少呢？不知道。这是个需要研究的问题，所以图 17-2 中画上了问号。

有问号是好事。中国人把研究科学叫做"做学问"，称学者专家"有学问"。这很有道理，这表明学与问是不可分的。

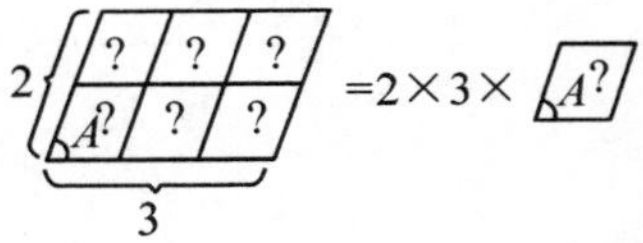

图 17-2

那么，图 17-2 中边长为 1 的小菱形面积到底是多少呢？

不知道。这不知道是有道理的，因为它可大可小。如果平行四边形压得更扁一些，图 17-2 中标出的那个角 A 就更小一些，小菱形的面积也就更小一些。我们不知道角 A 是多大，当然也就不知道小菱形的面积是多大。

但是，如果用量角器量出了角 A 的大小，知道 A＝53°，我们能说出这个小菱形面积是多大吗？还是不知道。

这次的不知道和刚才的不知道是不同的。刚才，因为不知道角 A 而说不出小菱形的面积，是合情合理的。知道 A＝53°，还说不出那个边长为 1，有一个角为 53°的小菱形面积是多少，是因为我们的知识暂时还不够，不足以马上回答这个应该有确切答案的问题。实际上，很快我们就会知道，这个问题不难解决。比如，我们可以在某个数学表上查出这个面积，或用计算器算出这个面积。

对于暂时不了解、不熟悉的事物，不妨先起个名字，这样我们讨论起来就会方便得多。近些年有不少人说看见了天上的某种飞行物，究竟是什么，是一团光、一块卫星碎片，还是外星人，不知道。人们给它起了个名字，叫"不明飞行物"，简称 UFO。起了名字，便可研究，于是各种刊物、协会应运而生，十分活跃。我们也不妨给这个小菱形的面积起个名字，名正则言顺，讨论起来方便。

定义 1 边长为 1,有一个角为 A 的菱形的面积,叫做角 A 的正弦,记作 $\sin A$。

为什么叫正弦,为什么用记号 $\sin$ 表示正弦,这里有它的历史原因。这名称和记号是古人取的,人们早已经熟悉,我们不用标新立异,否则会很不方便。

有了名字和记号,马上带来许多好处。

第一个好处是省事。比如要问"边长为 1,有一个角为 $30°$ 的菱形面积是多少?"现在不用这么啰唆了,可以简单地问:"$30°$ 角的正弦是多少?"或更简单地问:$\sin 30°＝?$

第二个好处,是可以把本来不好表达的规律、公式写出来。图 17-2 中的平行四边形面积是多少,本来不好说,因为里面带"?"号。现在可以说,它等于角 A 的正弦的 6 倍,或更简单地说等于 $6\sin A$。一般来说,如果平行四边形 $ABCD$ 的两边 AB、AD 和其夹角 A 已知,它的面积就是:

$$S_{ABCD}＝AB \cdot AD\sin A。 \tag{17.1}$$

把三角形看成半个平行四边形,便得到一个十分有用的

三角形面积公式 三角形 ABC 的面积等于

$$\triangle ABC＝\frac{1}{2}AB \cdot AC\sin A＝\frac{1}{2}AB \cdot BC\sin B$$

$$＝\frac{1}{2}AC \cdot BC\sin C。 \tag{17.2}$$

第三个好处是,有了这个记号 $\sin$,我们就可以研究它的性质,发掘它的用处。我们在研究几何问题时,就多了一个帮手,多了一个工具,在数学的大花园里,又多了一丛鲜艳的花。

习 题 十 七

17.1 不利用图 17-1 和图 17-2 的类比,也不用平行四边形的性质,能推出三角形面积公式(17.2)吗?

17.2 利用面积关系计算边长为 1 的正方形的对角线长,再进一步求 $\sin 45°＝?$

第十八章

花样翻新——如何从普通的一个公式推出一串有趣的结果

也许你会说,我们不是早已知道平行四边形面积等于底乘高,三角形面积等于底乘高的一半吗?要这些带有未知的 $\sin A$ 的公式(17.1)和(17.2)干什么呢?

不同的公式,自有不同的用处。如果你要测算一块三角形或平行四边形的麦田的面积,田里密密地种着小麦,怎么进去测高呢?测高还要画垂线,不是不方便吗?有了新公式,只要量量边,测一测角度,查一查表,就解决了问题。

计算面积,仅仅是我们的新公式的一点小小用场。醉翁之意不在酒。面积公式大有用处,利用它可以帮我们研究几何图形的性质。关于这一点,现在略举数例。读下去,你会有更深的体会。

【例 18.1】 已知 $\triangle ABC$ 中,$\angle B = \angle C$,求证:$AB = AC$。

证明:由三角形面积公式可知

$$AB \cdot BC \sin B = 2\triangle ABC = AC \cdot BC \sin C。$$

由 $\sin B = \sin C$,即得 $AB = AC$。 □

【例 18.2】 已知 $\angle ABC = \angle XYZ$。求证:$\dfrac{ABC}{XYZ} = \dfrac{AB \cdot BC}{XY \cdot YZ}$。

证明：记 $\alpha = \angle ABC = \angle XYZ$，则

$$\frac{\triangle ABC}{\triangle XYZ} = \frac{\frac{1}{2}AB \cdot BC\sin\alpha}{\frac{1}{2}XY \cdot YZ\sin\alpha} = \frac{AB \cdot BC}{XY \cdot YZ}。$$ □

【例 18.3】 已知 $\triangle ABC$ 和 $\triangle XYZ$，$\angle A = \angle X$，$\angle B = \angle Y$，求证：$\dfrac{a}{x} = \dfrac{b}{y} = \dfrac{c}{z}$。

这里 a、b、c、x、y、z 分别记 BC、CA、AB、YZ、ZX、XY。

证明：由题设可知也有 $\angle C = \angle Z$。记 $\alpha = \angle A = \angle X$，$\beta = \angle B = \angle Y$，$\gamma = \angle C = \angle Z$，由面积公式得：

$$\frac{\triangle ABC}{\triangle XYZ} = \frac{\frac{1}{2}bc\sin\alpha}{\frac{1}{2}yz\sin\alpha} = \frac{ac\sin\beta}{xz\sin\beta} = \frac{ab\sin\gamma}{xy\sin\gamma}。$$

上式各项同用 $\dfrac{xyz}{abc}$ 乘，可得

$$\frac{xyz\triangle ABC}{abc\triangle XYZ} = \frac{x}{a} = \frac{y}{b} = \frac{z}{c}。$$ □

【例 18.4】 设 $\triangle ABC$ 在 BC 边上的高为 h，求证：$h = AB\sin B$。

证明：由面积公式可知

$$\frac{1}{2}h \cdot BC = \triangle ABC = \frac{1}{2}AB \cdot BC\sin B。$$

∴ $h = AB\sin B$。 □

上面几个题目，似乎简单了一点。其实不然，如例 18.3，在一般几何教科书中，要证明它可真是花了不少工夫。又如例 18.1，通常要用全等三角形来证。我们这里连图也不用，就推出来了。

下面几个题目，应当算是比较难的题目了。

【例 18.5】 已知 AD 是 $\triangle ABC$ 中 $\angle BAC$ 的平分线，求证：$\dfrac{AB}{AC} = \dfrac{BD}{DC}$（图 18-1）。

证明：$\dfrac{BD}{DC} = \dfrac{\triangle ABD}{\triangle ADC} = \dfrac{\frac{1}{2}AB \cdot AD\sin\alpha}{\frac{1}{2}AC \cdot AD\sin\alpha} = \dfrac{AB}{AC}。$ □

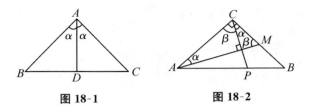

图 18-1　　　　　　　　图 18-2

【例 18.6】 在等腰直角三角形 ABC 的斜边 AB 上取一点 P，使 $AP=2PB$。自 A 引 PC 的垂线交 BC 于 M（图 18-2）。求证：M 是 BC 中点。

证明： 由 $AM \perp PC$ 可知 $\angle MAC = \angle BCP$，$\angle AMC = \angle ACP$，故：

$$2 = \frac{AP}{PB} = \frac{\triangle ACP}{\triangle BCP} = \frac{\frac{1}{2}AC \cdot PC \cdot \sin\beta}{\frac{1}{2}BC \cdot PC \cdot \sin\alpha} = \frac{\sin\beta}{\sin\alpha}。$$

即　$\sin\beta = 2\sin\alpha$，又由三角形面积公式得

$$AC \cdot AM \cdot \sin\alpha = 2\triangle AMC = CM \cdot AM \cdot \sin\beta = 2CM \cdot AM \cdot \sin\alpha。$$

∴　$AC = 2CM$。

由 $AC = BC$，可知 $BC = 2CM$。

【例 18.7】 设 AB 是直角三角形 ABC 的斜边，$h=CD$ 是斜边上的高。求证：$\dfrac{1}{a^2} + \dfrac{1}{b^2} = \dfrac{1}{h^2}$。

证明： 如图 18-3，记 $\angle A=\alpha$，$\angle B=\beta$，则 $\angle ACD=\beta$，$\angle BCD=\alpha$。

显然有：

$$1 = \frac{\triangle ABC}{\triangle ABC} = \frac{\triangle ACD}{\triangle ABC} + \frac{\triangle BCD}{\triangle ABC}$$

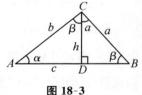

图 18-3

$$= \frac{\frac{1}{2}AC \cdot CD \cdot \sin\beta}{\frac{1}{2}AB \cdot BC \cdot \sin\beta} + \frac{\frac{1}{2}BC \cdot CD \cdot \sin\alpha}{\frac{1}{2}AB \cdot AC \cdot \sin\alpha}$$

∴　$\dfrac{bh}{ac} + \dfrac{ah}{bc} = 1$。

再利用 $ab = 2\triangle ABC = ch$，得 $c = \dfrac{ab}{h}$，代入上式整理即得。　□

【例 18.8】 如图 18-4，$\triangle PAM$ 和 $\triangle PBN$ 是两个等腰直角三角形，AM 和 BN 分别是其斜边，$\triangle APB$ 在 AB 边上的高为 PD。将 DP 延长后与 MN 交于 Q。

求证：$MQ=NQ$。

证明： 记 $\angle PAB=\alpha$，$\angle PBA=\beta$，则

$$\angle MPQ=90°-\angle APD=\alpha。$$

$$\angle NPQ=90°-\angle BPD=\beta。$$

$$\angle MPQ=[180°-90°-(90°-\alpha)]=\alpha。$$

$$\angle NPQ=[180°-90°-(90°-\beta)]=\beta。$$

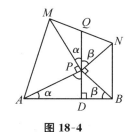

图 18-4

$$\therefore \quad \frac{MQ}{NQ}=\frac{\triangle MPQ}{\triangle NPQ}$$

$$=\frac{MP \cdot MQ\sin\alpha}{NP \cdot PQ\sin\beta}$$

$$=\frac{AP\sin\alpha}{BP\sin\beta}。$$

$$=\frac{AP \cdot AB\sin\alpha}{BP \cdot AB\sin\beta}$$

$$=\frac{\triangle PAB}{\triangle PAB}=1。$$

这几个例子显示出一个耐人寻味的现象：我们仅仅给小菱形面积起了一个名字，并利用这个名字写出一个看来似乎无用的三角形面积公式，它便立刻成为我们推理的帮手，帮我们解决了一串初看不是很简单的题目！由此可见，正弦——小菱形面积，是一个值得深入研究的东西。只知道一个名字便有如此的好处，若把它吃透了，岂不更能得心应手？

好，下一章便来研究正弦的性质。

习 题 十 八

18.1 求证：在 $\triangle ABC$ 中，$AB\sin B=AC\sin C$。

18.2 设 $\triangle ABC$ 的一条中线是 AM，求证：$\sin \angle AMB = \sin \angle AMC$。

18.3 已知 $\triangle ABC$ 的一条高为 $AD=5$ 厘米，边 $AB=10$ 厘米，试求 $\sin B$。

18.4 在图 18-1 中，已知 $AB=c$，$AC=b$，$\sin \alpha=t$，$\sin 2\alpha=s$，试证明：$AD = \dfrac{s}{t} \cdot \dfrac{bc}{(b+c)}$。

18.5 在图 18-2 中，若已知 M 是 BC 中点，求证：$AP=2PB$。

18.6 利用图 18-3 及例 18-7 的推理方法，试证 $a^2+b^2=c^2$。

18.7 在例 18-8 中，如果 D 点落在 AB 的延长线上，原来的结论是否仍成立？论证你的判断。

第十九章

认识新朋友——正弦——小菱形面积的性质

新朋友——正弦,它已帮我们解决了好几个题目,但我们对它还了解得并不多。现在就来熟悉一下它。

正弦性质 1　$\sin 0°=\sin 180°=0,\sin 90°=1°$。

道理很简单:菱形的一个角为 0°或 180°时,菱形就退化为线段,面积当然是 0。菱形的一个角为 90°时,菱形就是正方形。因此,$\sin 90°$就是单位正方形的面积,当然是 1,如图 19-1。

正弦性质 2　$\sin(180°-\alpha)=\sin\alpha$。

这是因为,当菱形有一角为 α 时,必有另一个角等于 $180°-\alpha$。因此,$\sin\alpha$ 和 $\sin(180°-\alpha)$按定义表示的是同一块面积。如图 19-2。

图 19-1　　　　　　　　　　图 19-2

当菱形一个角为 0°时,面积为 0。这个角慢慢变大时,菱形面积也随着增大,

直到变为正方形。这个角继续变大时,菱形面积又变小,直到变成 0。这种性质也体现在正弦的性质上。

正弦性质 3 如果 $0°\leqslant\alpha\leqslant\beta\leqslant180°$ 并且 $\alpha+\beta<180°$,则 $\sin\alpha<\sin\beta$。

证明:如图 19-3,设 $\triangle ABC$ 是顶角等于 $\beta-\alpha$ 的等腰三角形,延长其底边 BC 至 P 使 $\angle PAC=\alpha$,则 $\angle PAB=\beta$,于是,若记 $AB=AC=a,AP=l$,便有

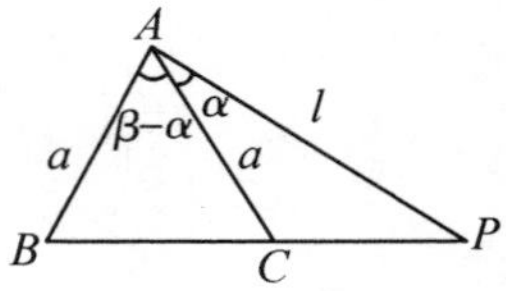

$$al\sin\beta=2\triangle PAC>2\triangle PAC=al\sin\alpha。$$

图 19-3

$\therefore$ $\sin\beta<\sin\alpha$。

值得一提的是,题设条件 $\alpha+\beta<180°$ 用在什么地方了呢? 仔细分析便会发现:如果没有这个条件,证明中"延长底边 BC 至 P 使 $\angle PAC=\alpha$"就不一定能办到了。这个道理,请你把它想明白。

根据性质 3 和性质 2,马上得到

正弦性质 4 当 $0°\leqslant\alpha\leqslant90°$时,$\sin\alpha$ 随 α 的增大而增大;当 $90°\leqslant\alpha\leqslant180°$时,$\sin\alpha$ 随 α 的增大而减少。因此有:

正弦性质 5 当 $0°\leqslant\alpha\leqslant180°$时,$0\leqslant\sin\alpha\leqslant1$。

正弦性质 6 当 $0°\leqslant\alpha\leqslant180°$,$0°\leqslant\beta\leqslant180°$时,如果有 $\sin\alpha=\sin\beta$,则 $\alpha=\beta$ 或 $\alpha+\beta=180°$。(这是性质 2 的逆定理)

正弦性质 7 在 $\triangle ABC$ 中,如果 C 为直角,则

$$\sin A=\frac{a}{c},\sin B=\frac{b}{c},如图 19-4。$$

这里 a、b、c 分别是 $\angle A$、$\angle B$、$\angle C$ 的对边。

证明:由面积公式:

$$ab=2\triangle ABC=bc\sin A,$$

$\therefore$ $\sin A=\frac{a}{c}$。

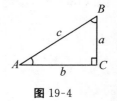

图 19-4

同理可证 $\sin B=\frac{b}{c}$。

在有些书上，直接规定"直角三角形中，锐角的正弦 $\sin A$ 等于 $\angle A$ 的对边与斜边之比"。由上述推论可见我们的定义——"$\sin A$ 是有一个角为 A 的边长为 1 的菱形的面积"——在 A 为锐角的情况下与这些书上的定义一致。这种用直角三角形的边长之比来定义正弦的方法，是 18 世纪的大数学家欧拉首先引进的。但是，现在看来，欧拉的这种定义方法有两个缺点：

（1）只定义了锐角的正弦，用起来不方便。例如，当 $\angle B$ 为钝角时，面积公式 $\triangle ABC = \dfrac{1}{2}AB \cdot BC \sin B$ 便要另加说明了。

（2）用直角三角形边长的比定义正弦，先要证明这么一个事实：不管直角三角形 ABC 是大是小，只要 $\angle A$ 定了，$\angle A$ 的对边与斜边的比也就定了。这就要先建立起相似三角形的一套理论，再引入正弦。

但是，在工程技术中，$\sin A = \dfrac{a}{c}$ 这个公式十分有用。欧拉直接把这个有用的公式取作定义，也有其方便之处。

习 题 十 九

19.1 不利用菱形的性质，用三角形面积公式证明

$$\sin(180° - \alpha) = \sin \alpha。$$

19.2 利用正弦的性质 5（当 $0° \leqslant \alpha \leqslant 180°$ 时，$0 \leqslant \sin \alpha \leqslant 1$）证明：直角三角形中斜边最长。

19.3 在 $\triangle ABC$ 中，如果 $\sin A \leqslant \sin B$，是否必有 $\angle A \leqslant \angle B$？说明理由。

第二十章

学了就要用——用正弦性质解题

下面这些题目你在几何课上可能都学过。现在用另一种方法解决它，好像从一条新路游览你熟悉的公园，既亲切，又新鲜。

【例 20.1】 已知△ABC 中 AB＝AC。求证：∠B＝∠C。

证明： 由面积公式有

$$AB \cdot BC\sin B = 2\triangle ABC = BC \cdot CA\sin C。$$

由 AB＝AC，得 sin B＝sin C。由正弦性质可知∠B 与∠C 相等或互补，但因 ∠B+∠C＝180°−∠A<180°，故∠B＝∠C。（用了正弦性质 6）

【例 20.2】 已知△ABC 中∠A>∠B，求证：BC>AC。

证明： 由面积公式得

$$AB \cdot AC\sin A = 2\triangle ABC = AB \cdot BC\sin B。$$

∴ $\dfrac{AC}{BC} = \dfrac{\sin B}{\sin A} < 1$。（这用到正弦性质 3）

∴ BC>AC。　　　　　　　　　　　　　　　　　□

这样，我们不用画图，就证明了一个最基本的几何不等式：在任意三角形中，大角对大边。

在上一章中，叙述了七条正弦性质，但如果细细分析，可归结为四条：特殊角的正弦（性质1），补角的正弦（性质2），正弦的增减性（性质3、4、5、6），直角三角形中锐角的正弦与边的关系（性质7）。刚才的两个例子，都用到了正弦的增减性。

【例 20.3】 求证：平行四边形对边相等。

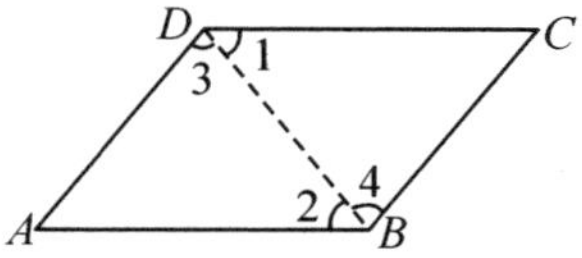

已知：平行四边形 $ABCD$，如图 20-1。

求证：$AB=CD$。

证明： 由面积公式可得

$$\frac{\frac{1}{2}AD \cdot BD\sin \angle 3}{\frac{1}{2}BC \cdot BD\sin \angle 4}=\frac{\triangle ABD}{\triangle CDB}=\frac{\frac{1}{2}AD \cdot AB\sin A}{\frac{1}{2}BC \cdot CD\sin C},$$

由 $AD /\!/ BC$ 及 $AB /\!/ CD$ 可知 $\angle 1=\angle 2$、$\angle 3=\angle 4$，从而 $\angle A=\angle C$。故由上式得

$$\frac{AD}{BC}=\frac{AD \cdot AB}{BC \cdot CD}。$$

两端约去 $\frac{AD}{BC}$，即得 $\frac{AB}{CD}=1$。 □

【例 20.4】 如图 20-2，已知 $\triangle ABC$ 中 AB 的中点为 M，过 M 作 BC 的平行线与边 AC 交于 N。求证 $MN=\frac{1}{2}BC$。

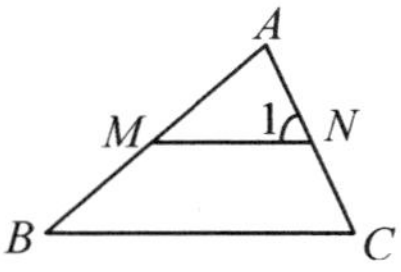

证明： 由 $MN /\!/ BC$ 可知 $\angle 1=\angle ANM=\angle C$。由面积公式得：

$$\frac{\frac{1}{2}AM \cdot AN\sin A}{\frac{1}{2}AB \cdot AC\sin A}=\frac{\triangle AMN}{\triangle ABC}=\frac{\frac{1}{2}MN \cdot AN\sin \angle 1}{\frac{1}{2}BC \cdot AC\sin C}。$$

由 $AM=\frac{1}{2}AB$ 及 $\sin \angle 1=\sin \angle C$ 得

$$\frac{1}{2} \cdot \frac{AN}{AC}=\frac{MN}{BC} \cdot \frac{AN}{AC}。$$

图 20-1

图 20-2

$$\therefore \quad \frac{MN}{BC}=\frac{1}{2}, \text{ 即 } MN=\frac{1}{2}BC。$$

【例 20.5】 求证:任意四边形的面积,等于两对角线乘积

与对角线夹角的正弦之积的一半。

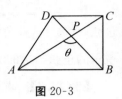
图 20-3

已知:任意四边形 $ABCD$,对角线 AC、BD 交于 P,$\angle APB$ $=\theta$,如图 20-3。

求证:$S_{ABCD}=\frac{1}{2}AC \cdot BD \cdot \sin\theta$。

证明： $S_{ABCD}=\triangle APB+\triangle BPC+\triangle CPD+\triangle DPA$

$$=\frac{1}{2}AP \cdot BP\sin\theta+\frac{1}{2}BP \cdot CP\sin(180°-\theta)$$

$$+\frac{1}{2}CP \cdot DP\sin\theta+\frac{1}{2}DP \cdot AP\sin(180°-\theta)$$

$$=\frac{1}{2}(AP \cdot BP+BP \cdot CP+CP \cdot DP+DP \cdot AP) \cdot \sin\theta$$

$$=\frac{1}{2}(AP+CP)(BP+DP)\sin\theta$$

$$=\frac{1}{2}AC \cdot BD\sin\theta。$$

这个例题用到了正弦的补角性质:$\sin(180°-\theta)=\sin\theta$。

【例 20.6】 已知$\triangle ABC$ 中,$\angle ACB=90°$,CD 是 AB 边上的高,$AC=5$,$AD=$ 2,求 BD(如图 20-4)。

解： 由正弦的性质可知

$$\sin\alpha=\frac{AD}{AC}=\frac{2}{5}。$$

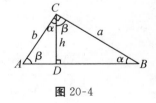
图 20-4

且$\angle B=90°-\angle A=\alpha$,

故$\frac{AC}{AB}=\sin B=\frac{2}{5}$。

$$\therefore \quad AB=\frac{5}{2}AC=12.5。$$

$$\therefore \quad BD = AB - AD = 12.5 - 2 = 10.5。$$

【例 20.6】　用到了直角三角形中锐角的正弦与边的关系。

这几个例子,都比较简单。其实,利用正弦性质还可以解决一些较难的问题,这里举一个稍难的例子。

【例 20.7】　凸四边形 $ABCD$ 中,$AD = BC$,M、N 分别是 AB、CD 中点。延长 BC 与直线 MN 交于 Q,延长 AD 与直线 MN 交于 P。求证:$\angle APM = \angle BQM$。

证明:　记 $\alpha = \angle APM$,$\beta = \angle BQM$,则

$$\frac{\dfrac{1}{2}PM \cdot AM\sin\angle PMA}{\dfrac{1}{2}QM \cdot BM\sin(180° - \angle PMA)}$$

$$= \frac{\triangle PAM}{\triangle QBM}$$

$$= \frac{AP \cdot PM \cdot \sin\alpha}{BQ \cdot QM \cdot \sin\beta}。$$

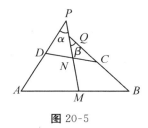

图 20-5

约简后得:$1 = \dfrac{AP\sin\alpha}{BQ\sin\beta}$,即 $AP\sin\alpha = BQ\sin\beta$。

同理得:$DP\sin\alpha = CQ\sin\beta$。

两式相减得:$(AP - DP)\sin\alpha = (BQ - CQ)\sin\beta$。

由 $AP - DP = AD = BC = BQ - QC$,得 $\sin\alpha = \sin\beta$。

因为 $\alpha + \beta + \angle A + \angle B + \angle PMA + \angle PMB = 360°$,

所以 $\alpha + \beta = 180° - \angle A - \angle B > 180°$。

故由 $\sin\alpha = \sin\beta$ 推知 $\alpha = \beta$。（正弦性质 6）

习 题 二 十

20.1　求证:在任意三角形中,大边对大角。

20.2　求证:等腰梯形两底角相等。

20.3 在图 20.2 中,试证明 $AN = NC$。

20.4 求证:任意四边形面积不超过它的两条对角线的乘积的一半。

20.5 例 20.5 中的公式 $S_{ABCD} = \dfrac{1}{2}AC \cdot BD\sin\theta$,对图示的凹四边形 $ABCD$ 是否成立?

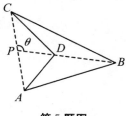

第 5 题图

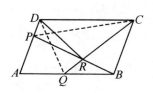

第 7 题图

20.6 在例 20.6 中,进一步求 BC 和 h。

20.7 在平行四边形两边 AB、AD 上分别取 Q、P 使 $BP = CQ$,BP 与 CQ 交于 R,连 DR。

求证:$\dfrac{DR}{CR} = \dfrac{\sin\angle BRC}{\sin\angle DRC}$。

第二十一章

把它算出来
——正弦加法公式与特殊角的正弦

我们对新朋友——正弦越来越熟悉了。但美中不足的是,还不知道它究竟是多少。除了知道 $\sin 0°=\sin 180°=0$ 和 $\sin 90°=1$ 之外,只知道它在 0 与 1 之间。能不能了解得更多一些,更准确一些,多知道另一些角的正弦值呢?

现在我们来解决这个问题。

首先,我们需要一个公式。这个公式十分重要,十分有用。它不但能帮我们求一些角的正弦值,还能帮我们解决许多几何问题。这就是

正弦加法公式 （也叫正弦和角公式,正弦加法定理）

$$\sin(\alpha+\beta)=\sin\alpha \cdot \sin(90°-\beta)+\sin\beta \cdot \sin(90°-\beta)$$

$$(0°\leqslant\alpha\leqslant90°,0°\leqslant\beta\leqslant90°)$$

(21.1)

证明：如图 21-1,先作直线 l 的垂线 CD,再在 l 上 D 的两侧分别取 A、B 两点使 $\angle ACD=\alpha$,$\angle BCD=\beta$。记 $AC=b$,$BC=a$,$CD=h$,则图中 $\triangle ABC=\triangle \text{I} +\triangle \text{II}$。由面积公式得

$$\frac{1}{2}ab\sin(\alpha+\beta)=\frac{1}{2}bh\sin\alpha+\frac{1}{2}ah\sin\beta。$$

两端同用 $\frac{1}{2}ab$ 除,得

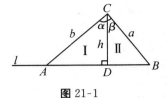

图 21-1

$$\sin(\alpha+\beta)$$

$$=\frac{h}{a}\sin\alpha+\frac{h}{b}\sin\beta$$

$$=\sin B \cdot \sin\alpha+\sin A \cdot \sin\beta$$

$$=\sin\alpha \cdot \sin(90°-\beta)+\sin\beta \cdot \sin(90°-\alpha). \qquad □$$

这最后一步用到了直角三角形中锐角的正弦等于对边与斜边之比,即正弦性质 7。

别看这个公式得来不难:把一个三角形分成两个,再一加就出来了;可它的用途却极广。下面是这个公式的简单运用。

【例 21.1】 求 $\sin 30°$, $\sin 45°$, $\sin 60°$ 的值。

解:在正弦加法公式中,取 $\alpha=\beta=30°$,则得:

$$\sin 60°=\sin 30° \cdot \sin 60°+\sin 60° \cdot \sin 30°$$

$$=2\sin 30° \cdot \sin 60°.$$

两端约去 $\sin 60°$,得 $2\sin 30°=1$,故得 $\sin 30°=\frac{1}{2}$。

再取 $\alpha=30°$,$\beta=60°$,得:$\sin 90°=(\sin 30°)^2+(\sin 60°)^2$。

即 $(\sin 60°)^2=1-\frac{1}{4}=\frac{3}{4}$。

$\therefore \quad \sin 60°=\frac{\sqrt{3}}{2}$。

如果在和角公式中取 $\alpha=\beta=45°$,便得 $\sin 90°=2(\sin 45°)^2$。

即 $2(\sin 45°)^2=1$,得 $\sin 45°=\frac{\sqrt{2}}{2}$。 □

现在,我们已知道了 5 个特殊角的正弦值,列表如下:

特殊角的正弦值

A	$0°$ $(180°)$	$30°$ $(150°)$	$45°$ $(135°)$	$60°$ $(120°)$	$90°$
$\sin A$	0	$\dfrac{1}{2}$	$\dfrac{\sqrt{2}}{2}$	$\dfrac{\sqrt{3}}{2}$	1

(21.2)

这个表很好记。只要记住这 5 个数恰好是

$$\frac{\sqrt{0}}{2} \quad \frac{\sqrt{1}}{2} \quad \frac{\sqrt{2}}{2} \quad \frac{\sqrt{3}}{2} \quad \frac{\sqrt{4}}{2}$$

便可以了。有了这几个正弦值,利用正弦加法公式还可以求出更多的正弦值. 如:

$$\sin 75° = \sin (30° + 45°)$$
$$= \sin 30° \cdot \sin (90° - 45°) + \sin 45° \cdot \sin (90° - 30°)$$
$$= \frac{1}{2} \cdot \frac{\sqrt{2}}{2} + \frac{\sqrt{2}}{2} \cdot \frac{\sqrt{3}}{2}$$
$$= \frac{\sqrt{2}(1 + \sqrt{3})}{4}。$$

为了求 $\sin 15°$,可以利用

$$\sin 60° = \sin (15° + 45°) = \sin 15° \cdot \sin 45° + \sin 45° \cdot \sin 75°,$$

即 $$\frac{\sqrt{3}}{2} = \frac{\sqrt{2}}{2} \sin 15° + \frac{\sqrt{2}}{2} \cdot \frac{\sqrt{2}(1 + \sqrt{3})}{4}$$

由此解出

$$\sin 15° = \frac{\sqrt{2}(\sqrt{3} - 1)}{4}。$$

这样,我们便知道了每隔 15° 的正弦值:$\sin 0°$,$\sin 15°$,$\sin 30°$,$\sin 45°$,$\sin 60°$,$\sin 75°$,$\sin 90°$,$\sin 105°$,$\sin 120°$,$\sin 135°$,$\sin 150°$,$\sin 165°$,$\sin 180°$。这样,对边长为 1 的小菱形的面积就知道得相当详细了。

要想再多知道一些,需要推出下面两个公式。

【例 21.2】 (勾股公式)若 $\alpha + \beta = 90°$,则 $\sin^2 \alpha + \sin^2 \beta = 1$。 (21.3)

证明: 在正弦加法公式中,取 $\beta = 90° - \alpha$,则 $\alpha = 90° - \beta$,即得:

$$\sin 90° = \sin \alpha \cdot \sin \alpha + \sin \beta \cdot \sin \beta$$

$$\therefore \quad \sin^2 \alpha + \sin^2 \beta = 1。$$ □

顺便说一下，这里及后面均用记号 $\sin^2 \alpha$ 表示 $(\sin \alpha)^2$，这样可以省写一对括弧。

在直角三角形 ABC 中，设 AB 为斜边，$\angle A$ 和 $\angle B$ 分别为 α 和 β。则 $\alpha + \beta = 90°$，故（图 21-2）

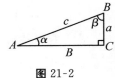

图 21-2

$$\sin^2 A + \sin^2 B = 1。$$

即 $\left(\dfrac{a}{c}\right)^2 + \left(\dfrac{b}{c}\right)^2 = 1$，这也就是勾股定理 $a^2 + b^2 = c^2$。我们几乎毫不费力就证明了勾股定理。这是正弦的妙用之一。

【例 21.3】（正弦倍角公式）$\sin 2\alpha = 2\sin \alpha \cdot \sin(90° - \alpha)$。 （21.4）

证明： 在正弦加法公式中，取 $\beta = \alpha$ 即得。 □

把倍角公式与勾股公式结合起来，可以得到的正弦的半角公式。这只要把倍角公式两端平方，得

$$\sin^2 2\alpha = 4\sin^2 \alpha \cdot \sin^2(90° - \alpha)。$$ （21.5）

再利用勾股公式 $\sin^2(90° - \alpha) = 1 - \sin^2 \alpha$，代入即得

$$\sin^2 \alpha = 4\sin^2 \alpha \cdot (1 - \sin^2 \alpha)。$$

当知道了 $\sin 2\alpha = u$ 时，设 $\sin \alpha = x$，便得方程

$$4x^4 - 4x^2 + u^2 = 0。$$ （21.6）

解得 $\quad x^2 = \dfrac{1 \pm \sqrt{1 - u^2}}{2} \ (x = \sin \alpha, u = \sin 2\alpha)。$ （21.7）

这样得到 $\sin \alpha$ 两个值。为什么有两个值呢？这是因为知道了 $\sin 2\alpha = u$ 时，2α 可能是锐角，也可能是钝角，于是 α 可能有两个值。

例如，当 $\sin 2\alpha = u = \dfrac{1}{2}$ 时，2α 可能是 $30°$ 或 $150°$，求出

$$x^2 = \dfrac{1 \pm \sqrt{1 - \dfrac{1}{4}}}{2} = \dfrac{2 \pm \sqrt{3}}{4}。$$

$$即\begin{cases} x_1 = \sqrt{\dfrac{2-\sqrt{3}}{4}} = \dfrac{\sqrt{2}(\sqrt{3}-1)}{4}, \\[4mm] x_2 = \sqrt{\dfrac{2+\sqrt{3}}{4}} = \dfrac{\sqrt{2}(\sqrt{3}+1)}{4}. \end{cases}$$

这里 $x_1 = \sin 15° = \sin \dfrac{30°}{2}$，$x_2 = \sin 75° = \sin \dfrac{150°}{2}$。

利用公式(21.7)，可以求出 $\sin 7.5°$，$\sin 3.75°$ 等等。古代数学家，正是用这种办法造出了最早的正弦表，用于天文观测和航海中的计算。

习 题 二 十 一

21.1 平行四边形 $ABCD$ 中，$\angle ABC = 30°$，$AB = 4$ 厘米，$BC = 5$ 厘米。求其面积。

21.2 求边长为 10 厘米的等边三角形的面积。

21.3 边长为 1 的正方形 $ABCD$ 内有一点 P。已知 $\angle PAB = \angle PBA = 15°$，求 PC 和 PD 之长。

21.4 设 $0° \leqslant \alpha \leqslant 90°$，$\beta \geqslant 90°$，$\alpha + \beta \leqslant 180°$，求证：$\sin(\alpha+\beta) = \sin\beta \cdot \sin(90° - \alpha) - \sin\alpha \cdot \sin(\beta - 90°)$。

21.5 设 $0° \leqslant \alpha \leqslant 90°$，$0° \leqslant \beta \leqslant 90°$，求证：$\sin(\beta-\alpha) = \sin\beta \cdot \sin(90° - \alpha) - \sin\alpha \cdot \sin(90° - \beta)$。

21.6 设 α、β 都是锐角，$\sin(\alpha+\beta)$ 和 $(\sin\alpha + \sin\beta)$ 哪个大？为什么？

21.7 已知 $\triangle ABC$ 中，$AB = 5$，$AC = 7$，BC 边上的高 $AD = 4$。试求 $\sin\angle BAC$。

第二十二章

熟能生巧——面积公式变成正弦定理

一开始，我们不过把矩形面积公式变成平行四边形面积公式。为了表达这个公式，我们给边长为 1 的小菱形的面积起个名字，叫做正弦，并且引出了一个似乎是自讨麻烦的三角形面积公式。想不到这么一来，竟花样翻新，解决了一连串的几何问题。

世界上的事情往往如此。一粒豆子掉在田里能长出根茎枝叶花，一个鸡蛋能变成有头有脚有翅有羽的小鸡。看似简单是的东西能产生复杂的现象，说来平凡的概念能发展出巧妙的方法。

我们已利用那个带正弦记号的面积公式解决了好几个几何问题。一次一次地用它，用得多了，便会发现规律。开始似乎是偶然的技巧，总结出规律来，技巧就变成了方法，变成了模式，变成了常用的定理。常用的几何定理，大都是前人这么总结出来的。

在第十七章里已有了面积公式(17.2)：

$$\triangle ABC = \frac{1}{2} bc \sin A = \frac{1}{2} ac \sin B = \frac{1}{2} ab \sin C。 \tag{22.1}$$

把它的每项都用 $\frac{1}{2}abc$ 除一下(请你亲自用笔写一下),它变成更有规律的公式了：

$$\frac{2\triangle ABC}{abc}=\frac{\sin A}{a}=\frac{\sin B}{b}=\frac{\sin C}{c}\text{。}\qquad (22.2)$$

这个公式(22.2),便是大名鼎鼎的正弦定理。

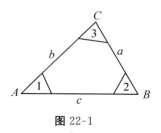

图 22-1

正弦定理告诉我们:任意三角形的三边之长和它们对角的正弦成正比。这么说有点抽象。不妨看看图 22-1:在△ABC的三个角的顶点附近各切下一个腰长为一给定值的等腰三角形,这三个等腰三角形△1、△2、△3 的顶角顺次为∠A、∠B、∠C。正弦定理实际上是说 $a:b:c=$ △1:△2:△3。如果△ABC 很大,三边都有几百米长,测量起来相当麻烦,有没有什么办法间接地比较 AC、BC 这两边的大小呢? 正弦定理提供了一个办法:在点 A、B 处各截取一个分别以∠A、∠B 为顶角,腰长为给定值(例如 10 米)的等腰三角形△1、△2。如果测算出△1 的面积是△2 的面积的 3 倍,则 $a(BC)$ 边是 $b(AC)$ 边的 3 倍。

虽然正弦定理(22.2)是从面积公式(22.1)变化出来的,但它却比(22.1)简明且更有规律。它把三角形的三边与三角直截了当地联系起来了。有了它,我们马上知道:

正弦定理推论 1　在△ABC 中,若∠A=∠B,则 $a=b$。

正弦定理推论 2　在△ABC 中,若 $a=b$,则∠A=∠B。

这是因为,由 $a=b$ 得知 $\sin A=\sin B$,故 A 与 B 相等或互补。但 $A+B<180°$,不能互补,所以相等。

正弦定理推论 3　等边三角形的三个角都是 60°。反过来,有一个角为 60° 的等腰三角形一定是等边三角形。

正弦定理推论 4　在△ABC 中,若 $a>b$,则∠A>∠B。

正弦定理推论 5　在△ABC 中,若∠A>∠B,则 $a>b$。

这是因为,$a>b$ 和 $\sin A>\sin B$ 是能够互推的$\left(\text{由正弦定理 }\dfrac{a}{b}=\dfrac{\sin A}{\sin B}\right)$。由正

弦性质，当 $A+B<180°$ 时，$\sin A>\sin B$ 和 $A>B$ 也可以互推。

正弦定理推论 6　若 $\triangle ABC$ 中，$\angle C=90°$，$\angle A=30°$，则 $2a=c$。也就是说：在直角三角形中，$30°$ 的锐角的对边是斜边的一半。这由

$$\frac{\sin 30°}{a}=\frac{\sin 90°}{c}$$

及 $\sin 30°=\frac{1}{2}$，$\sin 90°=1$ 马上可以得到证明。反过来：

正弦定理推论 7　在直角三角形中，若一锐角对边是斜边的一半，则此锐角为 $30°$。

正弦定理推论 8　若 AP 是 $\triangle ABC$ 中 $\angle A$ 的平分线，则有 $\dfrac{AB}{AC}=\dfrac{BP}{CP}$。

证明： 如图 22-2，分别对 $\triangle ABP$ 和 $\triangle ACP$ 用正弦定理，得：

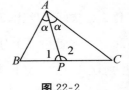

图 22-2

$$\frac{AB}{BP}=\frac{\sin\angle 1}{\sin\alpha}=\frac{\sin\angle 2}{\sin\alpha}=\frac{AC}{CP}。$$

这里用到了正弦的性质"互补角的正弦相等"，因而 $\sin\angle 1=\sin\angle 2$。

正弦定理推论 9　在 $\triangle ABC$ 与 $\triangle A'B'C'$ 中，若 $\angle A=\angle A'$，$\angle B=\angle B'$，$AB=A'B'$，则 $\triangle ABC\cong\triangle A'B'C'$。

证明： 这时也有 $\angle C=\angle C'$。把正弦定理分别用到两个三角形上：

$$\frac{a}{\sin A}=\frac{b}{\sin B}=\frac{c}{\sin C},$$

$$\frac{\sin A'}{a'}=\frac{\sin B'}{b'}=\frac{\sin C'}{c'}。$$

两个式子一乘，把 $\sin A=\sin A'$，$\sin B=\sin B'$，$\sin C=\sin C'$ 约去，便得

$$\frac{a}{a'}=\frac{b}{b'}=\frac{c}{c'}=1。$$

这里 $\dfrac{c}{c'}=1$ 是由于题设 $AB=A'B'$。于是 $BC=B'C'$，$AC=A'C'$，可见有 $\triangle ABC\cong$
$\triangle A'B'C'$。　　　　　　　　　　　　　　　　　　　　　　　　　□

上述证明过程中，我们顺便证明了（这是又一次证明！见例 18.3）：

正弦定理推论 10 若△ABC 与△$A'B'C'$中，∠A＝∠A'且∠B＝∠B'，则 △ABC∽△$A'B'C'$。

这是因为有等式$\dfrac{a}{a'}=\dfrac{b}{b'}=\dfrac{c}{c'}$之故。

正弦定理推论 11 三角形两边之和大于第三边。

对△ABC 用正弦定理，记

$$\frac{a}{\sin A}=\frac{b}{\sin B}=\frac{c}{\sin C}=k,$$

不妨设 A 为最大角，则 a 为最大边。只要证明 $b+c>a$ 就够了。

利用正弦加法公式：

$$a=k\sin A=k\sin\left[180°-(B+C)\right]=k\sin(B+C)$$

$$=k\sin B\cdot\sin(90°-C)+k\sin C\cdot\sin(90°-B)$$

$$=b\sin(90°-C)+c\sin(90°-B)<b+c。$$

这最后一步是因为 A 为最大角，故∠C、∠B 都是锐角，所以 $\sin(90°-C)<1$，$\sin(90°-B)<1$。

正弦定理推论 12 在△ABC 与△$A'B'C'$中，如果∠A＝∠A'，∠B＋∠B'＝ $180°$，则$\dfrac{a}{a'}=\dfrac{b}{b'}$。

这是因为由正弦定理可得：

$$\frac{a}{b}=\frac{\sin A}{\sin B}=\frac{\sin A'}{\sin B'}=\frac{a'}{b'}。$$

这里又用到了正弦性质——互补角的正弦相等。

我们好像找到了一个宝库！原来要辛辛苦苦地一个一个画图、分析、找窍门、添辅助线才能得到的定理，现在居然轻而易举、成串地推了出来。

也许你觉得这些命题不难。正弦定理也能解决难度相当大的问题。下面是两个例子，本书后面还有更多的例题。

【例 22.1】 在△ABC 的两边 AB、AC 上分别取两点 Q、P，使∠PBC＝∠QCB

$=\dfrac{\angle A}{2}$。求证：$BQ=PC$。

证明： 如图 22-3，记 $\alpha=\dfrac{\angle A}{2}$，$\angle 1=\angle BQC$，$\angle 2=$
$\angle CPB$，则由三角形外角性质（或内角性质）可得 $\angle 1+\angle 2=$
$[\angle A+(\angle C-\alpha)]+[\angle A+(\angle B-\alpha)]=\angle A+\angle B+\angle C$
$=180°$。

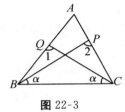

图 22-3

于是 $\sin\angle 1=\sin\angle 2$。

对 $\triangle BCQ$ 和 $\triangle BCP$ 用正弦定理得：

$$\frac{BQ}{BC}=\frac{\sin\alpha}{\sin\angle 1}=\frac{\sin\alpha}{\sin\angle 2}=\frac{PC}{BC},$$

$\therefore\quad BQ=PC$。

这个题目曾被一些讲几何解题方法的书作为难题的例子，现在用正弦定理来解却不难。题目难不难，与方法有关系。找到了方法，有了工具，难题也就变得容易了。

下面的例题，是颇有来头的。

在 $\triangle ABC$ 中，如果 $\angle B=\angle C$，那么 $\angle B$ 的角平分线和 $\angle C$ 的角平分线相等，这是不难证明的。2000 多年前，欧几里得在他写的经典巨著《几何原本》中便给出了这个命题的证明。但是，欧几里得却没有能够证明这条定理的逆命题："如果 $\angle B$ 的角平分线和 $\angle C$ 的角平分线相等，则 $\angle B=\angle C$。"这个逆命题要难得多！ 直到 18 世纪，雷米欧司重提这个题目，著名的德国几何学家斯坦纳给出了这个逆命题的证明。现在，大家叫它斯坦纳－雷米欧司定理。

其实，有了正弦定理做工作，它并不难。

【例 22. 2】 （斯坦纳－雷米欧司定理）$\triangle ABC$ 中，$\angle ABC$ 和 $\angle ACB$ 的角平分线分别是 BP 和 CQ。已知 $BP=CQ$。求证：$\angle ABC=\angle ACB$。

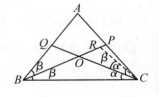

图 22-4

证明： 如图 22-4，记 BP、CQ 的交点为 O，并设 $\angle ABC=2\beta$，$\angle ACB=2\alpha$，只要证明 $\alpha=\beta$ 即可。不妨设 α

$\geqslant\beta$,于是在线段 PO 上可以取点 R 使 $\angle RCO=\beta$,只要证明 R 与 P 重合即可。注意在 $\triangle BCR$ 与 $\triangle BCQ$ 中,$\angle BQC=\angle BRC$,$\angle QBC\leqslant\angle RCB$,由正弦定理:

$$\frac{BR}{BC}=\frac{\sin \angle RCB}{\sin \angle BRC}\geqslant\frac{\sin \angle QBC}{\sin \angle BQC}=\frac{CQ}{BC},$$

故 $BR\geqslant CQ$,另一方面,$BR\leqslant BP=CQ$,故 $BR=CQ=BP$。

习 题 二 十 二

22.1 在 $\triangle ABC$ 中,已知 $AB=6$ 厘米,$\angle B=30°$,$\angle A=105°$,求 AC。

22.2 如图,在平坦地面上测得 M 是 AB 的中点。P 点在不能到达的较远处。在近处取 AP 上一点 C 和 BP 上一点 D。测得 $AC=10$ 米,$BD=8$ 米,$\triangle AMC$ 和 $\triangle BMD$ 的面积比为 $9:7$,求 AP 与 BP 之比。

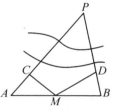

第 2 题图

22.3 用正弦定理证明:等腰三角形顶角的平分线平分底边。

22.4 用户正弦定理证明:平行四边形对边相等,对角线互相平分。

22.5 用正弦定理证明:过三角形一边中点平行于另一边的直线平分第三边。

22.6 $\triangle ABC$ 与 $\triangle A'B'C'$ 中,$AB=A'B'$,$AC=A'C'$,$\angle ACB+\angle A'C'B'=180°$,求证:$\angle ABC=\angle A'B'C'$。

22.7 在 $\triangle ABC$ 的两边 AC、AB 上分别取点 P、Q 使 $\angle PBA=\frac{1}{3}\angle ABC$,$\angle QCA=\frac{1}{3}\angle ACB$。已知 $BP=CQ$,求证:$AB=AC$。

第二十三章

朋友介绍朋友——正弦引出了余弦

认识了一个新朋友，他常常又把他的朋友介绍给你。在数学里也是这样，一个新概念常常带出更多的新概念。

在正弦加法公式里，出现了 $\sin(90°-\alpha)$、$\sin(90°-\beta)$ 这样的量。这里 $(90°-\alpha)$ 是 α 的余角，$\sin(90°-\alpha)$ 是 α 的余角的正弦。为了写起来和说起来更简便，我们把"α 的余角的正弦"简称为 α 的余弦，记作 $\cos\alpha$。

这样引进的 $\cos\alpha$，当 $\alpha>90°$ 时还没有意义。因为此时 $90°-\alpha$ 是负值，$\sin(90°-\alpha)$ 还没有定义。但 $\sin(\alpha-90°)$ 有意义。于是我们规定

$$\cos\alpha=-\sin(\alpha-90°)$$

于是便有了

定义 （余弦的定义）当 $0°\leqslant\alpha\leqslant180°$ 时，α 的余弦记作 $\cos\alpha$，它的值定义为

$$\cos\alpha=\begin{cases}\sin(90°-\alpha) & （当\ 0°\leqslant\alpha\leqslant90°）\\ -\sin(\alpha-90°) & （当\ 90°\leqslant\alpha\leqslant180°）\end{cases} \tag{23.1}$$

既然余弦是用正弦定义的，那么，余弦的性质便都可以归结为正弦的性质。对照第十九章所讲的正弦性质，便得到

余弦性质 1 $\cos 0°=1$，$\sin 90°=0$，$\cos 180°=-1$。（显然）

余弦性质 2 $\cos (180°-\alpha)=-\cos \alpha$。   (23.2)

这可从 $\sin (180°-\alpha)=\sin \alpha$ 及余弦定义推出，作为习题。

余弦性质 3   当 α 从 $0°$ 增加到 $180°$ 时，$\cos \alpha$ 从 1 减少到 -1。由此可见，$\alpha=\beta$ 当且仅当 $\cos \alpha=\cos \beta$。

这是因为：当 $0°\leqslant\alpha<\beta\leqslant90°$ 时，$0°\leqslant90°-\beta<90°-\alpha\leqslant90°$，故

$$\cos \alpha=\sin (90°-\alpha)>\sin (90°-\beta)=\cos \beta。$$

当 $90°\leqslant\alpha<\beta\leqslant180°$ 时，$0°\leqslant\alpha-90°<\beta-90°\leqslant90°$，故

$$\sin (\beta-90°)>\sin (\alpha-90°)-\sin (\beta-90°)<-\sin (\alpha-90°)。$$

即 $\cos \beta<\cos \alpha$。

从这两条看，余弦虽是从正弦变来的，性质却和正弦很不相同。正弦，不管锐角钝角，总是正的；余弦呢，锐角正、钝角负。在 $0°\sim180°$ 内两个角不等时，正弦有时会相等，但余弦不会相等。因此，知道了 $\cos \alpha$ 的值，在 $0°\sim180°$ 内角 α 的值也就确定了。但知道了 $\sin \alpha$ 的值，还得问问 α 是锐角还是钝角，才能确定 α。这是余弦的好处。

与正弦类似，直角三角形中锐角的余弦也与三角形边长之比有关。

余弦性质 4   在斜边为 AB 的直角三角形 ABC 中（图 23-1），

$$\cos A=\frac{b}{c}，\cos B=\frac{a}{c}。$$

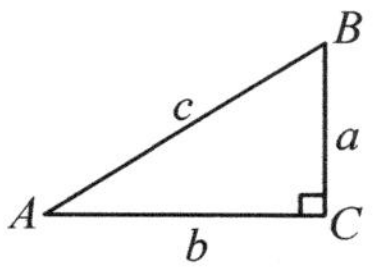

这是因为 $\angle A+\angle B=90°$，所以 $\sin A=\cos B，\sin B=\cos A$。

图 23-1

有了记号 $\cos$，正弦加法公式可以简单一些了：

正弦加法公式 $\sin (\alpha+\beta)=\sin \alpha \cdot \cos \beta+\cos \alpha \cdot \sin \beta$。   (23.3)

正弦的倍角公式成为 $\sin 2\alpha=2\sin \alpha \cdot \cos \alpha$。   (23.4)

正弦的勾股定理也成了正弦与余弦之间的关系：

$$\sin^2 \alpha+\cos^2\alpha=1。$$ (23.5)

这些等式我们是在 α、β 不大于 $90°$ 时证明的。实际上，α、β 为任意角时它们仍

然成立。作为习题,可试证这些等式当 $0° \leqslant \alpha + \beta \leqslant 180°$ 时仍成立。

正弦有加法公式,余弦有没有呢? 也有。

余弦加法公式　当 $0° \leqslant \alpha \leqslant 180°$, $0° \leqslant \beta \leqslant 180°$, $0° \leqslant \alpha + \beta \leqslant 180°$ 时:

$$\cos(\alpha + \beta) = \cos\alpha \cdot \cos\beta - \sin\alpha \cdot \sin\beta。$$

证明: 分几种情形,这里证明一种,其余可作为练习。

(1)当 $\alpha + \beta \leqslant 90°$ 时,

$$\cos(\alpha + \beta) = \sin[90° - (\alpha + \beta)]$$
$$= \sin\{180° - [90° - (\alpha + \beta)]\}$$
$$= \sin[(90° + \alpha) + \beta]$$
$$= \sin(90° + \alpha) \cdot \cos\beta + \cos(90° + \alpha) \cdot \sin\beta,$$

但　　$\sin(90° + \alpha) = \sin[180° - (90° + \alpha)]$
$$= \sin(90° - \alpha)$$
$$= \cos\alpha,$$
$$\cos(90° + \alpha) = -\sin[(90° + \alpha) - 90°]$$
$$= -\sin\alpha。$$

代入后得

$$\cos(\alpha + \beta) = \cos\alpha \cdot \cos\beta - \sin\alpha \cdot \sin\beta。$$

(2)当 $\alpha + \beta \geqslant 90°$, 但 α、β 都是锐角时。(略)

(3)当 $\alpha + \beta \geqslant 90°$, α、β 中有一钝角时。(略)　　□

我们在前一章习题中,还证明了 $\sin(\beta - \alpha)$ 的展开式,我们把它叫做正弦减法公式。余弦也有减法公式。这几个公式集中在一起是:

$$\begin{cases} \sin(\alpha + \beta) = \sin\alpha \cdot \cos\beta + \cos\alpha \cdot \sin\beta, \\ \sin(\alpha - \beta) = \sin\alpha \cdot \cos\beta - \cos\alpha \cdot \sin\beta, \\ \cos(\alpha + \beta) = \cos\alpha \cdot \cos\beta - \sin\alpha \cdot \sin\beta, \\ \cos(\alpha - \beta) = \cos\alpha \cdot \cos\beta + \sin\alpha \cdot \sin\beta。 \end{cases} \tag{23.6}$$

这些都叫做三角恒等式。三角恒等式很多,最基本的是这几个。这几个当中,有了任一个,其他三个都容易推出来。我们这里,是用第一个推出另外三个。第一个,是用面积公式引出来的。把这个来龙去脉弄清楚,公式再多,也不会乱了。

下面是两个利用余弦解几何问题的例子。

【例 23.1】 已知△ABC 的两边 $AB=c$,$AC=b$ 和∠A,求∠A 的分角线 AF 的长(如图 23-2)。

解:利用面积关系

$$△ABF+△ACF=△ABC,$$

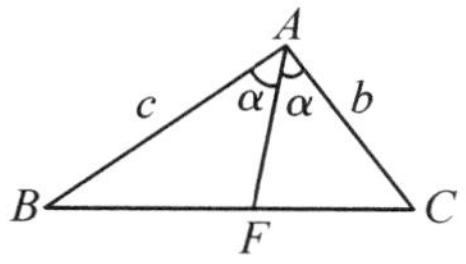

记∠$A=2\alpha$,再用面积公式得

$$c \cdot AF\sin \alpha+b \cdot AF\sin \alpha=bc\sin 2\alpha。$$

由倍角公式 $\sin 2\alpha=2\sin \alpha\cos \alpha,$ （23.7）

将上式整理得:

$$AF=\frac{2bc\cos \alpha}{b+c}。$$ □

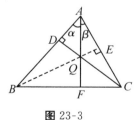

图 23-2

利用这个公式和 $\cos \alpha$ 在 $0°\sim180°$ 内随 α 增加而减小的特点,可以毫不费力地导出著名的斯坦纳－雷米欧司定理:有两条分角线相等的三角形是等腰三角形。这留作习题。

【例 23.2】 求证:任意三角形的三条高线交于一点。

已知:AF、BE、CD 是△ABC 的三条高。CD 与 AF 交于 P,BE 与 AF 交于 Q。

求证:P 与 Q 重合。

证明:只要证明 $AP=AQ$ 即可。

图 23-3

如图 23-3,记∠$BAF=\alpha$,∠$CAF=\beta$,于是 $\dfrac{AD}{AP}=\cos \alpha$。

$$\therefore \quad AP=\frac{AD}{\cos \alpha}。$$

但 $AD=AC\cos A$, $AC\cos \beta=AF$,故 $AC=\dfrac{AF}{\cos \beta}$。

$$\therefore \quad AP = \frac{AF\cos A}{\cos \alpha \cdot \cos \beta}。$$

同理：$AQ = \dfrac{AE}{\cos \beta} = \dfrac{AB\cos A}{\cos \beta} = \dfrac{AF\cos A}{\cos \alpha \cdot \cos \beta}。$

习 题 二 十 三

23.1 写出 $\cos 30°, \cos 45°, \cos 60°, \cos 120°, \cos 135°, \cos 150°$ 的值。

23.2 利用余弦加法公式求 $\cos 75°, \cos 105°, \cos 150°$ 的值。

23.3 直线 l 与 $\triangle ABC$ 的两边 $AC、BC$ 分别交于 $R、Q$，与 AB 的延长线交于 P，如图。求证：

$$AB\cos \angle APQ + BC\cos \angle BQR - AC\cos \angle ARQ = 0。$$

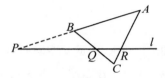

第 3 题图

23.4 已知 $\triangle ABC$ 在 BC 边上的高为 AD，$\angle ABC = 30°$，$\angle ACB = 135°$，求比值 $\dfrac{BD}{CD}$。

23.5 证明(23.6)中的余弦减法公式。

23.6 已知 $\triangle ABC$ 中 $\angle ABC、\angle ACB$ 的角平分线分别为 $BP、CQ$。若 $BP = CQ$，求证：$AB = AC$。（提示：利用例 23.1 的结果）

23.7 在任意三角形 ABC 中，试证：

$$AB\cos B + AC\cos C = BC。$$

第二十四章

配角变主角——余弦定理

开始，余弦不过是为了简化记号而引进的。余弦，不过是余角的正弦罢了。但它一旦引入，便有自己的一套规律，有自己的一套本领。

正弦有正弦定理，它在第二十二章中大放异彩。余弦也有余弦定理，它能解决正弦定理不便解决的问题。

正弦定理从面积公式 $\triangle ABC = \frac{1}{2}bc\sin A$ 而来。三角形有三个角，每个角和它的两夹边配合，得到三个量：$bc\sin A$，$ac\sin B$，$ab\sin C$。这三个量联合起来，凑出一台好戏。

好，我们照搬老办法，用余弦也能凑出三个量：$bc\cos A$，$ac\cos B$，$ab\cos C$。能不能凑出一台由余弦唱主角的好戏呢？

不巧得很。等式 $bc\cos A = ac\cos B = ab\cos C$ 并不成立。老办法行不通。

老办法行不通并非坏事。如果行得通，余弦岂不和正弦一样，没有个性特色，没有新贡献了吗？得探索新的规律。

回想一下，当初引进正弦，是从矩形、正方形开始的。让我们回到起点，看看

$b c \cos A$ 空间是什么？

把 $\triangle ABC$ 放到有一条边为 AB 的正方形 $ABPQ$ 里，如图 24-1，则

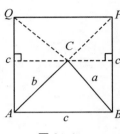

$$\triangle ACQ = \frac{1}{2} bc \sin(90° - A) = \frac{1}{2} bc \cos A,$$

$$\triangle PBC = \frac{1}{2} ac \sin(90° - B) = \frac{1}{2} ac \cos B.$$

（这里 $A = \angle BAC, B = \angle CBA$，写起来方便。）

图 24-1

这正好找到了 $bc \cos A$、$ac \cos B$ 的几何原型。

在图 24-1 中，$\triangle ACQ + \triangle PBC$ 恰好是正方形面积的一半（作出这两个三角形过 C 点的高，便能看出来）。于是

$$bc \cos A + ac \cos B = 2(\triangle ACQ + \triangle PBC) = c^2.$$

同样的道理：

$$ac \cos B + ab \cos C = a^2, \quad ab \cos C + bc \cos A = b^2.$$

三个方程联立起来

$$\begin{cases} bc \cos A + ac \cos B = c^2, & (1) \\ ac \cos B + ab \cos C = a^2, & (2) \\ ab \cos C + bc \cos A = b^2, & (3) \end{cases}$$

三式相加得

$$2bc \cos A + 2ac \cos B + 2ab \cos C = a^2 + b^2 + c^2. \qquad (4)$$

$(4) - 2 \times (1)$ 得

$$2ab \cos C = a^2 + b^2 - c^2,$$

$(4) - 2 \times (2)$ 得

$$2bc \cos A = b^2 + c^2 - a^2,$$

$(4) - 2 \times (3)$ 得

$$2ac \cos B = a^2 + c^2 - b^2.$$

这三个等式放在一起叫做余弦定理。通常写成：

余弦定理 在任意三角形 ABC 中，有

$$\begin{cases} a^2 = b^2 + c^2 - 2bc\cos A, \\ b^2 = a^2 + c^2 - 2ac\cos B, \\ c^2 = a^2 + b^2 - 2ab\cos C. \end{cases}$$

通常的教科书上,证明余弦定理要用到勾股定理。这里直接用面积公式和余弦定义 $\cos A = \sin(90° - A)$ 得到余弦定理,勾股定理反倒成了余弦定理的特殊情形:当 $\angle C = 90°$ 时,$\cos C = 0$,便得 $c^2 = a^2 + b^2$。

细心的读者会发现:上述推理过程有一个小小的漏洞! 如果 $\angle CAB > 90°$,就无法把 $\triangle ABC$ 放在正方形 $ABPQ$ 里了! 如图 24-2,怎么办呢?

其实不要紧,这时有

$$c^2 = 2(\triangle PBC - \triangle ACQ)$$
$$= ac\sin(90° - B) - bc\sin(A - 90°)$$
$$= ac\cos B + bc\cos A。$$

我们的方程仍然有效! 这里,你可以体会到我们规定当 A 为钝角时

$$\cos A = -\sin(A - 90°),$$

真是再恰当不过了。

正弦定理有一串推论,余弦定理也毫不逊色。你看:

余弦定理推论 1 (勾股定理)在 $\triangle ABC$ 中,若 $\angle C = 90°$,则

$$a^2 + b^2 = c^2。$$

余弦定理推论 2 在 $\triangle ABC$ 中,若 $a = b$,则 $\angle A = \angle B$。

这是因为这时

$$\cos A = \frac{b^2 + c^2 - a^2}{2bc} = \frac{a^2 + c^2 - b^2}{2ac} = \cos B,$$

故 $\angle A = \angle B$。

反过来,当 $\angle A = \angle B$ 时,由

$$\frac{b^2 + c^2 - a^2}{2bc} = \cos A = \cos B = \frac{a^2 + c^2 - b^2}{2ac},$$

立刻得

$$a(b^2+c^2-a^2)=b(a^2+c^2-b^2)。$$

即 $ab^2-ba^2+ac^2-bc^2-a^3+b^3=0$。

用因式分解得:

$$(b-a)(a+b-c)^2=0。$$

可见 $b=a$。

和正弦定理比起来,余弦定理显得笨拙。是吗?其实不然,它有自己的长处。比如,推出勾股定理,就比正弦定理强。下面的一些推论,也是用正弦定理不容易办到的。

余弦定理推论 3 在 $\triangle ABC$ 中,$\angle C$ 为钝角的充要条件是 $a^2+b^2<c^2$。

这是显然的。当 $a^2+b^2<c^2$ 时,$\cos C=\dfrac{a^2+b^2-c^2}{2bc}<0$,故 C 为钝角。反过来,C 为钝角时,$\dfrac{a^2+b^2-c^2}{2bc}=\cos C<0$,故 $a^2+b^2-c^2<0$,即 $a^2+b^2<c^2$。

用正弦不能解决这个问题。因为互补角的正弦相等,正弦不能区别锐角和钝角。

余弦定理推论 4 如果 $\triangle ABC$ 与 $\triangle PQR$ 中,$\angle A$ 的两夹边与 $\angle Q$ 的两夹边对应相等,则当 $\angle ABC>\angle PQR$ 时,有 $AC>PR$;反过来,若 $AC>PR$,则 $\angle ABC>\angle PQR$。

这是一个很直观的事实。圆规两脚之间的角张得越大,两脚尖之间的距离越远。钟表上大针小针之间角度越大,针尖之间离得越远。但用正弦定理不好加以证明。有了余弦定理,就好办了:记 $\triangle ABC$ 中 A、B、C 对边为 a、b、c,$\triangle PQB$ 中 P、Q、R 对边为了 p、q、r。则当 $\angle ABC>\angle PQR$ 时,由余弦的性质——角越大,余弦越小:

$$\cos \angle ABC<\cos \angle PQR,$$

用余弦定理得

$$\frac{a^2+c^2-b^2}{2ac}<\frac{p^2+r^2-q^2}{2pr}。$$

由所设条件 $a=p,c=r$ 可得 $-b^2<-q^2$，即 $q<b$，亦即 $AC>PR$。

余弦定理推论 5 （SSS）若 $\triangle ABC$ 与 $\triangle A'B'C'$ 中三边对应相等，则 $\triangle ABC\cong$ $\triangle A'B'C'$。

只要再证明三个角对应相等就够了。此时由余弦定理：

$$\cos A=\frac{b^2+c^2-a^2}{2bc}=\frac{b'^2+c'^2-a'^2}{2b'c'}=\cos A',$$

故 $\angle A=\angle A'$。同理，$\angle B=\angle B'$，$\angle C=\angle C'$。

余弦定理推论 6 （SAS）若 $\triangle ABC$ 与 $\triangle A'B'C'$ 中有两边及夹角对应相等，则 $\triangle ABC\cong\triangle A'B'C'$。

设 $a=a'$，$c=c'$，$\angle B=\angle B'$，要证明两三角形全等，只要证明 $b=b'$ 就可以了。由余弦定理得

$$b^2=a^2+c^2-2ac\cos B=a'^2+c'^2-2a'c'\cos B'=b'^2。$$

余弦定理推论 7 若 $\triangle ABC$ 与 $\triangle A'B'C'$ 中三边对应成比例，则 $\triangle ABC\backsim\triangle A'B'C'$。

三边对应成比例，就是 $\frac{a'}{a}=\frac{b'}{b}=\frac{c'}{c}$，设比值 $\frac{a'}{a}=k$，则 $a'=ka,b'=kb,c'=kc$。

由余弦定理：

$$\cos A'=\frac{b'^2+c'^2-a'^2}{2b'c'}$$

$$=\frac{(kb)^2+(kc)^2-(ka)^2}{2(kb)(kc)}$$

$$=\frac{k^2(b^2+c^2-a^2)}{k^2(2bc)}$$

$$=\cos A,$$

故得 $\angle A=\angle A'$。

同理 $\angle B=\angle B'$，$\angle C=\angle C'$，于是 $\triangle ABC\backsim\triangle A'B'C'$。

余弦定理推论 8 若 $\triangle ABC$ 与 $\triangle A'B'C'$ 中有两边对应成比例，其夹角对应相等，则 $\triangle ABC\backsim\triangle A'B'C'$。

不妨设 $\frac{a'}{a}=\frac{c'}{c}=k$，而 $\angle B=\angle B'$，则由余弦定理：

$$\frac{b'^2}{b^2} = \frac{a'^2 + c'^2 - 2a'c'\cos B'}{a^2 + c^2 - 2ac\cos B}$$

$$= \frac{(ka)^2 + (kc)^2 - 2(ka)(kc)\cos B}{a^2 + c^2 - 2ac\cos B}$$

$$= k^2 。$$

即 $\dfrac{b'}{b} = \dfrac{a'}{a} = \dfrac{c'}{c}$，于是由推论 7 知△$ABC$∽△$A'B'C'$。

这里不用多举例子。从以上推论已足以看出：余弦也具有唱主角的能力。

习 题 二 十 四

24.1 在图 24-1 中，如果∠$ACB = 90°$，试证△$ACQ = \dfrac{b^2}{2}$，△$BCP = \dfrac{a^2}{2}$。（又提供了勾股定理的一个证明）

24.2 如图，∠$A = ∠BCQ = \alpha$，∠$B = ∠ACP = \beta$，试通过计算△PQC 的面积给出余弦定理的另一种证法。

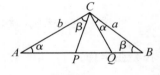

第2题图

24.3 利用正弦定理及加法公式导出余弦定理。

24.4 已知△ABC 中，$AB = 5$，$AC = 3$，∠$A = 60°$，求 BC。

24.5 利用余弦定理证明：平行四边形两对角线的平方和等于四边的平方之和。

24.6 在余弦定理中，如果三角形中有一角为 $0°$ 或 $180°$，余弦定理变成了什么公式？

第二十五章

举一反三——余弦定理的应用举例

余弦定理的一大本领,是用它可以计算线段长度。

如图 25-1,倘若知道了△ABC 的三边 a、b、c,在 AB 边取一点 D,知道了 AD,线段 CD 的长度就定下来了。能把它求出吗?

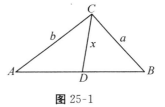

图 25-1

能,这就要借助余弦定理。记 $x=CD$,我们来求 x。

对△ABC 用余弦定理,得

$$\cos A=\frac{b^2+c^2-a^2}{2bc}。$$

对△ADC 用余弦定理,得

$$\cos A=\frac{b^2+AD^2-x^2}{2b \cdot AD}。$$

∴ $\dfrac{b^2+c^2-a^2}{2bc}=\dfrac{b^2+AD^2-x^2}{2b \cdot AD}$。

这就容易解出未知数 x 了:

$$x^2=b^2+AD^2-\frac{AD}{c}(b^2+c^2-a^2)。$$

记 $AD=\lambda c$，整理一下得：

$$x^2=\lambda a^2+(1-\lambda)b^2+(\lambda^2-\lambda)c^2。 \tag{25.1}$$

这是一个很有用的公式。灵活运用，有举一反三之效。

【例 25.1】 已知 $\triangle ABC$ 的三边 a、b、c，求 c 边上的中线 CM。

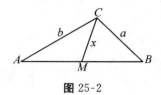

图 25-2

解：如图 25-2，$AM=\dfrac{c}{2}$，在公式 (9.1) 中取 $\lambda=\dfrac{1}{2}$，即得：

$$x^2=\frac{a^2+b^2}{2}-\frac{c^2}{4}。$$

【例 25.2】 已知 $\triangle ABC$ 的三边 a、b、c，求 $\angle ACB$ 的角平分线 CP。

解：如图 25-3，要求 x，关键是找出比值 $\lambda=\dfrac{AP}{AB}$。

由分角线性质（参看正弦定理 推论 8 或例 18.5）可

得 $\dfrac{AP}{PB}=\dfrac{b}{a}$。

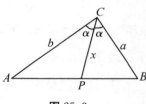

图 25-3

$$\therefore \quad \lambda=\frac{AP}{AB}=\frac{b}{a+b}。$$

$$1-\lambda=\frac{a}{a+b}。$$

代入公式 (9.1)，得

$$x^2=\frac{ba^2}{a+b}+\frac{ab^2}{a+b}-\frac{abc^2}{(a+b)^2}=\frac{ab}{a+b}\left[\frac{(a+b)^2-c^2}{(a+b)}\right]。$$

或写作

$$x^2=ab\left[1-\frac{c^2}{(a+b)^2}\right]。$$

求了中线和分角线，自然想到了求高：

【例 25.3】 已知 $\triangle ABC$ 三边为 a、b、c，求 AB 边上的高 CD。

解：如图 25-4。再想用老办法套公式，有点困难了。

回到出发点，往往是好办法。由于

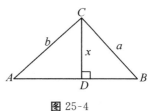

图 25-4

$$\frac{b^2+c^2-a^2}{2bc}=\cos A=\frac{AD}{b}=\frac{\sqrt{b^2-x^2}}{b},$$

这就绕过了求比值 λ 的困难，解出：

$$x^2=b^2-\frac{(b^2+c^2-a^2)^2}{4c^2}=\frac{[(b+c)^2-a^2][a^2-(b-c)^2]}{4c^2}。$$

既然知道了 $\triangle ABC$ 的三边能求高，当然也能求面积。在图 25-4 中，有

$$(\triangle ABC)^2=\frac{1}{4}c^2x^2$$

$$=\frac{[(b+c)^2-a^2][a^2-(b-c)^2]}{16},$$

$$\therefore \quad \triangle ABC=\frac{1}{4}\sqrt{[(b+c)^2-a^2][a^2-(b-c)^2]}。$$

这就是我国宋代数学家秦九韶早已发现的"三斜求积公式"。它可以写成更简

单的形式：记 $s=\frac{1}{2}(a+b+c)$，则

$$[(b+c)^2-a^2]=(b+c+a)(b+c-a)=4s(s-a),$$

$$[a^2-(b-c)^2]=(a-b+c)(a+b-c)=4(s-b)(s-c)。$$

$$\therefore \quad \triangle ABC=\sqrt{s(s-a)(s-b)(s-c)}。$$

这在西方叫做海伦公式。

其实，为了导出这个公式，用不着花这么大的气力。我们已经知道，在 $\triangle ABC$ 中

$$\sin A=\frac{2\triangle ABC}{bc},\cos A=\frac{b^2+c^2-a^2}{2bc},$$

把它们代入 $\sin^2 A+\cos^2 A=1$ 中，便得

$$\frac{4(\triangle ABC)^2}{b^2c^2}+\frac{(b^2+c^2-a^2)^2}{4b^2c^2}=1。$$

从这里马上可以解出

$$(\triangle ABC)^2=\frac{1}{16}[4b^2c^2-(b^2+c^2-a^2)^2]$$

$$=-\frac{1}{16}(b^2+c^2-a^2-2bc)(b^2+c^2-a^2+2bc)$$

$$=\frac{1}{16}[(b+c)^2-a^2][a^2-(b-c)^2]_\circ$$

这不也得到了三斜求积公式吗？

用余弦定理不但可以计算线段，也能计算角度。

【例 25.4】 图 25-5 中画出 3 个连在一起的正方形。

求证：$\angle1+\angle2=\angle3$。

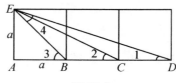

图 25-5

证明： 由三角形外角等于两内角之和，故 $\angle4+\angle2=\angle3$，只要证明 $\angle1=\angle4$ 即可。

记正方形边长为 a，则

$$\cos\angle1=\frac{AD}{DE}=\frac{3a}{\sqrt{a^2+(3a)^2}}=\frac{3}{\sqrt{10}},$$

$$\cos\angle4=\frac{BE^2+CE^2-BC^2}{2BE\cdot CE}$$

$$=\frac{2a^2+[a^2+(2a)^2]-a^2}{2\sqrt{2a^2}\cdot\sqrt{5a^2}}$$

$$=\frac{3}{\sqrt{10}}_\circ$$

故 $\angle1=\angle4$，于是 $\angle1+\angle2=\angle3$。

灵活运用余弦定理，可解决难度相当大的问题。下面略举两例。　　□

【例 25.5】 已知 $\triangle ABC$ 中，$\angle A=76°$，$AB+AC=2k$，问什么情形下 BC 边最短？

解： 用余弦定理得

$$BC^2=AB^2+AC^2-2AB\cdot AC\cos76°_\circ$$

由 $AB+AC=2k$,可记 $AB=k+t$,$AC=k-t$,于是

$$BC^2=(k+t)^2+(k-t)^2-2(k+t)(k-t)\cos 76°$$

$$=2k^2+2t^2-2k^2\cos 76°+2t^2\cos 76°$$

$$=2k^2(1-\cos 76°)+2t^2(1+\cos 76°)。$$

因为 $2k^2(1-\cos 76°)$ 是常数,$(1+\cos 76°)>0$,故当 $t=0$ 时 BC^2 最小,即 $AB=AC$ 时,BC 最小。(这里 $76°$ 没用) □

当问题中两个量的和为一定值时,把两个量写成 $k+t$、$k-t$ 的形式常常便于找到解题的途径。

【例 25.6】 在 $\triangle ABC$ 的 BC 边上取 D、E,使 $\angle BAD=\angle DAE=\angle EAC=\alpha$,若已知 $BD=2$,$DE=3$,$EC=6$,求 AB。

解:如图 25-6,设 $AB=x$,$AD=y$,利用角平分线性质得:

图 25-6

$$\frac{AB}{AE}=\frac{2}{3},\therefore AE=\frac{3x}{2}。$$

$$\frac{AD}{AC}=\frac{3}{6},\therefore AC=2y。$$

对 $\triangle ABD$、$\triangle ADE$、$\triangle AEC$ 分别用余弦定理可得:

$$\begin{cases}\dfrac{AB^2+AD^2-4}{2AB\cdot AD}=\cos\alpha=\dfrac{AD^2+AE^2-9}{2AD\cdot AE},\\[3mm]\dfrac{AB^2+AD^2-4}{2AB\cdot AD}=\cos\alpha=\dfrac{AE^2+AC^2-36}{2AE\cdot AC}。\end{cases}$$

也就是:

$$\begin{cases}\dfrac{x^2+y^2-4}{2xy}=\dfrac{\frac{9x^2}{4}+y^2-9}{3xy},\\[4mm]\dfrac{x^2+y^2-4}{2xy}=\dfrac{\frac{9x^2}{4}+4y^2-36}{6xy}。\end{cases}$$

整理后得到

$$\begin{cases} 3x^2 - 2y^2 = 12, & (1) \\ 3x^2 - 4y^2 = -96。 & (2) \end{cases}$$

$(1) - (2)$ 得 $2y^2 = 108$，解出 $y^2 = 54$。

代入 (1) 求得 $3x^2 = 120$。

故 $x^2 = 40$，$x = 2\sqrt{10}$，即 $AB = 2\sqrt{10}$。

解这个题目，用了图形的几何性质（角平分线性质），三角公式（余弦定理）和代数方程，是综合性的好题。（此题选自美国中学数学竞赛 1981 年试题）

习 题 二 十 五

25.1 在凸四边形 $ABCD$ 中，已知 $AB = 4$，$BC = CD = 5$，$AD = 3$，对角线 $BD = 5$，求另一条对角线 AC 之长。

25.2 知道了 $\triangle ABC$ 的三条中线长分别为 m、n、l，能不能求出三边的长？试写出由三中线求三边的公式。

25.3 知道了 $\triangle ABC$ 的三条高分别为 h_a、h_b、h_c，如何求三角形的面积？

25.4 如图，在正方形 $ABCD$ 的两边 BC、CD 上分别取点 P、Q，使 $\angle PAQ = 45°$，求证：$PQ = BP + QD$。

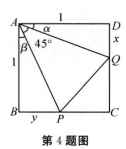

第 4 题图

25.5 已知 $BC = 1$，$AB + AC = 2k$，求 $\triangle ABC$ 的面积的最大值。

25.6 任给平面上四点 A、B、C、D，在连成的六条线段中，最长线段不小于最短线段的 $\sqrt{2}$ 倍，试证明之。

第二十六章

名正则言顺——正弦为什么叫正弦

学习数学,不要一直往前学。一直往前,往往会觉得越学越难,越学越陌生,最后就完全不明白了。要"学而时习之",常常温故。反复体味前面学的一些东西,对继续向前学极有好处。

这几章讲的新东西太多了。现在回过头来琢磨琢磨。

我们是从矩形面积开始、小菱形起家的,给边长为 1 的小菱形面积起个名字叫正弦,带来了丰富多彩的局面。

为什么叫正弦? 我们只说过,这名字是古人留下来的。那么,古人为什么要起这个名字呢? 其中确有道理。

如果请你来猜这个道理,也许能猜到一些。因为这个"弦"字叫人想到圆——连接圆周上两点的线段叫弦。你想到圆,这就对了。古人正是在研究圆的度量性质时开始使用正弦的。当时研究圆中的弦,是为了天文观测中计算的需要。

下面的公式显示出正弦与圆中的弦的密切关系:

弦长公式 在直径为 d 的圆中,如果弦 AB 所对圆周角为 α,则

$$AB = d\sin\alpha。$$

这道理是简单的。如图 26-1，⊙O 中 AB 所对的圆周角为 α （弦 AB 所对的圆周角，在一侧是锐角或直角，另一侧是钝角或直角。这两侧的圆周角互补。如图 26-1，有 $\angle APB + \angle AP'B = 180°$。由于互补角正弦相等，我们只看锐角好了）。过 B 作 ⊙O 的一条直径 BQ，根据圆周角定理（同弧所对的圆周角相等），$\angle AQB = \angle APB = α$。因为 BQ 是直径，所以 $\angle QAB$ 为直角（半圆所对圆周角为直角）。在直角三角形 ABQ 中，

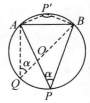

图 26-1

$$\sin \angle AQB = \frac{AB}{BQ} = \frac{AB}{d},$$

$$\therefore \quad AB = d\sin \angle AQB = d\sin α。$$

如果直径 $d = 1$，则 $\sin α = AB$。这一来，角 α 的正弦又有了新的含义：它不但代表边长为 1、有一个角为 α 的小菱形面积，又能代表直径为 1 的圆中圆周角 α 所对的弦长。

正弦就是弦长。现在，可说是名正言顺了。

正弦有了新的意义，正弦定理也有了新的说明。如图 26-2，把 △ABC 的外接圆画出来，则由弦长公式得

$$a = d\sin A, b = d\sin B, c = d\sin C。$$

$$\therefore \quad \frac{a}{\sin A} = d, \frac{b}{\sin B} = d, \frac{c}{\sin C} = d。$$

$$\therefore \quad \frac{a}{\sin A} = \frac{b}{\sin B} = \frac{c}{\sin C} = d。$$

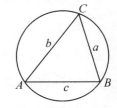

图 26-2

原来，正弦定理中边长与对角的正弦之比不是别的，它正是

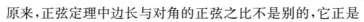

△ABC 外接圆的直径！起初只知道这比值是 $\frac{abc}{2\triangle ABC}$，现在它的内容更丰富了：

三角形外接圆直径公式 $d = \frac{abc}{2\triangle ABC}$。

我们温故知新，对旧的概念给了新的意义，旧的定理加了新的内容。这新内容在解决与圆有关的问题时将大显身手。

【例 26.1】 设 $\triangle ABC$ 是正三角形，在它的外接圆的 $\overset{\frown}{BC}$ 上任取一点 P。求证：$PA=PB+PC$。

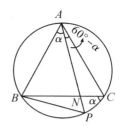

证明：如图 26-3，记外接圆的直径为 d，$\angle PAB=\alpha$，则 $\angle PAC=60°-\alpha$，$\angle PCA=60°+\alpha$，于是由弧长公式

$$PA=d\sin(60°+\alpha),$$

$$PB=d\sin\alpha,PC=d\cdot\sin(60°-\alpha),$$

图 26-3

要证的等式其实就是

$$d[\sin\alpha+\sin(60°-\alpha)]=d\sin(60°+\alpha)。$$

两边的 d 可以约去。由于加法公式：

$$\sin(60°+\alpha)-\sin(60°-\alpha)$$

$$=\sin60°\cdot\cos\alpha+\sin\alpha\cdot\cos60°-(\sin60°\cos\alpha-\sin\alpha\cos60°)$$

$$=2\cos60°\cdot\sin\alpha=\sin\alpha,$$

这表明要证明的等式成立。　　　　　　　　　　　　　　　　　□

这个题目也有更简单的方法。只要利用面积关系

$$\triangle ABP+\triangle ACP=S_{ABPC}。$$

由面积公式可得

$$AB\cdot BP\sin\angle ABP+AC\cdot PC\sin\angle ACB=BC\cdot AP\sin\angle ANC,$$

由 $AB=AC=BC$，$\angle ACB=180°-\angle ABP=\angle ANC$（这是因为 $\angle ANC=\angle NAB+\angle ABN=60°+\alpha$），立得 $BP+PC=AP$。

但这种巧妙的证法需要冥思苦想才能找到，而利用弦长公式，则只要细心和耐心，总能算出来。

【例 26.2】 （托勒密定理）设 $ABCD$ 是圆内接四边形。求证：$AC\cdot BD=AB\cdot CD+AD\cdot BC$。

证明：如图 26-4，把一些角标上字母 α、β、γ、δ 之后用弦长公式得

$$AB=d\sin\delta,BC=d\sin\gamma$$

$$AD=d\sin\beta,CD=d\sin\alpha,$$

$$AC = d\sin(\alpha+\beta),$$

$$BD = d\sin(\beta+\delta)_{\circ}$$

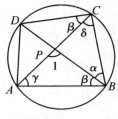

图 26-4

要证明的等式实际上就是

$$\sin(\alpha+\beta) \cdot \sin(\beta+\delta) = \sin\alpha \cdot \sin\delta + \sin\beta \cdot \sin\gamma_{\circ}$$

其中 α、β、γ、δ 之间有关系 $\alpha+\beta+\gamma+\delta = 180°$。

利用加法定理一步一步地展开,可以证明这个等式成立。

不过,这个计算也不是没有技巧的。俗话说有勇有谋才能事半功倍。观察要证明的等式,左边只出现 3 个角 α、β、δ,右边却多了角 γ,于是先把 γ 消去,利用

$$\sin\gamma = \sin[180°-(\alpha+\beta+\delta)] = \sin(\alpha+\beta+\delta)$$

$$= \sin(\alpha+\beta) \cdot \cos\delta + \cos(\alpha+\beta) \cdot \sin\delta,$$

把它代入要证的等式得

$$\sin(\alpha+\beta)\sin(\beta+\delta)$$

$$\sin\alpha \cdot \sin\delta + \sin(\alpha+\beta) \cdot \sin\beta \cdot \cos\delta + \cos(\alpha+\beta) \cdot \sin\beta \cdot \sin\delta_{\circ}$$

利用 $\sin(\beta+\delta) = \sin\beta \cdot \cos\delta + \cos\beta \cdot \sin\delta$,代入化简得

$$\sin(\alpha+\beta) \cdot \cos\beta \cdot \sin\delta = \sin\alpha \cdot \sin\delta + \cos(\alpha+\beta) \cdot \sin\beta \cdot \sin\delta_{\circ}$$

把 $\sin\delta$ 约去,等式成为

$$\sin(\alpha+\beta) \cdot \cos\beta = \sin\alpha + \cos(\alpha+\beta) \cdot \sin\beta_{\circ}$$

利用正弦差角公式

$$\sin(\alpha+\beta) \cdot \cos\beta - \cos(\alpha+\beta) \cdot \sin\beta = \sin[(\alpha+\beta)-\beta] = \sin\alpha_{\circ}$$

这就完成了证明。

这样步步为营地算,好处是不需多想,只要耐心;而且可以锻炼你的运算基本功,帮你记加法公式。若想更简单一点,干净利落一些,可利用面积关系直接证明三角恒等式:

$$\sin(\alpha+\beta) \cdot \sin(\beta+\delta) = \sin\alpha \cdot \sin\delta + \sin\beta \cdot \sin\gamma_{\circ}$$

$$(\alpha+\beta+\gamma+\delta = 180°时)$$

这只要把 α、β、γ、δ 凑到一个三角形里,如图 26-5,便有

$$\triangle ABC = \triangle ABP + \triangle ACP。$$

$$\therefore \quad bc\sin(\alpha+\beta)=cl\sin\alpha+bl\sin\beta。\quad (b=AC, c=AB, l=AP)$$

两端除以 bc 得

$$\sin(\alpha+\beta)=\frac{l}{b}\sin\alpha+\frac{l}{c}\sin\beta。$$

分别在 $\triangle ABP$、$\triangle ACP$ 中用正弦定理得：

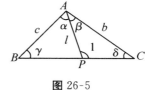

图 26-5

$$\frac{l}{b}=\frac{\sin\delta}{\sin\angle 1}=\frac{\sin\delta}{\sin(\beta+\delta)},$$

$$\frac{l}{c}=\frac{\sin\gamma}{\sin\angle APB}=\frac{\sin\gamma}{\sin\angle 1}=\frac{\sin\gamma}{\sin(\beta+\delta)}。$$

代入前式，去分母，便得要证的等式。

从这两个例题，我们可以体会到运用面积方法的好处；另一方面，也体会到代数运算基本功的重要性。如果你不怕算，多数几何问题总是可以算个水落石出的。

【例 26.3】 设 $\triangle ABC$ 外接圆直径为 d ，BC 边上的高为 h ，求证：

$$d=\frac{AB\cdot AC}{h}。$$

证明：由面积公式

$$\frac{1}{2}h\cdot BC=\triangle ABC=\frac{1}{2}AB\cdot AC\cdot\sin A,$$

由弦长公式，$\sin A=\dfrac{BC}{d}$ ，代入上式，解得 $d=\dfrac{AB\cdot AC}{h}$ 。 □

这个例题告诉我们一个求三角形外接圆直径的很简单的公式。在本章习题中你能找到它的应用。

【例 26.4】 已知圆半径为 r ，求圆内接正五边形的边长。

解：圆内接正五边形的一条边所对圆周角为 $\dfrac{180°}{5}=36°$ ，故由弦长公式可知边长 $a=2r\sin 36°$ ，关键是求 $\sin 36°$ 的值。

设 $\sin 36°=x$ ， $\cos 36°=y$ ，则

$$\begin{cases}\sin 72°=2\sin 36°\cos 36°=2xy,\\\cos 72°=\cos^2 36°-\sin^2 36°=y^2-x^2。\end{cases}$$

$$\begin{cases} \sin 144° = 2\sin 72° \cdot \cos 72° = 4xy(y^2 - x^2), \\ \cos 144° = \cos^2 72° - \sin^2 72° = (y^2 - x^2)^2 - 4x^2 y^2. \end{cases}$$

$$0 = \sin 180° = \sin(144° + 36°) = \sin 144° \cos 36° + \cos 144° \sin 36°$$
$$= 4xy(y^2 - x^2) \cdot y + x[(y^2 - x^2)^2 - 4x^2 y^2].$$

由于 $x = \sin 36° \neq 0$,得到方程

$$4y^2(y^2 - x^2) + (y^2 - x^2) - 4x^2 y^2 = 0.$$

利用关系 $x^2 + y^2 = 1, y^2 = 1 - x^2$ 消去 y,整理后得

$$16x^4 - 20x^2 + 5 = 0.$$

这是一个准二次方程,解得 $x^2 = \dfrac{5 \pm \sqrt{5}}{8}$,

即 $\sin 36° = \sqrt{\dfrac{5 \pm \sqrt{5}}{8}}$。

因为 $\sin 36° < \sin 45° = \dfrac{\sqrt{2}}{2}$,所以根号内符号取负号,得:

$$\sin 36° = \sqrt{\dfrac{5 - \sqrt{5}}{8}}。$$

$\therefore$ $a = 2r\sin 36° = r\sqrt{\dfrac{5 - \sqrt{5}}{2}}$。

习 题 二 十 六

26.1   例 26.1 与例 26.2 有什么关系?

26.2   如图,已知等腰三角形 ADE 和 ABC 外接圆半径为 r 和 R,求 $\triangle ABD$、$\triangle ADC$ 外接圆半径。

第 2 题图

26.3   求正五边形边长与对角线的比。

第二十七章

由此及彼——切线与正切

用正弦可以求弦长。弦可以看成是圆的割线的一部分。弦的两个端点挤到一起的时候,割线变成了切线。这使我们联想到求切线长的公式。

图 27-1 中,$\triangle APQ$ 内接于直径为 d 的圆,在 P、Q 处的两条切线交于 B。我们知道,$PQ = d\sin A$。现在进一步问,如果不走直线走折线,$PB + BQ = ?$

根据弦切角定理,$\angle BPQ = \angle A = \angle BQP$,可见 $BP = BQ$。从圆外一点到圆的两切线长相等,这是切线的重要性质。

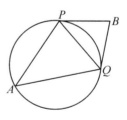

图 27-1

现在对 $\triangle BPQ$ 用正弦定理:

$$\frac{PQ}{\sin B} = \frac{PB}{\sin \angle BQP}。$$

因 $\angle BQP = \angle A$,$\angle B = 180° - 2\angle BQP = 180° - 2A$,故 $\sin \angle BQP = \sin A$,$\sin B = \sin(180° - 2A) = \sin 2A = 2\sin A \cdot \cos A$,$PQ = d\sin A$,代入后有

$$\frac{d\sin A}{2\sin A \cdot \cos A} = \frac{PB}{\sin A}。$$

$$\therefore \quad PB = \frac{d}{2} \cdot \frac{\sin A}{\cos A}。$$

$$\therefore \quad PB + BQ = 2PB = d \cdot \frac{\sin A}{\cos A}。$$

为了求圆周角 A 所对的切折线长,引出了一个比 $\frac{\sin A}{\cos A}$。我们把比值 $\frac{\sin A}{\cos A}$ 叫做角 A 的正切。顾名思义,正切与切线有关,就像正弦与弦有关一样。正切也有个记号:角 A 的正切记作 $\tan A$。等式

$$\tan A = \frac{\sin A}{\cos A}$$

是我们规定的。

于是,切折线长公式便成为:

$$PB + BQ = d\tan A。$$

这里 A 的意义(如图 27-1),是弦 PQ 所对的圆周角(锐角。如果取钝角,$\tan A$ 成为负值,与几何意义不符)。

把它与弦长公式对照,十分易记:$d\sin A$ 是弦长,$d\tan A$ 是切折线长。

根据正弦与余弦的性质,便可得到正切的性质:

正切性质 1 $\tan 0° = 0$,$\tan 180° = 0$,当 $A = 90°$时,$\tan A$ 无意义。

这很简单:

$$\tan 0° = \frac{\sin 0°}{\cos 0°} = \frac{0}{1} = 0, \quad \tan 180° = \frac{\sin 180°}{\cos 180°} = \frac{0}{-1} = 0。$$

当 $A = 90°$时,$\sin A = 1$,$\cos A = 0$,$\frac{\sin A}{\cos A}$ 没意义,$\tan A$ 也没意义。

正切性质 2 当 $0° < A < 90°$时,$\tan A > 0$;

当 $90° < A < 180°$时,$\tan A < 0$。

这是因为,当 $0° < A < 90°$时,$\sin A$、$\cos A$ 都是正的,所以它们的比 $\tan A$ 也是正的。当 $90° < A < 180°$时,$\sin A$ 正而 $\cos A$ 负,所以它们的比是负的。

正切性质 3 当 $0° \leqslant \alpha \leqslant \beta < 90°$时,$\tan \alpha \leqslant \tan \beta$;

当 $90° \leqslant \alpha \leqslant \beta < 180°$时,仍在 $\tan \alpha \leqslant \tan \beta$。

这请你作为练习题证一证。由此可见，$\tan\alpha=\tan\beta$ 时有 $\alpha=\beta$。

正切性质 4 在直角三角形 ABC 中，若 C 为直角，则

$$\tan A=\frac{a}{b}, \quad \tan B=\frac{b}{a}。$$

这是因为（参看图 27-2）

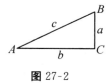

图 27-2

$$\tan A=\frac{\sin A}{\cos A}=\frac{\dfrac{a}{c}}{\dfrac{b}{c}}=\frac{a}{b}, \quad \tan B=\frac{\sin B}{\cos B}=\frac{b}{a}。$$

把图 27-2 中的三角形看成一片山坡的断面，则坡面与地平面所成的角（角 A）的正切恰是山坡上一点 B 到坡脚的垂直距离与水平距离的比，即 $\dfrac{a}{b}$。这样，用坡的倾斜角（角 A）的正切来描述坡的倾斜程度就十分方便了。

正切性质 5 $\tan(180°-A)=-\tan A$。

这是因为

$$\tan(180°-A)=\frac{\sin(180°-A)}{\cos(180°-A)}=\frac{\sin A}{-\cos A}=-\tan A。$$

正切性质 6 当 $0°<A<90°$ 时，$\tan(90°-A)=\dfrac{1}{\tan A}$；

当 $90°<A<180°$ 时，$\tan(A-90°)=-\dfrac{1}{\tan A}$。

请作为练习自己推导。

正切性质 7 （正切加法公式）

$$\tan(\alpha+\beta)=\frac{\tan\alpha+\tan\beta}{1-\tan\alpha \cdot \tan\beta}。$$

这公式也和其他正切性质一样，是从正弦和余弦的性质得来的。首先

$$\tan(\alpha+\beta)=\frac{\sin(\alpha+\beta)}{\cos(\alpha+\beta)}=\frac{\sin\alpha\cos\beta+\sin\beta\cos\alpha}{\cos\alpha\cos\beta-\sin\alpha\sin\beta},$$

然后把上式右端分子分母同用 $\cos\alpha\cos\beta$ 除，便得到正切加法公式，请你自己动手算一算。

正切性质 8　（特殊角的正切）

α	$0°$	$30°$	$45°$	$60°$	$120°$	$135°$	$150°$	$180°$
$\tan\alpha$	0	$\dfrac{\sqrt{3}}{3}$	1	$\sqrt{3}$	$-\sqrt{3}$	-1	$-\dfrac{\sqrt{3}}{3}$	0

在科技研究的推理与计算中,有时用到比值 $\dfrac{\cos A}{\sin A}$。为了方便,又规定 $\cot A=$ $\dfrac{\cos A}{\sin A}$,叫做角 A 的余切。顾名思义:余弦是余角的正弦,余切便是余角的正切。确实。

当 $0°<A<90°$时,$\cot A=\tan(90°-A)$,

当 $90°<A<180°$时,$\cot A=-\tan(A-90°)$。

关于余切的性质,很容易从正切推出,此处从略。

一个角给定之后,它的正弦、正切、余弦、余切都跟着确定了。这种由一个量确定另一个量的关系,在数学中叫做函数。正弦、正切、余弦、余切统称为三角函数。三角函数在科学技术中有广泛的应用。对三角函数性质的深入研究是高等数学的重要内容。

正切既然是正弦和余弦的比,那么,凡是用正切能解决的问题,用正弦和余弦也能解决。余弦是用正弦定义的,凡是用余弦能解决的问题,只用正弦也能解决。正弦又是由边长为 1 的菱形面积定义的,用正弦能解决的问题总可以化为有关菱形面积的问题来解决。如果这样看,引进这么多概念干什么呢?

实际上,引进这几个三角函数带来很大方便。有正弦比没有正弦方便,有正切、余弦之后又比只用正弦方便。数学里常常引入新的概念和记号,每个新记号、新概念都带来新的便利。乘法本来是加法反复进行多次的简便算法,它可以用加法代替。但是,有了乘法就比只用加法方便得多了。

从下面几个例子也可以看出,正切确实带来新的方便。

【例 27.1】 已知半径为 r 的圆的外切五边形为 $ABCDE$,又设五边形的 5 个角已知,求 $ABCDE$ 的周长和面积。

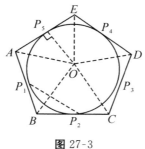

图 27-3

解：如图 27-3，设 AB、BC、CD、DE、EA 与圆的切点顺次为 P_1、P_2、P_3、P_4、P_5，由切折线长度公式可得：

$$P_1B + BP_2 = 2r\tan\angle BP_1P_2$$

$$= 2r\tan\frac{1}{2}(180° - B)$$

$$= 2r\tan(90° - \frac{B}{2})$$

$$= 2r\cot\frac{B}{2}。$$

照这样计算，可得：

$$ABCDE \text{ 的周长} = 2r\left(\cot\frac{A}{2} + \cot\frac{B}{2} + \cot\frac{C}{2} + \cot\frac{D}{2} + \cot\frac{E}{2}\right)。$$

把五边形面积像图中那样从圆心 O 处划分成 5 个三角形△OAB、△OBC 等，注意到这些三角形过点 O 的高正是圆半径 r，便得：

$$ABCDE \text{ 的面积} = r^2\left(\cot\frac{A}{2} + \cot\frac{B}{2} + \cot\frac{C}{2} + \cot\frac{D}{2} + \cot\frac{E}{2}\right)。 \qquad \square$$

请你试写一下，如果不用 cot 而用 tan，这两个公式是什么样子？如果只用 sin 和 cos 而不用 tan，这两个公式又是什么样？如果只用 sin，公式又是什么样？对比一下，便会看到引入记号的好处。

【例 27.2】 已知△ABC 中∠$C = 90°$，∠$A = 30°$，$BC = 7$，求 AC 的长。（图 27-4）

解：因为在直角三角形中，

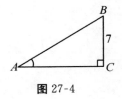

$$\tan A = \frac{a}{b} = \frac{BC}{AC},$$

$$\therefore \quad AC = \frac{BC}{\tan A} = \frac{7}{\tan 30°} = \frac{7}{\frac{\sqrt{3}}{3}} = 7\sqrt{3}。$$

图 27-4

这个题目如果不用正切，就要先求出

$$AB = \frac{a}{\sin A} = \frac{7}{\sin 30°} = \frac{7}{\frac{1}{2}} = 14。$$

再求出

$$AC = AB \cos 30° = 14 \times \frac{\sqrt{3}}{2} = 7\sqrt{3}。$$

有了正切，只一步便解决了问题。

【例 27.3】 在图 25-5 中(例 25.4)，求证：$\angle 1 + \angle 2 = \angle 3$。

证明：用正切加法公式：

$$\tan(\angle 1 + \angle 2) = \frac{\tan\angle 1 + \tan\angle 2}{1 - \tan\angle 1 \tan\angle 2}$$

$$= \frac{\frac{AE}{AD} + \frac{AE}{AC}}{1 - \frac{AE}{AD} \cdot \frac{AE}{AC}}$$

$$= \frac{\frac{1}{3} + \frac{1}{2}}{1 - \frac{1}{3} \cdot \frac{1}{2}} = 1。$$

$$\therefore \quad \tan\angle 3 = \frac{AE}{AB} = 1。$$

$$\therefore \quad \angle 1 + \angle 2 = \angle 3。$$

比较这里的方法与例 25.4 中的方法，可以看出这时用正切较好。

【例 27.4】 设 $\triangle ABC$ 是任意三角形。求证：

$$(c+b-a)\tan\frac{A}{2} = (a+c-b)\tan\frac{B}{2} = (b+a-c)\tan\frac{C}{2}。$$

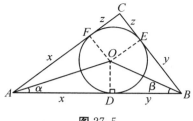

图 27-5

证明：如图 27-5，设 $\triangle ABC$ 的内切圆圆心为 O，半径为 r，AB、BC、CA 与内切圆切于 D、E、F，记 BC、CA、AB 为 a、b、c，由

$$x=AD=AF,$$

$$y=BD=BE,$$

$$z=CE=CF,$$

得　$x+y+z=\dfrac{1}{2}(a+b+c)$。

$$x+y=c,\ y+z=a,\ x+z=b,$$

$$\therefore\ x=x+y+z-(y+z)=\dfrac{1}{2}(a+b+c)-a=\dfrac{1}{2}(b+c-a)。$$

同理　$y=\dfrac{1}{2}(a+c-b)$。

从直角三角形 ADO 与 BDO 看出：

$$x\tan\alpha=y\tan\beta。$$

即

$$\dfrac{1}{2}(b+c-a)\tan\dfrac{A}{2}=\dfrac{1}{2}(a+c-b)\tan\dfrac{B}{2}。$$

$$\therefore\ (b+c-a)\tan\dfrac{A}{2}=(a+c-b)\tan\dfrac{B}{2}。$$

同理可证：

$$(a+c-b)\tan\dfrac{B}{2}=(a+b-c)\tan\dfrac{C}{2}。\qquad\Box$$

习 题 二 十 七

27.1 试证明正切减法公式

$$\tan(\alpha-\beta)=\frac{\tan\alpha-\tan\beta}{1+\tan\alpha\cdot\tan\beta}。$$

27.2 设 α、β 是 $\triangle ABC$ 的两个角,而 $\tan\alpha$ 和 $\tan\beta$ 是二次方程

$$x^2+ax+1=0$$

的两个根,那么,$\triangle ABC$ 是什么三角形?

27.3 写出任意圆外切多边形的周长公式和面积公式。(设已知圆的半径和多边形的各个角)

27.4 求 $\dfrac{1+\tan15°}{1-\tan15°}$。

27.5 在 $\triangle ABC$ 中,已知 $\angle C=90°$,$\sin A=\dfrac{2}{3}$,求 $\tan B$。

27.6 (1960 年国际数学竞赛试题)已知直角三角形 ABC 斜边为 BC,把 BC 分成 n 等份,n 为奇数。包含斜边中点的那一份为 DE,$\angle DAE=\alpha$,斜边上的高为 h,斜边长 $BC=a$,求证:$\tan\alpha=\dfrac{4nh}{(n^2-1)a}$。

第二十八章

推陈出新——面积分块引出张角公式

把一块面积分成两块来计算,这是我们用过好几次的方法。在例 18.7 中,正弦加法公式的证明中,例 23.1 中,例 26.1 和例 26.2 的面积证法中,都曾经把一块面积分成两块,列出等式解决了问题。

现在把这个老办法发扬光大,成为公式。

张角公式 设 C 在线段 AB 上,直线 AB 外一点 P 对线段 AC、BC 的张角分别为 α、β,则

$$\frac{\sin(\alpha+\beta)}{PC} = \frac{\sin\alpha}{PB} + \frac{\sin\beta}{PA}(见图 28\text{-}1)。$$

证明:由 $\triangle PAB = \triangle PAC + \triangle PBC$,

用面积公式得

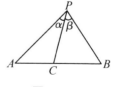

图 28-1

$$\frac{1}{2}PA \cdot PB\sin(\alpha+\beta) = \frac{1}{2}PA \cdot PC\sin\alpha + \frac{1}{2}PB \cdot PC\sin\beta。$$

同用 $\frac{1}{2}PA \cdot PB \cdot PC$ 除,便得

$$\frac{\sin(\alpha+\beta)}{PC} = \frac{\sin\alpha}{PB} + \frac{\sin\beta}{PA}。$$

这是用正弦解几何问题的一个重要公式。它用途之广，变化之多，可以和正弦定理、余弦定理相媲美。

勾股定理、正弦加法定理都是它的推论。

【例 28.1】 由张角公式导出勾股定理。

解： 取 $\alpha+\beta=90°$，并且设 $PC\perp AB$，则

$$\sin(\alpha+\beta)=1。$$

$$\frac{PC}{PB}=\sin B=\frac{AP}{AB}，\ \frac{PC}{PA}=\sin A=\frac{BP}{AB}。$$

$$\sin\alpha=\sin\beta=\frac{AP}{AB}，\sin\beta=\sin A=\frac{BP}{AB}。$$

代入张角公式，即得

$$1=\left(\frac{AP}{AB}\right)^2+\left(\frac{BP}{AB}\right)^2。$$

即 $AB^2=AP^2+BP^2$。 □

【例 28.2】 由张角公式导出正弦加法公式。

解： 在图 28-1 中，若 $PC\perp AB$，则 $\frac{PC}{PB}=\cos\beta，\frac{PC}{PA}=\cos\alpha$。于是，张角公式可改写成：

$$\sin(\alpha+\beta)=\frac{PC}{PB}\sin\alpha+\frac{PC}{PA}\sin\beta=\sin\alpha\cdot\cos\beta+\sin\beta\cdot\cos\alpha。$$ □

【例 28.3】 设 $0°\leqslant\alpha\leqslant\beta$，而且 $\alpha+\beta<180°$，求证：

$$\sin\alpha+\sin\beta=2\sin\frac{(\alpha+\beta)}{2}\cos\frac{(\beta-\alpha)}{2}。$$

证明： 在图 28-1 中，如果 $PA=PB$，便得：

$$\sin\alpha+\sin\beta=\frac{PA}{PC}\sin(\alpha+\beta)。$$

易求出 $\angle A=\frac{1}{2}\left[180°-(\alpha+\beta)\right]=90°-\frac{(\alpha+\beta)}{2}$，

$$\angle PCA=180°-\alpha-\angle A=90°+\frac{(\beta-\alpha)}{2}。$$

在△APC中用正弦定理得

$$\frac{PA}{PC}=\frac{\sin\angle PAC}{\sin A}=\frac{\sin\left[90^\circ+\frac{(\beta-\alpha)}{2}\right]}{\sin\left(90^\circ-\frac{\alpha+\beta}{2}\right)}=\frac{\sin\left[180^\circ-90^\circ-\frac{(\beta-\alpha)}{2}\right]}{\cos\frac{(\alpha+\beta)}{2}}$$

$$=\frac{\sin\left[90^\circ-\frac{(\beta-\alpha)}{2}\right]}{\cos\frac{(\alpha+\beta)}{2}}=\frac{\cos\frac{(\beta-\alpha)}{2}}{\cos\frac{(\alpha+\beta)}{2}}。$$

代入前式,并利用

$$\sin(\alpha+\beta)=2\sin\frac{(\alpha+\beta)}{2}\cos\frac{(\alpha+\beta)}{2}$$

即得

$$\sin\alpha+\sin\beta=\frac{\cos\frac{(\beta-\alpha)}{2}}{\cos\frac{(\alpha+\beta)}{2}}\cdot 2\sin\frac{(\alpha+\beta)}{2}\cdot\cos\frac{(\alpha+\beta)}{2}$$

$$=2\sin\frac{(\alpha+\beta)}{2}\cos\frac{(\alpha+\beta)}{2}。$$

这个例题的证明用了正弦定理,又用了二倍角公式,能不能少用一点知识把它证出来呢? 办法是有的,我们回到起点,来一个"零的突破"。张角公式、正弦定理、二倍角公式都是从面积关系得来的,有了面积公式,什么都有了。如图

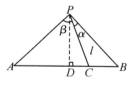

图 28-2

28-2,作一个顶角为 $\alpha+\beta$ 的等腰三角形 PAB,并设 PD 是底边 AB 上的高。在底 AB 上取 C 使$\angle APC=\beta,\angle BPC=\alpha$,则$\angle DPC=\frac{\beta-\alpha}{2},\angle APD=\frac{\alpha+\beta}{2}$,于是由

$$\triangle PAC+\triangle PBC=\triangle PAB,$$

得

$$\frac{1}{2}AP\cdot PC\sin\beta+\frac{1}{2}PB\cdot PC\cdot\sin\alpha=PD\cdot AD$$

$$=PC\cos\angle DPC\cdot PA\cdot\sin\angle APD$$

$$= AP \cdot PC \cdot \cos \frac{(\beta - \alpha)}{2} \sin \frac{(\alpha + \beta)}{2}。$$

两端约去 $AP \cdot PC = PB \cdot PC$，即得所求。

少用了知识，证明反倒更简捷了，这是回到基础的好处。不过，并非所有的问题都会如此。有时，多用些知识可以做得更简便。

【例 28.4】 已知 $\angle APB = 120°$，$\angle APB$ 的平分线与 AB 交于 C。求证：$\frac{1}{PA} + \frac{1}{PB} = \frac{1}{PC}$。

证明： 由张角公式得

$$\frac{\sin 120°}{PC} = \frac{\sin 60°}{PA} + \frac{\sin 60°}{PB}。$$

由 $\sin 120° = \sin 60°$ 可得

$$\frac{1}{PC} = \frac{1}{PA} + \frac{1}{PB}。$$

用张角公式证明形如 $\frac{1}{a} + \frac{1}{b} = \frac{1}{c}$ 的等式当然最方便。这样的例子不少。

【例 28.5】 如图 28-3，$AQPR$ 是直角三角形 ABC 的内接正方形，P 在斜边 BC 上而 Q、R 分别在 AC、AB 上。

求证：$\frac{1}{AB} + \frac{1}{AC} = \frac{1}{PQ}$。

证明： 记 $\alpha = \angle PAC$，$\beta = \angle PAB$，由张角公式得

$$\frac{\sin \alpha}{AB} + \frac{\sin \beta}{AC} = \frac{\sin 90°}{AP}。$$

但 $\alpha = \beta = 45°$，$\sin 45° = \frac{\sqrt{2}}{2}$，将上式两端乘以 $\sqrt{2}$，得

$$\frac{1}{AB} + \frac{1}{AC} = \frac{\sqrt{2}}{AP} = \frac{1}{\frac{\sqrt{2}}{2} \cdot AP} = \frac{1}{PQ}。$$

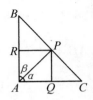

图 28-3

【例 28.6】 一直线与 $\square ABCD$ 的两边 AB、AD 分别交于 X、Y，与对角线 AC

交于 Z。已知 $AB=\lambda AX, AD=\mu AY$，求比值 $\dfrac{AC}{AZ}$。

解：如图 28-4，令 $\alpha=\angle BAC, \beta=\angle DAC$。由张角公式得

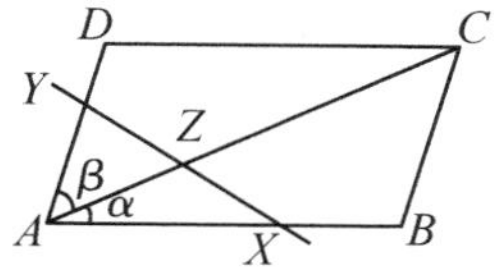

$$\frac{\sin(\alpha+\beta)}{AZ}=\frac{\sin\beta}{AX}+\frac{\sin\alpha}{AY}。$$

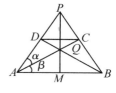

图 28-4

分别在 $\triangle ABC$、$\triangle ADC$ 中用正弦定理得：

$$\frac{AC}{\sin B}=\frac{AB}{\sin\angle ACB}=\frac{AB}{\sin\beta},$$

$$\frac{AC}{\sin D}=\frac{AD}{\sin\angle DCA}=\frac{AD}{\sin\alpha},$$

但 $\sin B=\sin D=\sin(\alpha+\beta)$，

$$\therefore\quad AB=\frac{\sin\beta}{\sin(\alpha+\beta)}AC,\ AD=\frac{\sin\alpha}{\sin(\alpha+\beta)}AC。$$

再用条件 $AX=\dfrac{AB}{\lambda}, AY=\dfrac{AD}{\mu}$ 代入张角公式得

$$\frac{\sin(\alpha+\beta)}{AZ}=\frac{\lambda\sin(\alpha+\beta)}{AC}+\frac{\mu\sin(\alpha+\beta)}{AC}。$$

约去 $\sin(\alpha+\beta)$ 得 $AC=(\lambda+\mu)AZ$。 □

有些题目，表面上好像与张角公式没有联系，其实也可以用张角公式来解决。

【**例 28.7**】 梯形 $ABCD$ 的两条对角线 AC、BD 交于 Q，两腰 AD、BC 的延长线交于 P，直线 PQ 交 AB 于 M。

求证：$AM=BM$。

证明：如图 28-5，记 $\angle BAC=\beta, \angle PAC=\alpha$，写出几个由张角公式产生的等式

$$\frac{\sin(\alpha+\beta)}{AQ}=\frac{\sin\alpha}{AB}+\frac{\sin\beta}{AD}, \tag{1}$$

$$\frac{\sin(\alpha+\beta)}{AC}=\frac{\sin\alpha}{AB}+\frac{\sin\beta}{AP}, \tag{2}$$

图 28-5

$$\frac{\sin(\alpha+\beta)}{AQ} = \frac{\sin\alpha}{AM} + \frac{\sin\beta}{AP}。 \tag{3}$$

另外，在△ACD 中用正弦定理得

$$\frac{\sin\angle ADC}{AC} = \frac{\sin\angle ACD}{AD}。$$

因 $AB /\!/ CD$ 得 $\sin\angle ADC = \sin(\alpha+\beta)$，$\sin\angle ACD = \sin\beta$，故有

$$\frac{\sin(\alpha+\beta)}{AC} = \frac{\sin\beta}{AD}。 \tag{4}$$

由(1)+(2)−(3)−(4)得：

$$\frac{\sin\alpha}{AB} + \frac{\sin\beta}{AB} = \frac{\sin\alpha}{AM}。$$

即　　$AB = 2AM$，故 $AM = BM$。

【例 28.8】　在△ABC 的两边 AC、BC 上分别取点 M、N，连 AN、BM 交于 P。

已知 $\dfrac{AM}{MC} = \dfrac{3}{2}$，$\dfrac{AP}{PN} = \dfrac{3}{1}$，求比值 $\dfrac{CN}{NB}$。

解：如图 28-6，记∠BAN=α，∠CAN=β。由张角公式得

$$\frac{\sin(\alpha+\beta)}{AP} = \frac{\sin\alpha}{AM} + \frac{\sin\beta}{AB}, \tag{1}$$

$$\frac{\sin(\alpha+\beta)}{AN} = \frac{\sin\alpha}{AC} + \frac{\sin\beta}{AB}。 \tag{2}$$

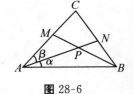

图 28-6

由 $\dfrac{AP}{PN} = \dfrac{3}{1}$ 可得 $\dfrac{AP}{AN} = \dfrac{3}{4}$，由 $\dfrac{AM}{MC} = \dfrac{3}{2}$ 可得 $\dfrac{AM}{AC} = \dfrac{3}{5}$。

把 $AP = \dfrac{3}{4}AN$，$AM = \dfrac{3}{5}AC$ 代入(1)得

$$\frac{4\sin(\alpha+\beta)}{3AN} = \frac{5\sin\alpha}{3AC} + \frac{\sin\beta}{AB}。 \tag{3}$$

由(3)−$\dfrac{4}{3}$×(2)得：

$$0 = \frac{\sin\alpha}{3AC} - \frac{\sin\beta}{3AB}。$$

∴　$AB\sin\alpha = AC\sin\beta$。

$$\therefore \quad \frac{CN}{NB}=\frac{\triangle ACN}{\triangle ANB}=\frac{AC \cdot AN\sin \beta}{AB \cdot AN\sin \alpha}=\frac{AC\sin \beta}{AB\sin \alpha}=1。$$

为什么张角公式如此有用? 这是值得思考的。根本的道理是:张角公式把三点共线这个事实用一个等式刻画出来了。因此,凡是由几条直线交来交去而产生的问题,它的内在规律总逃不出张角公式的范围。

习题二十八

28.1 用张角公式导出正弦减法公式和余弦加法公式。

28.2 设 $0°\leqslant \alpha \leqslant \beta$,而且 $\alpha +\beta \leqslant 180°$,试证:

$$\sin \beta -\sin \alpha =2\sin \frac{(\beta -\alpha)}{2} \cdot \cos \frac{(\beta +\alpha)}{2}。$$

28.3 如果 $\angle APB$ 内有一点 C,记 $\angle APC=\alpha$,$\angle BPC=\beta$,并且 $\frac{\sin (\alpha +\beta)}{PC}=\frac{\sin \alpha}{PB}+\frac{\sin \beta}{PA}$,是否能推出 A、B、C 三点在一直线上?

28.4 如图 28-6,如果已知 $CM=\lambda CA$,$CN=\mu CB$,试用张角公式求比值 $\frac{PA}{NA}$。

28.5 如图,设 Q 在 $\angle APD$ 的平分线上,直线 DQ 交 PA 于 C,直线 AQ 交 PD 于 B。求证:$\frac{PA \cdot PC}{AC}=\frac{PB \cdot PD}{BD}$。

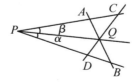

第 5 题图

第二十九章

班门弄斧,更上层楼——佳题欣赏

　　这本小书里所介绍的,不是数学里的高精尖,而是一些最平凡、最基本的思路,概念和解题工具,但愿你不要因为它太平凡而忽视它。如能熟练地运用,它在解题时会发挥意想不到的效果。

　　在这最后一章里,我们将用这些平凡的知识解决一些几何名题,用以说明这些基本知识的力量。

　　学习数学,要从基本的、平凡的知识学起,不要因为它平凡而不肯下工夫想。另一方面,也不要怕难题和名题,碰见难题名题,不妨用自己所掌握的工具试试,做不出来也不要紧,以后进一步学习就是了。数学大师华罗庚说过这样一句话,叫做"弄斧要到班门"。本来,"班门弄斧"带有讥笑之意,华罗庚反其意而用之,提倡班门弄斧。他说,只有到鲁班门前耍手艺,才能吸取专家高手的心得,得到名师高人的指正。

　　但是,见到名师高人的机会一般不多,而且有些名师高人早已作古或远在外国。怎么办呢? 这不要紧,我们可以研习他们做过的题目,就像棋手揣摩那些特级大师下过的棋局一样。在世界上流传着一些历史名题,每年还会出现一些数学竞赛题,这些题目多出自名家高手。它的解法是不少数学家智慧的结晶,解几个这种题目,也是班门弄斧的好办法。

现在我们试一试班门弄斧。下面的题目,是华罗庚为《1979 年全国中学生数学竞赛题解》一书所写的前言里讨论过的。

【例 29.1】 在 $\triangle DHK$ 内任取一点 B,直线 DB、HB、KB 分别与 HK、KD、DH 交于 F、C 和 A。再连 AC,延长后交 HK 的延长线于 G。

求证:(1) $\dfrac{1}{HK} = \dfrac{1}{2}\left(\dfrac{1}{HF} + \dfrac{1}{HG}\right)$;

(2) $\dfrac{HF}{KF} = \dfrac{HG}{KG}$(图 29-1)。

证明: 记 $\alpha = \angle CHG$,$\beta = \angle DHC$。

由张角公式得

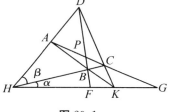

图 29-1

$$\begin{cases} \dfrac{\sin(\alpha+\beta)}{HB} = \dfrac{\sin\alpha}{HA} + \dfrac{\sin\beta}{HK}, & (1) \\[3mm] \dfrac{\sin(\alpha+\beta)}{HB} = \dfrac{\sin\alpha}{HD} + \dfrac{\sin\beta}{HF}, & (2) \\[3mm] \dfrac{\sin(\alpha+\beta)}{HC} = \dfrac{\sin\alpha}{HD} + \dfrac{\sin\beta}{HK}, & (3) \\[3mm] \dfrac{\sin(\alpha+\beta)}{HC} = \dfrac{\sin\alpha}{HA} + \dfrac{\sin\beta}{HG}. & (4) \end{cases}$$

$(1) + (3) - (2) - (4)$ 得

$$\frac{2\sin\beta}{HK} = \frac{\sin\beta}{HF} + \frac{\sin\beta}{HG}.$$

两端同除以 $2\sin\beta$,得

$$\frac{1}{HK} = \frac{1}{2}\left(\frac{1}{HF} + \frac{1}{HG}\right).$$

这是要证的(1)式。

把此式两端乘 $2HK$,得

$$2 = \frac{HK}{HF} + \frac{HK}{HG}.$$

也就是

$$1 - \frac{HK}{HG} = \frac{HK}{HF} - 1 \text{。}$$

即 $\frac{HG-HK}{HG} = \frac{HK-HF}{HF}$。

这正是要证的(2)式: $\frac{KG}{HG} = \frac{KF}{HF}$。 □

在上面提到的那篇文章中,华罗庚指出了这个题目的高等几何背景——它实际上包含了射影几何的基本原理。为了帮助中学师生理解这个题目,他在那篇文章里给出一个初等证明。我们这里,由于有了张角公式作工具,提供了更简捷的解法。

在同一篇文章里,华罗庚还提到了有关光折射的一个几何问题。

在桌上放一只碗,碗里放一枚硬币,你从桌前后退,退到看不见硬币为止。这时请一位朋友向碗里倒一杯清水,奇怪的是你忽然又能看见这枚硬币了。硬币是不会浮上来的,但为什么你又能看得见了呢? 这是因为光线在水与空气的分界面处发生了折射的缘故。

光是按什么规律折射的呢?

如图 29-2,直线 XY 表示两种介质的分界面(如空气与水的界面),光线在两种介质中传播的速度不同。在介质甲中速度为 v_1,在介质乙中速度为 v_2。这时,光线从介质甲进入介质乙时会发生折射。图中自 P 发出的一束光线到了点 A 处就折射而转向 Q,光线折射前后与介质分界面形成两个角 $\theta_1 = \angle PAY, \theta_2 = \angle XAQ$。光折射定律说:

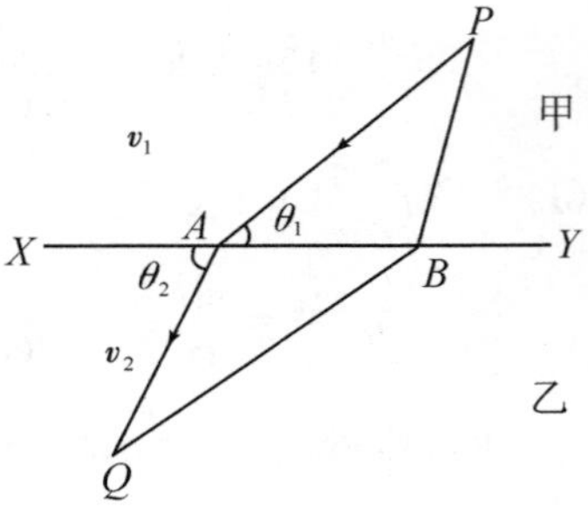

$$\frac{\cos \theta_1}{\cos \theta_2} = \frac{v_1}{v_2}\text{。}$$

图 29-2

折射定律背后有一个深刻的道理:光线这样走,所花费的时间总是最少,这叫做"光行最速原理"。

从图 29-2 看,光线按折射定律,走的路线是 P—A—Q,所用的总时间是 $\dfrac{PA}{v_1}+$

$\dfrac{AQ}{v_2}$。如走另一条路 P—B—Q,所用的总时间则是 $\dfrac{PB}{v_1}+\dfrac{BQ}{v_2}$。如果折射定律符合

光行最速原理,就应当有:

$$\frac{PA}{v_1}+\frac{AQ}{v_2}\leqslant\frac{PB}{v_1}+\frac{BQ}{v_2}。$$

等式仅当 A、B 两点重合时才成立。

这就提出了一个数学问题。

【例 29.2】 如图 29-3,已知 $\dfrac{\cos\theta_1}{\cos\theta_2}=\dfrac{v_1}{v_2}$,这里 $v_1>0$,$v_2>0$。

求证: $\dfrac{PA}{v_1}+\dfrac{AQ}{v_2}\leqslant\dfrac{PB}{v_1}+\dfrac{BQ}{v_2}$。

且等式仅当 A 与 B 重合时成立。

华罗庚先生非常关心青少年的学习和成长。
1978 年全国中学生数学竞赛的命题工作,是在他
亲自领导下进行的。他在上面的文章中提到,命题
组很想把这个与光折射定律有关的题目作为赛题,
但由于找不到只用中学数学知识的证明,只得
作罢。

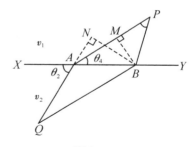

图 29-3

这个题目经大师一提,吸引了不少人的注意。班门弄斧者大有人在,而且收获
甚丰,几年内就出现了十多种证法,都是只用中学的三角、几何知识就把问题解决
了。这里介绍两种方法。你如果有兴趣,说不定自己还能找到别的方法。

证明 1:因为 v_1、v_2 都是正数,故 $\cos\theta_1$ 与 $\cos\theta_2$ 同号,不妨设 $\cos\theta_1$、$\cos\theta_2$ 都
是正的,即 θ_1、θ_2 都是锐角。由条件

$$\frac{v_1}{v_2}=\frac{\cos\theta_1}{\cos\theta_2},$$

即

$$\frac{v_1}{\cos\theta_1}=\frac{v_2}{\cos\theta_2}=k>0,$$

可得

$$v_1=k\cos\theta_1,\ v_2=k\cos\theta_2。$$

于是要证的不等式可化为

$$\frac{PA}{\cos\theta_1}+\frac{AQ}{\cos\theta_2}\leqslant\frac{PB}{\cos\theta_1}+\frac{BQ}{\cos\theta_2}。$$

移项，可化为等价的不等式：

$$\frac{PA-PB}{\cos\theta_1}\leqslant\frac{BQ-AQ}{\cos\theta_2}。$$

自 B 向直线 PA、QA 分别引垂线得垂足 M、N，可得：

$$AB\cos\theta_1+PB\cos\angle P=PA,$$

即 $PA-PB\cos\angle P=AB\cos\theta_1。$

$$BQ\cos\angle Q-AB\cos\theta_2=AQ,$$

即 $BQ\cos\angle Q-AQ=AB\cos\theta_2。$（这正是习题 7.7 的结论）

由 $\cos\angle P\leqslant1,\cos\angle Q\leqslant1$ 得：

$$BQ-AQ\geqslant BQ\cos\angle Q-AQ=AB\cos\theta_2,$$

$$PA-PB\leqslant PA-PB\cos\angle P=AB\cos\theta_1。$$

$$\therefore\quad\frac{AP-PB}{\cos\theta_1}\leqslant AB\leqslant\frac{BQ-AQ}{\cos\theta_2}。$$

等式仅当 $\angle P=0°$，$\angle Q=0°$ 时，即 A 与 B 重合时才成立。   □

证明 2：如图 29-4，作 Q 关于直线 XY 的

对称点 Q_1（即自 Q 向 XY 引垂线，垂足为 H，

延长 QH 至 Q_1 使 $Q_1H=QH$），则有 $Q_1A=$

$QA,Q_1B=QB$。过 P 作 PA 的垂线与直线

XY 交于 E，过 Q_1 作 Q_1A 的垂线与直线

交于 D，直线 DQ_1 与 EP 交于 F，则

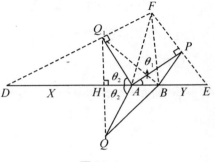

图 29-4

$$AQ \cdot DF + PA \cdot EF = AQ_1 \cdot DF + PA \cdot EF$$
$$= 2(\triangle DAF + \triangle EAF)$$
$$= 2(\triangle DBF + \triangle EBF)$$
$$\leqslant BQ_1 \cdot DF + PB \cdot EF$$
$$= BQ \cdot DF + PB \cdot EF_\circ$$

(这里等式仅当 $BQ_1 \perp DF$ 且 $BP \perp EF$ 时成立,即 A、B 重合时成立)

将上列不等式整理,并在 $\triangle DEF$ 中用正弦定理得:

$$PA - PB \leqslant (BQ - AQ) \cdot \frac{DF}{EF}$$

$$= (BQ - AQ) \cdot \frac{\sin \angle E}{\sin \angle D}$$

$$= (BQ - AQ) \cdot \frac{\cos \theta_1}{\cos \theta_2}_\circ$$

这正是要证明的不等式的变形。　　　　　　　　　　　　　　□

　　这个题目,不但华罗庚先生说过用中学知识不好做,国外有些著名的数学家,如对解题方法有深刻研究的波利亚,也表示过这种看法,但现在居然有了多种初等解法,可见班门弄斧确实可嘉。有班门弄斧的勇气,敢于想名家做过的题,甚至敢于想名家说不容易做的题,这才能有所创新,有大收获。

　　下面又是一个著名的定理——蝴蝶定理。我国一位中学教师,曾用正弦定理给过一个简洁的证明。

　　【例 29.3】 圆内三弦 AB、CD、EF 交于 M。直线 CF 交 AB 于 G,DE 交 AB 于 H。已知 $AM = BM$,求证: $MG = MH$。

　　证明: 如图 29-5,分别对 $\triangle MGC$、$\triangle MGF$、$\triangle MHE$、$\triangle MHD$ 用正弦定理可得:

$$\frac{CG}{MG} = \frac{\sin \alpha}{\sin C}, \quad \frac{FG}{MG} = \frac{\sin \beta}{\sin F},$$

$$\frac{MH}{HD} = \frac{\sin D}{\sin \alpha}, \quad \frac{MH}{HE} = \frac{\sin E}{\sin \beta}_\circ$$

四式相乘,并注意到 $\angle C=\angle E$,$\angle F=\angle D$ 得

$$\frac{CG \cdot FG \cdot (MH)^2}{HD \cdot HE \cdot (MG)^2}=\frac{\sin D \cdot \sin E}{\sin C \cdot \sin F}=1。$$

再用圆内交弦定理得:

$$CG \cdot FG=AG \cdot BG=(AM-MG)(BM+MG)$$

$$=\left(\frac{AB^2}{4}-MG^2\right)。$$

图 29-5

$$HD \cdot HE=BH \cdot AH=(MB-MH)(MA+MH)=\left(\frac{AB^2}{4}-MH^2\right)。$$

代入前式得

$$\left(\frac{AB^2}{4}-MG^2\right) \cdot MH^2=\left(\frac{AB^2}{4}-MH^2\right) \cdot MG^2。$$

展开化简后得 $MG^2=MH^2$。 □

蝴蝶定理是一个曾吸引了中外解题能手的名题,在众多高手研究过之后,还能找到这样简捷的证明,确实难能可贵。

题中的条件 $AM=BM$ 可以改成:圆心 O 到 M 的连线垂直于 AB。这一改,居然变出了新花样:

【例 29.4】 设 D、C、E、F 是 $\odot O$ 上的四点,直线 DC 与 FE 交于 M,过 M 作 OM 的垂线分别与直线 FC、DE 交于 G、H,如图 29-6。求证:$MG=MH$。

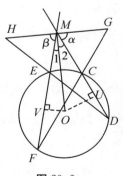

图 29-6

如图 29-6,这蝴蝶有一半飞到了圆外,还多了一对漂亮的触须呢!刚才的证明要改造一下才能适应新的情况,因为 HG 不是弦的一部分了。如何改造,留给读者思考,这里我们用张角公式来解决它。

证明: 用张角公式,记 $\angle GMD=\alpha$,$\angle HMF=\beta$,得

$$\frac{\sin \angle GMF}{MC}=\frac{\sin \alpha}{MF}+\frac{\sin \angle DMF}{MG},$$

$$\frac{\sin \angle HMD}{ME}=\frac{\sin \beta}{MD}+\frac{\sin \angle DMF}{MH}。$$

注意到 $\angle GMF = 180° - \beta$，$\angle HMD = 180° - \alpha$，$\angle DMF = 180° - \alpha - \beta$，

故有

$$\frac{\sin \beta}{MC} = \frac{\sin \alpha}{MF} + \frac{\sin (\alpha + \beta)}{MG},$$

$$\frac{\sin \alpha}{ME} = \frac{\sin \beta}{MD} + \frac{\sin (\alpha + \beta)}{MH}。$$

两式相减，整理成为（注意，用到 $MC \cdot MD = ME \cdot MF$）

$$\sin (\alpha + \beta) \left(\frac{1}{MG} - \frac{1}{MH} \right)$$

$$= \sin \beta \left(\frac{1}{MC} + \frac{1}{MD} \right) - \sin \alpha \left(\frac{1}{ME} + \frac{1}{MF} \right)$$

$$= \frac{(MC + MD) \sin \beta - (ME + MF) \sin \alpha}{MC \cdot MD}。$$

于是，只要指出 $(MC + MD) \sin \beta = (ME + MF) \sin \alpha$，就证明了 $MG = MH$。自 O 向 MD、MF 引垂线，垂足 U、V 分别是 CD、EF 中点，于是

$$MC + MD = 2MU, \quad MF + ME = 2MV。$$

所以只要证明 $MU\sin \beta = MV\sin \alpha$。由于 $OV \perp MV$，$OU \perp MU$，并且 $OM \perp HG$，在图 29-6 中有

$$\frac{MU}{MV} = \frac{MO\cos \angle 2}{MO\cos \angle 1} = \frac{\sin \alpha}{\sin \beta}。$$

这正是我们所要的。□

下面的这个题目，原来是一个长期没有得到证明的猜想，直到 20 世纪 60 年代，一位加拿大数学家写了一篇长达十几页的文章才给出它的证明。出人意料的是，几年前，我国的一位中学数学老师竟找到了一个十分简单而且只用到初等数学知识的证明。

【例 29.5】 在 $\triangle ABC$ 的三边 BC、CA、AB 上分别取点 P、Q、R，使这三点是 $\triangle ABC$ 周界的三等分点，即：

$$AR + AQ = BR + BP = CP + CQ。$$

求证：$AB + BC + CA \leqslant 2(PQ + QR + RP)$。

证明： 自 P、Q 向 AB 引垂线 PY、QX，如图 29-7，则有

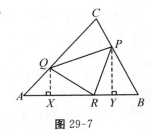

图 29-7

$$PQ \geqslant XY = AB - AQ\cos A - BP\cos B。$$

同理可得：

$$QR \geqslant BC - BR\cos B - CQ\cos C。$$

$$RP \geqslant AC - AR\cos A - CP\cos C。$$

三式相加得

$$PQ + QR + RP$$

$$\geqslant AB + BC + AC - (AQ + AR)\cos A - (BR + BP)\cos B - (CP + CQ)$$

$$\cos C$$

$$= (AB + BC + AC) - \frac{1}{3}(AB + BC + AC)(\cos A + \cos B + \cos C)$$

$$= (AB + BC + AC)\left[1 - \frac{1}{3}(\cos A + \cos B + \cos C)\right]。$$

于是，问题化为证明 $\left[1 - \frac{1}{3}(\cos A + \cos B + \cos C)\right] \geqslant \frac{1}{2}$，即证明

$$\cos A + \cos B + \cos C \leqslant \frac{3}{2}。$$

这是一个十分有用的不等式，它等价于

$$3 - 2(\cos A + \cos B + \cos C) \geqslant 0。$$

这不难证明。注意到 $\cos C = \cos[180° - (A + B)] = -\cos(A + B)$，便得：

$$3 - 2(\cos A + \cos B + \cos C)$$

$$= 3 - 2[\cos A + \cos B - \cos(A + B)]$$

$$= 2 + 1 - 2(\cos A + \cos B) + (\cos A + \cos B)^2$$

$$\quad - (\cos A + \cos B)^2 + 2(\cos A\cos B - \sin A\sin B)$$

$$= (1 - \cos A - \cos B)^2 + (1 - \cos^2 A) + (1 - \cos^2 B) - 2\sin A \cdot \sin B$$

$$= (1 - \cos A - \cos B)^2 + (\sin A - \sin B)^2 \geqslant 0。$$

由此还看出，只要在 $\angle A = \angle B = \angle C$，且 P、Q、R 为三边中点时等式才成立。

最后这个不等式的证明用了配方法,一气呵成,值得学习琢磨。但它代数风味浓了些,缺乏鲜明的几何直观背景。

其实,有关正弦和余弦的不等式,许多可以从一个平凡的几何问题引申出来:把一个角 A 分成 α 和 β 两部分,怎样分,才能使 $\sin\alpha+\sin\beta$ 最大?

如图 29-8,$\overparen{BPC}$是以 A 为圆心的圆上的一段弧,设圆半径为 r,则

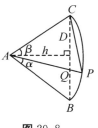

图 29-8

$$\triangle ABP+\triangle APC$$

$$=\frac{1}{2}r^2\sin\alpha+\frac{1}{2}r^2\sin\beta$$

$$=\frac{1}{2}r^2(\sin\alpha+\sin\beta)。$$

可见,$\sin\alpha+\sin\beta$ 最大,也就是 $\triangle ABP+\triangle APC$ 最大。又因为 $\triangle ABP+\triangle APC=\triangle ABC+\triangle BPC$,但 $\triangle ABC$ 的大小与 P 的位置无关,可见当 $\triangle BPC$ 最大时 $\sin\alpha+\sin\beta$ 也就最大。从图上马上可以看出:当 $PA\perp BC$ 时,即 $\alpha=\beta$ 时 $\triangle BPC$ 最大。

一般说来,当 $\alpha+\beta$ 固定时,是不是 $|\alpha-\beta|$ 越小,$\sin\alpha+\sin\beta$ 就越大呢?

确实不错。我们把这个事实也作为一个例题,因为它十分有用。

【例 29.6】 设 α、β、α_1、β_1 都是 $0°\sim180°$ 之间的角(可以等于 $0°$ 或 $180°$),并且 $\alpha+\beta=\alpha_1+\beta_1$,则当 $|\alpha-\beta|<|\alpha_1-\beta_1|$ 时,必有

$$\sin\alpha+\sin\beta>\sin\alpha_1+\sin\beta_1。$$

试证明之。

证明: 记 $\alpha+\beta=\alpha_1+\beta_1=2p$,$|\alpha-\beta|=2\delta$,$|\alpha_1-\beta_1|=2\gamma$,则有

$$\sin\alpha+\sin\beta$$

$$=\sin(p+\delta)+\sin(p-\delta)$$

$$=\sin p\cdot\cos\delta+\cos p\cdot\sin\delta+\sin p\cdot\cos\delta-\cos p\cdot\sin\delta$$

$$=2\sin p\cdot\cos\delta。$$

同理 $\sin\alpha_1+\sin\beta_1=2\sin p\cdot\cos\gamma。$

当 $|\alpha-\beta|<|\alpha_1-\beta_1|$ 时，$\delta<\gamma$，于是 $\cos\delta>\cos\gamma$，因而

$$\sin\alpha+\sin\beta=2\sin p \cdot \cos\delta>2\sin p \cdot \cos\gamma=\sin\alpha_1+\sin\beta_1。 \qquad \square$$

虽然证明中用的是正弦加法公式和代数运算，但它有鲜明的几何背景。当 $\alpha+\beta\leqslant180°$ 时，如图 29-8，$|\alpha-\beta|=2\angle PAD$，即 $\delta=\angle PAD$。δ 越小，P 越接近 $\overparen{BC}$ 中点，$\triangle BPC$ 越大，即 $\sin\alpha+\sin\beta$ 越大。

当 $\alpha+\beta>180°$ 时，如图 29-9，P、B、C 都在以 A 为圆心、半径 $AB=r$ 的圆上，这时

$$\triangle BAP=\frac{1}{2}r^2\sin\angle BAP=\frac{r^2}{2}\sin\alpha，$$

$$\triangle PAC=\frac{1}{2}r^2\sin\angle PAC=\frac{r^2}{2}\sin\beta。$$

可见，$\triangle BAP+\triangle PAC$ 越大时 $\sin\alpha+\sin\beta$ 就越大。但 $\triangle BAP+\triangle PAC=\triangle BPC-\triangle BAC$，而 $\triangle BAC$ 的大小与 P 无关，故 $\triangle PBC$ 越大，$\sin\alpha+\sin\beta$ 越大。

这就找到道理了！P 越靠近 T，即 $\angle PAT=\frac{1}{2}|\alpha-\beta|$ 越小，$\triangle BPC$ 越大，即 $\sin\alpha+\sin\beta$ 也就越大。

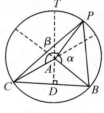

图 29-9

顺便指出，证明中用到的等式

$$\sin\alpha+\sin\beta=2\sin p \cdot \cos\delta$$

前面早已证明过（例 29.3），不过那时要设 $\alpha+\beta<180°$ 而已。

下面一串推论表明，例 29.6 虽然不算命题，却极其有用。

推论 1 当 $\alpha+\beta\leqslant180°$ 时，$\sin\alpha+\sin\beta\geqslant\sin(\alpha+\beta)$，等式仅当 α、β 中有一个为 $0°$ 时才成立。

这只要把 $\sin(\alpha+\beta)$ 看成 $\sin(\alpha+\beta)+\sin0°$，就可以应用例 29.6 的结论了。由推论 1 又一次得到。

推论 2 三角形两边之和大于第三边。

这是因为，由正弦定理可知

$$\frac{\sin A}{a} = \frac{\sin B}{b} = \frac{\sin C}{c}.$$

但　$\sin A + \sin B > \sin(A+B) = \sin[180° - (A+B)] = \sin C,$

故有　$a + b > c$。

推论 3　当 α、β 都是 $0° \sim 180°$ 的角时，

$$\sin\alpha + \sin\beta \leqslant 2\sin\frac{(\alpha+\beta)}{2}.$$

等式仅当 $\alpha = \beta$ 时成立。

从这一推论可得出的几何事实之一是

推论 4　给定一边和对角的一切三角形中，以给定边为底边的等腰三角形周长最大。

设给定的边为 a，对角为 A，$a = BC$，则 $\triangle ABC$ 中有

$$\frac{a}{\sin A} = \frac{b}{\sin B} = \frac{c}{\sin C}.$$

于是

$$b + c = \frac{a}{\sin A}(\sin B + \sin C) \leqslant \frac{2a}{\sin A} \cdot \sin\frac{B+C}{2}$$

$$= \frac{2a}{\sin A} \cdot \sin\left(90° - \frac{A}{2}\right)$$

$$= \frac{2a\cos\frac{A}{2}}{2\sin\frac{A}{2} \cdot \cos\frac{A}{2}}$$

$$= \frac{a}{\sin\frac{A}{2}}.$$

右端正好是以 $\angle A$ 为顶角，a 为底边的等腰三角形两腰之和。

推论 5　设 α、β、γ 都是 $0° \sim 180°$ 的角，则

$$\sin\alpha + \sin\beta + \sin\gamma \leqslant 3\sin\frac{(\alpha+\beta+\gamma)}{3}.$$

等式仅当 $\alpha = \beta = \gamma$ 时成立。

这个推论证明的思路是：如果 α、β、γ 不全相等，最大者必然大于平均值 $p=$ $\dfrac{\alpha+\beta+\gamma}{3}$，最小者必然小于这个平均值，把最大者匀一点给最小的，使最小者变得等于平均值（这时，小者可能变大，但这并不妨碍我们）。调整之后两角差的绝对值变小了，从而两角正弦之和变大了。再调整一次，或直接用一下推论 3，问题便解决了。

这思路具体化之后，便是这样的证明：

如果 α、β、γ 不全相等，则其中最大者必大于 $p=\dfrac{\alpha+\beta+\gamma}{3}$，最小者必小于 p。不妨设 $\alpha<p<\beta$，记 $\alpha_1=\alpha+\beta-p$，则

$$\alpha_1+p=\alpha+\beta。$$

$$|\alpha_1-p|=|\alpha+\beta-2P|=|(\beta-p)-(p-\alpha)|<|(\beta-p)+(p-\alpha)|=|\beta-\alpha|。$$

由例 29.6 得

$$\sin\alpha+\sin\beta<\sin\alpha_1+\sin p。$$

$$\therefore \quad \sin\alpha+\sin\beta+\sin\gamma<\sin p+\sin\alpha_1+\sin\gamma\leqslant\sin p+2\sin\dfrac{\alpha_1+\gamma}{2}=3\sin p。$$

这种逐步调整的证题方法，是数学中的典型技巧之一。应用它，可以进一步证明

推论 6 设 $\alpha_1,\alpha_2,\cdots,\alpha_n$ 都是 $0°\sim180°$ 的角，则

$$\sin\alpha_1+\sin\alpha_2+\cdots+\sin\alpha_n\leqslant n\sin\dfrac{(\alpha_1+\alpha_2+\cdots+\alpha_n)}{n}。$$

这个推论的证明留作练习。

推论 7 给定半径的圆的一切内接三角形中，以正三角形周长最大。

设半径为 r，由弦长公式（一般正弦定理）得，内接三角形 ABC 周长为 $AB+BC$ $+CA=2r(\sin A+\sin B+\sin C)\leqslant 2r\cdot3\sin\dfrac{A+B+C}{3}=6r\sin60°=3r\sqrt{3}$，这正是内接正三角形周长。

推论 8 若 α、β、γ 都是 $0°\sim180°$ 的角，并且 $\dfrac{\alpha+\beta+\gamma}{3}\leqslant60°$，则

$$\cos\alpha+\cos\beta+\cos\gamma\leqslant 3\cos\frac{\alpha+\beta+\gamma}{3}。$$

如果 α、β、γ 都是锐角或直角,则由推论 5

$$\cos\alpha+\cos\beta+\cos\gamma$$

$$=\sin(90°-\alpha)+\sin(90°-\beta)+\sin(90°-\gamma)$$

$$\leqslant 3\sin\left(90°-\frac{\alpha+\beta+\gamma}{3}\right)=3\cos\frac{\alpha+\beta+\gamma}{3}。$$

如果其中有一个是钝角,例如 α 是钝角,则 β、γ 是锐角,则

$$\cos\alpha+\cos\beta+\cos\gamma$$

$$=-\sin(\alpha-90°)+\sin(90°-\beta)+\sin(90°-\gamma)$$

$$\leqslant\sin[90°-\beta-(\alpha-90°)]+\sin(90°-\gamma)$$

$$=\sin[180°-(\alpha+\beta)]+\sin(90°-\gamma)+\sin 0°$$

$$\leqslant 3\sin\frac{[180°-(\alpha+\beta)+90°-\gamma]}{3}$$

$$=3\sin\left(90°-\frac{\alpha+\beta+\gamma}{3}\right)$$

$$=3\cos\frac{\alpha+\beta+\gamma}{3}。$$

第二步用到 $\sin x-\sin y\leqslant\sin(x-y)$,这等价于

$$\sin y+\sin(x-y)\geqslant\sin[(x-y)+y]=\sin x。$$

这是推论 1 的变形。

在推论 8 中,取 $\alpha+\beta+\gamma=180°$ 的特殊情形,又一次证明了在例 29.5 中所用到的不等式

$$\cos A+\cos B+\cos C\leqslant\frac{3}{2}$$

绕了一个圈子,又把证过的一个不等式再证一次。但这圈子并没有白绕,这是一次小小的游戏,它使你对数学大花园的某些角落更熟悉了。应用这次小小的旅游中学到的逐步调整法,可以获得下面重要结果。

【例 29.7】 面积等于给定数 S 的所有三角形中,正三角形周长最小。

我们分两步,把一个面积为 S 的三角形 ABC 调整成正三角形。每次,都保持它的面积不变,但周长变小,这就证明了等积的三角形中,正三角形周长最小。

第一步,先证明这样的命题:设 $\triangle ABC$ 与 $\triangle ABC_1$ 中,$CC_1 /\!/ AB$,且 CC_1 与 AB 的中垂线交于 N,则 $\triangle ABC = \triangle ABC_1$,并且当 $C_1N < CN$ 时,$\triangle ABC_1$ 的周长较 $\triangle ABC$ 的周长小。

不妨设 C 与 C_1 在点 N 的同侧,自 A 向直线 CC_1 引垂线垂足为 Q,再延长至 A_1 使 $A_1Q = QA$,则

$$A_1C_1 = AC_1,$$

$$A_1C = AC。$$

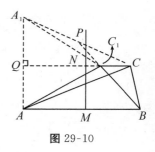

再延长 BC_1 与 A_1C 交于 P,如图 29-10,则:

$$AC + BC = A_1C + BC = A_1P + (PC + BC)$$

$$> A_1P + PB = A_1P + PC_1 + C_1B$$

$$> A_1C_1 + BC_1 = AC_1 + BC_1。$$

这表明 $\triangle ABC_1$ 的周长比 $\triangle ABC$ 小。由 $C_1C /\!/ AB$,两三角形等积。

图 29-10

根据这个命题可以完成第一步调整:把 $\triangle ABC$ 的一个角调为 $60°$。事实上,如果 $\triangle ABC$ 不是正三角形,则其最大角大于 $60°$,最小角小于 $60°$。不妨设 $\angle ABC > 60° > \angle BAC$,于是让 C 点沿平行于 AB 的直线向 AB 的中垂线 MN 移动,移至 C_1,使 $\angle ABC_1$ 与 $\angle BAC_1$ 中至少有一个为 $60°$,则 $\triangle ABC_1$ 的面积与 $\triangle ABC$ 的面积相等但周长较小,且有一个角为 $60°$。第一步调整完成。

第二步,先证明这样的命题:若 $\angle ABC = \angle A_1BC_1$,$AB + BC = A_1B + BC_1$,$A_1B = BC_1$,$AB \neq BC$,则 $\triangle ABC$ 面积比 $\triangle A_1BC_1$ 小而周长比 $\triangle A_1BC_1$ 大(图 29-11)。

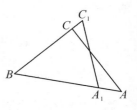

这个断言可以验算加以证实。

记 $A_1B = BC_1 = l$,$AB = l + t$,则 $BC = l - t$,于是

图 29-11

$$\triangle ABC = \frac{1}{2}AB \cdot BC\sin B$$

$$= \frac{1}{2}(l+t)(l-t)\sin B$$

$$= \frac{1}{2}(l^2-t^2)\sin B$$

$$< \frac{1}{2}l^2\sin B$$

$$= \frac{1}{2}A_1B \cdot BC_1\sin B$$

$$= \triangle A_1BC_1 。$$

但是 $AC^2 = AB^2 + BC^2 - 2AB \cdot BC\cos B$

$$= (l+t)^2 + (l-t)^2 - 2(l^2-t^2)\cos B$$

$$= l^2 + l^2 - 2l^2\cos B + 2t^2(1+\cos B)$$

$$= A_1C_1^2 + 2t^2(1+\cos B) > A_1C_1^2 。$$

$\therefore$ $AC > A_1C_1$。

用这个命题,当 $\angle B = 60°$ 时,$\triangle A_1BC_1$ 就成了正三角形。它面积比 $\triangle ABC$ 大而周长比 $\triangle ABC$ 小,这就完成了第二步调整。例 29.7 证毕。 □

这个题目告诉我们:比较难的题目,可以分成几个小题目来逐步解决。化整为零,化难为易,是数学中对付大题目、难题目的基本战略思想。

我们下面介绍的这个定理,被不少几何专家认为是平面几何中最优美的定理。从它的证明中,也可以体现化整为零的思想。

【例 29.8】 (莫勒定理)如图 29-12,$\triangle ABC$ 中,DC、EC 是 $\angle C$ 的三等分线,DB、FB 是 $\angle B$ 的三等分线,EA、FA 是 $\angle A$ 的三等分线。求证:$\triangle DEF$ 是正三角形。

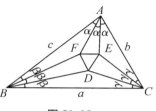

图 29-12

证明:设 $\angle A = 3\alpha$,$\angle B = 3\beta$,$\angle C = 3\gamma$,则 $\alpha + \beta + \gamma = 60°$。

在△AFB内用正弦定理得：

$$\frac{AF}{\sin \beta}=\frac{c}{\sin (\alpha+\beta)}=\frac{c}{\sin (60°-\gamma)}。$$

$$\therefore \quad AF=\frac{c\sin \beta}{\sin (60°-\gamma)}。$$

同理：$AE=\dfrac{b\sin \gamma}{\sin (60°-\beta)}$。

在△ABC中用正弦定理得：$\dfrac{b}{c}=\dfrac{\sin 3\beta}{\sin 3\gamma}$。

$$\therefore \quad \frac{AE}{AF}=\frac{\sin 3\beta \cdot \sin r \cdot \sin (60°-\gamma)}{\sin 3\gamma \cdot \sin \beta \cdot \sin (60°-\beta)}。$$

但是，由前面（例 28.3）证过的等式

$$\sin \alpha+\sin \beta=2\sin \left(\frac{\alpha+\beta}{2}\right)\cos \left(\frac{\alpha-\beta}{2}\right)，$$

可得 $\quad \sin 3\beta+\sin \beta=2\sin 2\beta \cdot \cos \beta=4\sin \beta \cdot \cos ^2\beta$。

$$\therefore \quad \sin 3\beta=\sin \beta(4\cos ^2\beta-1)$$
$$=\sin \beta(3\cos ^2\beta-\sin^2 \beta)$$
$$=\sin \beta \cdot (\sqrt{3}\cos \beta-\sin \beta)(\sqrt{3}\cos \beta+\sin \beta)$$
$$=4\sin \beta \cdot \sin (60°+\beta) \cdot \sin (60°-\beta)。$$

$$\therefore \quad \frac{AE}{AF}=\frac{\sin (60°+\beta)}{\sin (60°+\gamma)}。$$

如果作一个三角形 XYZ，使∠$X=\alpha$，∠$Y=$∠$60°+\beta$，∠$Z=60°+\gamma$，则△XYZ 与△AFE 相似，故∠$AFE=$∠$Y=60°+\beta$，∠$AEF=60°+\gamma$。同理，∠$BFD=60°+\alpha$。

$$\therefore \quad ∠DFE=360°-∠AFB-∠AFE-∠BFD$$
$$=360°-(180°-\alpha-\beta)-(60°+\beta)-(60°+\alpha)$$
$$=60°。$$

同理，∠FDE 和∠DEF 也为 $60°$，故△DEF 为正三角形。 □

这个证明不算长，但技巧性很高。一开始求出

$$\frac{AE}{AF} = \frac{\sin 3\beta \cdot \sin \gamma \cdot \sin (60^\circ - \gamma)}{\sin 3\gamma \cdot \sin \beta \cdot \sin (60^\circ - \beta)}$$

是比较容易的,但使用恒等式

$$\sin 3\beta = 4\sin \beta \cdot \sin (60^\circ + \beta) \cdot \sin (60^\circ - \beta)$$

是很高的技巧。最后一步作 $\triangle XYZ$ 使 $\triangle AEF \backsim$
$\triangle XYZ$,又是一种技巧,这种技巧叫"同一法"。同
一法的含意是,要证明一个图形有某性质(如这里
要证明 $\angle AFE = 60^\circ + \beta$),可以构造另一个有此性质
的图形,再设法指出所构造的图形与要证的图形有

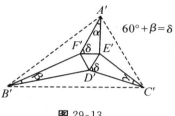

图 29-13

共同之处。使用同一法,可以给莫勒定理一个十分简捷的证明。

不是要证图 29-12 中的 $\triangle DEF$ 是正三角形吗? 我们反其道而行之,先画个正
三角形,从这个正三角形出发造出和图 29-12 中的 $\triangle ABC$ 相似的三角形,对我们
造出的三角形,莫勒定理成立,从而证明莫勒定理的结论对 $\triangle ABC$ 也成立。

设 $\triangle D'E'F'$ 是正三角形,如图 29-13,作 $\triangle A'F'E'$、$\triangle B'D'F'$、$\triangle C'D'E'$ 使得:

$\angle A'F'E' = 60^\circ + \beta, \angle A'E'F' = 60^\circ + \gamma,$

则　$\angle F'A'E' = \alpha_\circ$

$\angle B'D'F' = 60^\circ + \gamma, \angle B'F'D' = 60^\circ + \alpha,$

则　$\angle D'B'F' = \beta_\circ$

$\angle C'D'E' = 60^\circ + \beta, \angle C'E'D' = 60^\circ + \alpha,$

则　$\angle D'C'E' = \gamma_\circ$

然后连 $A'B'$、$B'C'$、$A'C'$。我们来证明 $\angle E'A'C' = \alpha, \angle E'C'A' = \gamma$。在 $\triangle A'E'$
F' 和 $\triangle C'E'D'$ 中分别用正弦定理得

$$\frac{A'E'}{\sin (60^\circ + \beta)} = \frac{F'E'}{\sin \alpha}, \frac{C'E'}{\sin (60^\circ + \beta)} = \frac{D'E'}{\sin \gamma}_\circ$$

两式相比得:

$$\frac{A'E'}{C'E'} = \frac{F'E'}{D'E'} \frac{\sin \gamma}{\sin \alpha} = \frac{\sin \gamma}{\sin \alpha}_\circ$$

（这里用到 $\triangle D'E'F'$ 是正三角形，因而 $F'E'=D'E'$。）

由于 $\angle A'E'C'=360°-\angle A'E'F'-\angle C'E'D'-\angle D'E'F'$

$$=360°-(60°+\gamma)-(60°+\alpha)-60°$$

$$=180°-\gamma-\alpha,$$

如果在 $E'C'$ 上取一点 T 使 $\angle E'A'T'=\alpha$，如图 29-14，则 $\angle E'$
$TA'=\gamma$，而且

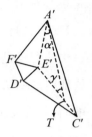

图 29-14

$$\frac{A'E'}{TE'}=\frac{\sin\gamma}{\sin\alpha}=\frac{A'E'}{C'E'}。$$

可见 $TE'=C'E'$，即 T 与 C' 重合，这证明了

$$\angle E'C'A'=\gamma, \quad \angle E'A'C'=\alpha。$$

同理，$\angle B'A'F'=\alpha$，$\angle A'B'F'=\beta$，$\angle B'C'D'=\gamma$，$\angle D'B'C'=\beta$。
即莫勒定理的结论对 $\triangle A'B'C'$ 成立，但 $\triangle A'B'C'\backsim\triangle ABC$，故莫勒定理对 $\triangle ABC$
也成立。 □

比较两种证法，我们发现，后一种证法用的知识少得多，只用了三角形内角和
定理和正弦定理。前一种证法则要用正弦加法定理，三倍角的正弦展开式，以及
$60°$角的余弦值等。

但后一种证法一开始构图时用的 $60°+\alpha$, $60°+\beta$, $60°+\gamma$ 等角，是怎么得来的
呢？如果是由前一证法的提示，那也就不妙了！

其实，这可以由分析图形得来。在图 29-12 中，如果要证的结论成立，则 $EF=$
DE，由正弦定理得

$$\frac{AE}{\sin\angle AFE}=\frac{FE}{\sin\alpha}, \quad \frac{CE}{\sin\angle CDE}=\frac{DE}{\sin\gamma}。$$

两式相比得：

$$\frac{AE\sin\angle CDE}{CE\sin\angle AFE}=\frac{FE}{DE}\cdot\frac{\sin\gamma}{\sin\alpha}=\frac{AE}{CE}。$$

（这里用到 $FE=DE$ 的假定，以及在 $\triangle AEC$ 中应用正弦定理）

得出

$$\frac{\sin \angle CDE}{\sin \angle AFE}=1。$$

这提示我们 $\angle CDE=\angle AFE$，同理 $\angle CED=\angle BFD$，$\angle BDF=\angle AEF$。分别记 $x=\angle CDE=\angle AFE$，$y=\angle CED=\angle BFD$，$z=\angle BDF=\angle AEF$，则

$$\begin{cases} x+y=180°-\gamma, & (1)\\ x+z=180°-\alpha, & (2)\\ y+z=180°-\beta。 & (3) \end{cases}$$

三式相加，用上 $\alpha+\beta+\gamma=60°$，可得

$$x+y+z=240°。 \tag{4}$$

分别从(4)中减去(1)、(2)、(3)，可得 $x=60°+\beta$，$y=60°+\alpha$，$z=60°+\gamma$。这就是我们构图的根据。

可用三角方法解的题极多，你不可能、也没有必要把这些题目都找来做一做。略选几题，试试眼光，练练手法，有了收获就好。但一个题目，最好做明白、做透，这才能举一反三，事半功倍。

习 题 二 十 九

29.1 在图 29-1 中，试证：$\dfrac{PA}{PC}=\dfrac{GA}{GC}$，$\dfrac{PB}{PD}=\dfrac{FB}{FD}$。

29.2 在图 29-3 中，设 $\angle P=\alpha$，$\angle Q=\beta$，则

$$\frac{PB}{PA}=\frac{\sin \theta_1}{\sin (\theta_1+\alpha)}，\frac{QB}{QA}=\frac{\sin \theta_2}{\sin (\theta_2-\beta)}。$$

试证：$\dfrac{\sin (\theta_1+\alpha)-\sin \theta_1}{\sin \alpha \cdot \cos \theta_1} \leqslant \dfrac{\sin \theta_2-\sin (\theta_2-\beta)}{\sin \beta \cdot \cos \theta_2}$。

（从而提供例 29.2 的又一种解法，而且不用添辅助线）

29.3 试证筝形中的蝴蝶定理：如图，PQ 是 AB 的中垂线，M 是 AB 的中点，过 M 作两直线分别与直线 AQ、PB 交于 C、D，与直线 AP、BQ 交于 F、E。连 CF、DE 分别与 AB 交于 G、H。求证：$MG=MH$。

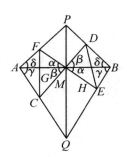

第 3 题图

29.4 求证:对任意三角形 ABC,

$$\sin A \cdot \sin B \cdot \sin C \leqslant \frac{3\sqrt{3}}{8}。$$

29.5 求证:面积一定的四边形中,正方形周长最小。

29.6 给出本节中推论 6 的证明。

29.7 在 $\triangle ABC$ 中,如果 $\dfrac{AB}{AC}=\dfrac{\sin \alpha}{\sin \beta}$,是否就可得知 $\angle C=\alpha$,$\angle B=\beta$?

如果加上条件 $\angle A+\alpha+\beta=180°$ 呢?

这本书,讲的是三角函数:正弦、余弦,也提到正切。

正弦、余弦和正切,课堂上也要讲的。这里的讲法与课堂上不一样,但讲的是同一件事。正如一尊美丽的雕像,从不同角度看,它是不同的,但它总是同一尊雕像。

读了这本书的下篇,最好能回顾一下,想想下面几个问题:

我们是如何引进一个角的正弦的? 为了引进正弦,要有什么准备知识?

课堂上是如何引进正弦的? 要有什么准备知识?

正弦的基本性质——增减性、补角正弦、加法定理、正弦定理等,我们是怎样证明的? 要证明这些性质,需要什么基本知识?

余弦在这本书里是如何引进的?

余弦的基本性质——增减性、补角余弦、加法定理、余弦定理等,是怎样证明的?

正切在这本书里是如何引进的?

正弦、正切与圆有什么关系?

这些东西你弄清楚之后,便会发现,这本书里讲的东西并不多,它们之间的逻辑关系相当简单。为了引进正弦、余弦和正切,用到的知识也不多。

但你如果把我们介绍的例题仔细看看,习题再做上几个,便会看到,这不多的基本知识,运用起来变化却很多,用得好了,能帮你解决不少问题。

学数学,就是这么个过程:由多而少,由少而多。

开始学新东西,眼花缭乱,觉得很多。

学通了,想透了,你会发现,基本的东西、关键的东西并不多,抓住那么几点,就都带起来了。

进一步,应用你的知识去解决问题,你会发现:知识只那么几条,用起来却变化无穷,你还不知道的东西如汪洋大海,茫茫无边。

但你不必陷入题海,应当进入一又一个学习周期,取得新的基本知识。

习 题 十 七

17.1 能。只要规定：$\angle A$ 的正弦 $\sin A$ 是以 A 为顶角,两腰皆为 1 的等腰三角形的面积的两倍,如图(1),则对 $\triangle PAQ$ 有图(2)。

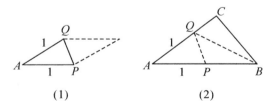

(1)   (2)

第 1 题答图

$$\triangle ABC = \frac{\triangle ABC}{\triangle ABQ} \cdot \frac{\triangle ABQ}{\triangle APQ} \cdot \triangle APQ$$

$$= \frac{AC}{AQ} \cdot \frac{AB}{AP} \cdot \left(\frac{1}{2} \sin A \right)$$

$$= \frac{1}{2} AB \cdot AC \sin A。$$

（注意：$AP = AQ = 1$）

17. 2 如图，$\triangle ABC = \frac{1}{2} \square ABCD = \frac{1}{2}$。

第 2 题答图

$$\therefore \quad \frac{1}{2} = \triangle ABC = \frac{1}{2} AC \cdot BO$$

$$= = \frac{1}{4} AC \cdot BD$$

$$= \frac{1}{4} AC^2 \text{。}$$

$$\therefore \quad AC = \sqrt{2} \text{。}$$

又由面积公式 $\frac{1}{2} = \triangle ABC = \frac{1}{2} AB \cdot AC \sin \angle CAB = \frac{1}{2} \times 1 \times \sqrt{2} \sin 45° \text{。}$

$$\therefore \quad \sin 45° = \frac{1}{\sqrt{2}} = \frac{\sqrt{2}}{2} \text{。}$$

习 题 十 八

18. 1 由 $\triangle ABC = \frac{1}{2} AB \cdot BC \sin B = \frac{1}{2} AC \cdot BC \sin C$，约去 $\frac{1}{2} BC$ 即得所要的

等式 $AB \sin B = AC \sin C$。

18. 2 如图，$\triangle ABM = \triangle ACM$，故

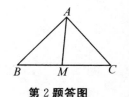

第 2 题答图

$$\frac{1}{2} AM \cdot BM \cdot \sin \angle AMB$$

$$= \frac{1}{2} AM \cdot CM \sin \angle AMC \text{。}$$

因 $\frac{1}{2} AM \cdot BM = \frac{1}{2} AM \cdot CM$，两端约去即得。

18. 3 利用面积公式

$$\frac{1}{2} AB \cdot BC \sin B = \triangle ABC = \frac{1}{2} AD \cdot BC \text{。}$$

由 $AB = 10, AD = 5$，两端约去 $\frac{1}{2} BC$ 后得 $10 \sin B = 5$，所以 $\sin B = \frac{1}{2} \text{。}$

18.4 由 $\triangle ABC = \triangle ABD + \triangle ACD$ 得

$$\frac{1}{2}AB \cdot AC \cdot \sin 2\alpha = \frac{1}{2}AB \cdot AD\sin\alpha + \frac{1}{2}AC \cdot AD \cdot \sin\alpha$$

即 $cbs = c \cdot AD \cdot t + b \cdot AD \cdot t$。

$\therefore \quad AD = \dfrac{s}{t} \cdot \dfrac{bc}{(b+c)}$。

18.5 $\dfrac{AP}{PB} = \dfrac{\triangle APC}{\triangle BPC}$

$$= \frac{AC \cdot PC\sin\beta}{BC \cdot PC\sin\alpha} \cdot \frac{\triangle AMC}{\triangle AMC} = \frac{AC \cdot \sin\beta}{BC \cdot \sin\alpha} \cdot \frac{AM \cdot AC\sin\alpha}{AM \cdot MC\sin\beta}$$

$$= \frac{AC}{BC} \cdot \frac{AC}{MC}$$

$$= \frac{1}{1} \cdot \frac{2}{1} = 2。$$

18.6 例 18.7 中已推出 $\dfrac{bh}{ac} + \dfrac{ah}{bc} = 1$ 及 $ab = ch$，故 $h = \dfrac{ab}{c}$，代入前式即得 $\dfrac{b^2 + a^2}{c^2}$ $= 1$，即 $a^2 + b^2 = c^2$。

18.7 如图，$\dfrac{MQ}{NQ} = \dfrac{\triangle MPQ}{\triangle NPQ}$

$$= \frac{MP \cdot PQ\sin\alpha}{NP \cdot PQ\sin\beta}$$

$$= \frac{AP\sin\alpha}{BP\sin\beta}$$

$$= \frac{AP \cdot AB\sin\alpha}{BP \cdot AB\sin\beta}$$

$$= \frac{\triangle PAB}{\triangle PAB} = 1。$$

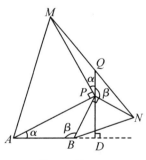

第 7 题答图

习 题 十 九

19.1 如图，把 $\triangle ABC$ 的边 BA 延长至 D 使 $AD = AB$，则 $\triangle DAC = \triangle BAC$。

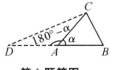

第 1 题答图

即

$$\frac{1}{2}AD \cdot AC\sin(180°-\alpha)=\frac{1}{2}AB \cdot AC \cdot \sin\alpha。$$

$\therefore \quad \sin(180°-\alpha)=\sin\alpha。$

19.2 因为在 $\triangle ABC$ 中,若 $\angle C=90°$,则 $\frac{a}{c}=\sin A\leqslant 1$,故 $a\leqslant c$,同理可知 $b\leqslant c$,即斜边 c 最长。($a=c$ 仅当 $AC=0$ 时成立)

19.3 由 $\sin A\leqslant\sin B$ 可推得 $\angle A\leqslant\angle B$。因为由正弦性质(性质3),$\angle A+\angle B<180°$ 时,如 $\angle A>\angle B$,则 $\sin A>\sin B$,矛盾。

习 题 二 十

20.1 在 $\triangle ABC$ 中,已知 $BC>AC$,可用反证法证明 $\angle A>\angle B$。因为:

如果 $\angle A<\angle B$,由例 20.2 已得 $BC<AC$,矛盾。

如果 $\angle A=\angle B$,早已证明(例 18.1)$BC=AC$,也矛盾。

20.2 如图,设 $ABCD$ 是等腰梯形,$AB /\!/ CD$,$AD=BC$。欲证 $\angle DAB=\angle CBA$。

由 $DC /\!/ AB$ 可得

$\triangle DAB=\triangle CBA$。

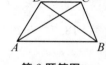
第2题答图

$\therefore \quad AD \cdot AB\sin\angle DAB=BC \cdot AB\sin\angle CBA$。

由 $AD=BC$ 得 $\sin\angle DAB=\sin\angle CBA$。

故 $\angle DAB$ 与 $\angle CBA$ 相等或互补,因 $ABCD$ 是梯形,AD 与 BC 为两腰不应平行,故 $\angle DAB$ 与 $\angle CBA$ 不能互补,只能相等。

20.3 $\dfrac{AN}{NC}=\dfrac{\triangle AMN}{\triangle NMC}=\dfrac{\triangle AMN}{\triangle NMB}=\dfrac{AM}{MB}=1$。

20.4 由例 20.5 导出的公式可知

$$S_{ABCD}=\frac{1}{2}AC \cdot BD\sin\theta\leqslant\frac{1}{2}AC \cdot BD,这里用到了 \sin\theta\leqslant 1。$$

20.5 仍成立。如题图,

$$S_{ABCD} = \triangle ABP + \triangle CBP - \triangle ADP - \triangle CDP。$$

20.6 如图 20-4,显然有 $\angle B = \alpha$,故 $\dfrac{h}{a} = \sin B = \sin \alpha = \dfrac{2}{5}$,$h = \dfrac{2a}{5}$,又由 $\angle A =$ $\angle BCD = \beta$,可得:

$$\frac{AD}{BD} = \frac{\triangle ADC}{\triangle BDC} = \frac{AC \cdot AD \sin \beta}{h \cdot BC \sin \beta} = \frac{2 \times 5}{\dfrac{2a}{5} \cdot a} = \frac{25}{a^2}。$$

$$\therefore \quad a^2 = \frac{25BD}{AD} = \frac{25 \times 10.5}{2} = \frac{25 \times 21}{4}。$$

$$\therefore \quad BC = a = \frac{5}{2}\sqrt{21}。$$

$$\therefore \quad h = \frac{2a}{5} = \sqrt{21}。$$

20.7 因为 $\triangle BPC = \triangle BDC = \triangle DQC$,故:

$$\frac{1}{2}DR \cdot QC \sin \angle DRC = \triangle DQC = \triangle BPC = \frac{1}{2}CR \cdot BP \sin \angle BRC。$$

两端约去 $\dfrac{1}{2}QC = \dfrac{1}{2}BP$(题设),得 $\dfrac{DR}{CR} = \dfrac{\sin \angle BRC}{\sin \angle DRC}$。

习题二十一

21.1 $S_{\square ABCD} = AB \cdot BC \sin 30° = 4 \times 5 \times \dfrac{1}{2} = 10$(平方厘米)。

21.2 $\triangle = \dfrac{1}{2} \times 10 \times 10 \times \sin 60° = 50 \times \dfrac{\sqrt{3}}{2} = 25\sqrt{3}$(平方厘米)。

21.3 如图,设 $\triangle PAB$ 在 AB 边上的高为 h,则 $AB \cdot h =$

$2\triangle PAB = PA \cdot PB \sin \angle APB = PB^2 \times \sin 150° = \dfrac{1}{2} \times \left(h^2 + \dfrac{1}{4}\right)$。

由 $AB = 1$,得:$2h = h^2 + \dfrac{1}{4}$。

$$\therefore \quad PC^2 = \left(\frac{1}{2}\right)^2 + (1-h)^2 = \frac{1}{4} + 1 - 2h + h^2 = 1(\text{将 } 2h =$$

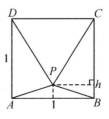

第 3 题答图

$h^2+\dfrac{1}{4}$ 代入）。

故 $PC=1$。

同理，$PD=1$。

21.4 如图，在直线 MX 上取 A，作 $\angle MAB=\beta$，$\angle BAY$

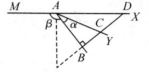

$=\alpha$，过 B 作 AB 的垂线交 AY 于 C，交 AX 于 D，则由

$$\triangle ACD=\triangle ABD-\triangle ABC,$$

可得 $AC \cdot AD\sin(180°-\alpha-\beta)=AB \cdot AD\sin(180°$

第 4 题答图

$-\beta)-AB \cdot AC\sin\alpha$。两端用 $AC \cdot AD$ 除，并由 $\sin(180°-t)=\sin t$，得

$$\sin(\alpha+\beta)=\dfrac{AB}{AC}\sin\beta-\dfrac{AB}{AD}\sin\alpha$$

$$=\sin\beta \cdot \sin\angle ACB-\sin\alpha \cdot \sin\angle ADB$$

$$=\sin\beta \cdot \sin(90°-\alpha)-\sin\alpha \cdot \sin(\beta-90°)。$$

（最后一步由 $\beta=\angle MAB=\angle ADB+\angle ABD$ 得出）

21.5 可利用上题结果来做。记 $\gamma=180°-\beta$，则

$$\sin(\beta-\alpha)=\sin[180°-(\beta-\alpha)]$$

$$=\sin(\gamma+\alpha)（符合上题条件）$$

$$=\sin\gamma \cdot \sin(90°-\alpha)-\sin\alpha \cdot \sin(\gamma-90°)$$

$$=\sin\beta \cdot \sin(90°-\alpha)-\sin\alpha \cdot \sin(90°-\beta)。$$

21.6 $\sin\alpha+\sin\beta$ 大。因 $\sin(\alpha+\beta)=\sin\alpha \cdot \sin(90°-\beta)+\sin\beta \cdot \sin(90°-\alpha)$，而 $\sin(90°-\beta)$、$\sin(90°-\alpha)$ 都小于 1。

21.7 如图，$\sin\angle BAC$

$$=\sin(180°-\angle B-\angle C)$$

$$=\sin B \cdot \sin(90°-C)+\sin C \cdot \sin(90°-B),$$

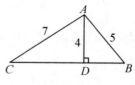

第 7 题答图

易知 $\sin B=\dfrac{4}{5}$，$\sin C=\dfrac{4}{7}$。

$$\sin(90°-C)=\sin\angle CAD=\frac{CD}{7},\sin(90°-B)=\frac{BD}{5},$$

再用勾股定理求出 CD、BD。

习 题 二 十 二

22.1 先求出$\angle C=45°$,再用正弦定理

$$\frac{AB}{\sin C}=\frac{AC}{\sin B}。$$

$$\therefore AC=\frac{AB\sin B}{\sin C}=\frac{6\times\sin30°}{\sin45°}=\frac{6}{\sqrt{2}}=3\sqrt{2}(厘米)。$$

22.2 由题设

$$\frac{9}{7}=\frac{\triangle AMC}{\triangle BMD}=\frac{AM\cdot AC\sin A}{BM\cdot BD\sin B}=\frac{10\sin A}{8\sin B},$$

$$\therefore \frac{\sin A}{\sin B}=\frac{36}{35},由正弦定理:\frac{AP}{BP}=\frac{\sin B}{\sin A}=\frac{35}{36}。$$

22.3 如图:$\frac{BD}{\sin\alpha}=\frac{AB}{\sin\beta}=\frac{AC}{\sin(180°-\beta)}=\frac{CD}{\sin\alpha}。$

故 $BD=CD$。

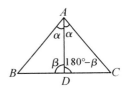

第 3 题答图

22.4 如图,先证对边相等:

$$\frac{DC}{\sin\alpha}=\frac{AC}{\sin\angle ADC}=\frac{AC}{\sin\angle ABC}=\frac{AB}{\sin\alpha}。$$

于是 $DC=AB$,同理 $AD=BC$。

再证 $DO=BO$,即对角线互相平分:

$$\frac{DO}{\sin\alpha}=\frac{AD}{\sin\angle1}=\frac{BC}{\sin\angle2}=\frac{BO}{\sin\alpha}。$$

故 $DO=BO$。同理,$AO=CO$。

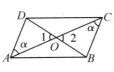

第 4 题答图

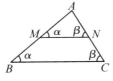

第 5 题答图

22.5 如图，M 是 $\triangle ABC$ 的 AB 边中点，过 M 作 BC 的平行线交 AC 于 N。则由正弦定理得：

$$\frac{AN}{\sin \alpha} = \frac{AM}{\sin \beta}, \frac{AC}{\sin \alpha} = \frac{AB}{\sin \beta}。$$

两式相比得 $\dfrac{AN}{AC} = \dfrac{AM}{AB} = \dfrac{1}{2}$。

22.6 由正弦定理得

$$\frac{AC}{\sin \angle ABC} = \frac{AB}{\sin \angle ACB} = \frac{A'B'}{\sin \angle A'C'B'} = \frac{A'C'}{\sin \angle A'B'C'}。$$

∴ $\sin \angle ABC = \sin \angle A'B'C'$。

因为已设 $\angle ACB + \angle A'C'B' = 180°$，故不会有 $\angle ABC + \angle A'B'C' = 180°$（否则 $\angle BAC = \angle B'A'C' = 0$）。于是 $\angle ABC = \angle A'B'C'$。

22.7 证法与例 22.2 同。可参看图 22-4：

记 BP、CQ 交点为 O，设 $\angle ABC = 3\beta$，$\angle ACB = 3\alpha$，只要证明 $\alpha = \beta$。以下照搬例 22.2。

此题解法很多，希望再想出一些别的方法。

习 题 二 十 三

23.1 $\cos 30° = \sin 60° = \dfrac{\sqrt{3}}{2}$，$\cos 45° = \sin 45° = \dfrac{\sqrt{2}}{2}$，$\cos 60° = \sin 30° = \dfrac{1}{2}$，

$\cos 120° = -\cos 60° = -\dfrac{1}{2}$，$\cos 135° = -\dfrac{\sqrt{2}}{2}$，$\cos 150° = -\dfrac{\sqrt{3}}{2}$。

23.2 $\cos 75° = \cos (30° + 45°)$

$$= \cos 30° \cdot \cos 45° - \sin 30° \cdot \sin 45°$$

$$= \frac{\sqrt{3}}{2} \cdot \frac{\sqrt{2}}{2} - \frac{1}{2} \cdot \frac{\sqrt{2}}{2} = \frac{\sqrt{2}}{4}(\sqrt{3} - 1)。$$

$\cos 105° = \cos (60° + 45°) = \cos 60° \cdot \cos 45° - \sin 60° \cdot \sin 45°$

$$= \frac{\sqrt{2}}{4}(1 - \sqrt{3})。$$

$$\cos 15° = \cos(45° - 30°) = \cos 45° \cdot \cos 30° + \sin 30° \cdot \sin 45°$$

$$= \frac{\sqrt{2}}{4}(\sqrt{3} + 1)。$$

23.3 自 A、B、C 向直线 l 引垂线,记垂足顺次为 X、Y、Z,如图,则易验证:

$$AB\cos\angle APQ = XY,$$

$$BC\cos\angle BQR = -ZY,$$

$$AC\cos\angle ARQ = -XZ。$$

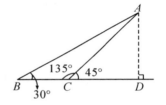

第 3 题答图

所要证的等式即

$$XY - ZY - XZ = 0。$$

23.4 $\dfrac{BD}{CD} = \dfrac{AB\cos 30°}{AC\cos 45°}$(参看图)

$$= \frac{\sin 135°}{\sin 30°} \cdot \frac{\cos 30°}{\cos 45°} = \sqrt{3}。$$

第 4 题答图

23.5 $\cos(\alpha - \beta) = \sin[90° - (\alpha - \beta)]$

$$= \sin[(90° - \alpha) + \beta]$$

$$= \sin(90° - \alpha)\cos\beta + \cos(90° - \alpha)\sin\beta$$

$$= \cos\alpha \cdot \cos\beta + \sin\alpha \cdot \sin\beta。$$

这个推导适合于 α 为锐角的情形。若 $\alpha \geqslant 90°$,则可用 $\cos(\alpha - \beta) = \cos[(\alpha - 90°) + (90° - \beta)]$ 化为余弦加法公式。

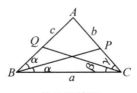

第 5 题答图

23.6 用例 23.1 所求得的公式可得(参看图)

$$BP = \frac{2ac\cos\alpha}{a + c}, \quad CQ = \frac{2ab\cos\beta}{a + b}。$$

由 $BP = CQ$ 得 $\dfrac{c\cos\alpha}{a + c} = \dfrac{b\cos\beta}{a + b}$。

可改写成

$$\frac{\cos\alpha}{\cos\beta}=\frac{\left(1+\dfrac{a}{c}\right)}{\left(1+\dfrac{a}{b}\right)}。$$

若 $\alpha\geqslant\beta$,则 $\cos\alpha\leqslant\cos\beta,b\geqslant c$,上式左端 $\leqslant 1$,右端 $\geqslant 1$,故两端皆为 1。若 $\alpha<\beta$,同理。于是 $\alpha=\beta,b=c$。

23.7 由正弦定理:

$$\frac{BC}{\sin A}=\frac{AB}{\sin C}=\frac{AC}{\sin B}。$$

所要证的等式等价于

$$\sin A=\sin C\cdot\cos B+\sin B\cdot\cos C=\sin(B+C)。$$

由于 $\angle A+\angle B+\angle C=180°$,$\sin A=\sin(B+C)$ 确实成立。

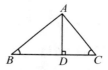

第 7 题答图

另一证法,如图:$AB\cos B+AC\cos C=BD+DC=BC$。当 $\angle B$ 与 $\angle C$ 中有一个为钝角时,画一图来检验。

习 题 二 十 四

24.1 如图,当 $\angle ACB=90°$ 时,作 $\triangle QAC$ 的高 QD,则

$$QD=c\sin\angle QAC=c\sin\angle ABC=AC=b。$$

故 $\triangle QAC=\dfrac{b^2}{2}$。同理可证 $\triangle PBC=\dfrac{a^2}{2}$。

24.2 如图 24-2,记 $PC=QC=l$(注意 $\angle CPQ=\angle CQP$),$\triangle PQC=\triangle ABC-\triangle APC-\triangle BQC$。

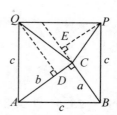

第 1 题答图

但

$$\triangle PQC=\frac{1}{2}l^2\sin\left[180°-2(\alpha+\beta)\right]=l^2\sin(\alpha+\beta)\cdot\cos(\alpha+\beta)=-l^2\sin C\cdot\cos C,$$

$$\triangle ABC=\frac{1}{2}ab\sin C,\ \triangle APC=\frac{1}{2}bl\sin\beta=\frac{1}{2}bl\sin B,$$

$$\triangle BQC=\frac{1}{2}al\sin\alpha=\frac{1}{2}al\sin A,$$

$$\therefore\ -l^2\sin C\cdot\cos C=\frac{1}{2}ab\sin C-\frac{1}{2}bl\sin B-\frac{1}{2}al\sin A。$$

两端同用 $\frac{1}{2}ab\sin C$ 除：

$$-2\left(\frac{1}{a}\right)\left(\frac{1}{b}\right)\cos C=1-\frac{l}{a}\cdot\frac{\sin B}{\sin C}-\frac{l\sin A}{b\sin C}。$$

再应用正弦定理：

$$\frac{l}{a}=\frac{\sin B}{\sin C}=\frac{b}{c},\ \frac{l}{b}=\frac{\sin A}{\sin C}=\frac{a}{c}。$$

代入即得

$$-\frac{2ab\cos C}{c^2}=1-\frac{b^2}{c^2}-\frac{a^2}{c^2}。$$

$$\therefore\ c^2=a^2+b^2-2ab\cos C。$$

24.3 利用 $\sin C=\sin(A+B)=\sin A\cdot\cos B+\cos A\cdot\sin B$，两端平方得

$$\sin^2 C=\sin^2 A\cdot\cos^2 B+\sin^2 B\cdot\cos^2 A+2\sin A\cdot\sin B\cdot\cos A\cdot\cos B$$

$$=\sin^2 A\cdot(1-\sin^2 B)+\sin^2 B\cdot(1-\sin^2 A)+2\sin A\cdot\sin B\cdot\cos A\cdot\cos B$$

$$=\sin^2 A+\sin^2 B+2\sin A\cdot\sin B(\cos A\cdot\cos B-\sin A\cdot\sin B)$$

$$=\sin^2 A+\sin^2 B+2\sin A\cdot\sin B\cdot\cos(A+B)$$

$$=\sin^2 A+\sin^2 B-2\sin A\cdot\sin B\cdot\cos C。$$

再用 $\frac{\sin A}{a}=\frac{\sin B}{b}=\frac{\sin C}{c}$，把 $\sin A$、$\sin B$、$\sin C$ 换成 a、b、c。

24.4 用余弦定理，

$$BC^2=AB^2+AC^2-2AB\cdot AC\cos A=25+9-2\times3\times5\times\frac{1}{2}=19。$$

$$\therefore \quad BC = \sqrt{19}.$$

24.5 如图，$AC^2 = a^2 + b^2 - 2ab\cos\angle ABC$，

$BD^2 = a^2 + b^2 - 2ab\cos\angle DAB$。

由 $\angle ABC = 180° - \angle DAB$，

故 $\cos\angle ABC + \cos\angle DAB = 0$。

于是两式相加，即得所求。

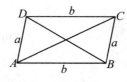

第 5 题答图

24.6 如图，当 $\angle C = 0°$ 时，$\cos 0° = 1$，

$c^2 = a^2 + b^2 - 2ab\cos 0° = a^2 + b^2 - 2ab = (a-b)^2$。［图

(1)］

　　当 $\angle C = 180°$ 时，$\cos 180° = -1$，$c^2 = a^2 + b^2 - 2ab\cos 180°$

$= a^2 + b^2 + 2ab = (a+b)^2$。［图(2)］

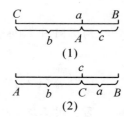

第 6 题答图

习 题 二 十 五

25.1 如图，用余弦定理：$\cos\alpha = \dfrac{4^2 + 5^2 - 3^2}{2 \times 4 \times 5} = \dfrac{4}{5}$，

$\cos\beta = \dfrac{5^2 + 5^2 - 5^2}{2 \times 5 \times 5} = \dfrac{1}{2}$，

$\therefore \quad \sin\alpha = \sqrt{1 - \cos^2\alpha} = \dfrac{3}{5}$，$\sin\beta = \dfrac{\sqrt{3}}{2}$。

$\therefore \quad \sin\angle ABC = \cos(\alpha + \beta) = \cos\alpha \cdot \cos\beta - \sin\alpha \cdot \sin\beta$

$= \dfrac{4 - 3\sqrt{3}}{10}$。

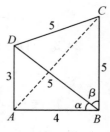

第 1 题答图

$\therefore \quad AC^2 = 4^2 + 5^2 - 2 \times 4 \times 5 \times \cos\angle ABC$

$= 16 + 25 - 40 \times \dfrac{4 - 3\sqrt{3}}{10} = 25 + 12\sqrt{3}$。

25.2 由中线长公式

$$m^2 = \frac{b^2 + c^2}{2} - \frac{a^2}{4}, \quad n^2 = \frac{a^2 + c^2}{2} - \frac{b^2}{4}, \quad l^2 = \frac{a^2 + b^2}{2} - \frac{c^2}{4},$$

三式相加得 $m^2+n^2+l^2=\dfrac{3}{4}(a^2+b^2+c^2)$。

$\therefore$ $\dfrac{1}{2}(a^2+b^2+c^2)=\dfrac{2}{3}(m^2+n^2+l^2)$。

从此式中分别减去前三式,可得

$a^2=\dfrac{4}{9}(2n^2+2l^2-m^2)$,

$b^2=\dfrac{4}{9}(2m^2+2l^2-n^2)$,

$c^2=\dfrac{4}{9}(2n^2+2m^2-l^2)$。

25.3 提示:利用三斜求积公式

$$\triangle^2=\dfrac{1}{16}\big[(b+c)^2-a^2\big]\big[a^2-(b-c)^2\big]。$$

将 $a=\dfrac{2\triangle}{h_a}$,$b=\dfrac{2\triangle}{h_b}$,$c=\dfrac{2\triangle}{h_c}$ 代入,

即可解出由 h_a、h_b、h_c 表达的 $\triangle ABC$ 的面积公式。

25.4 参看题图,记 $x=DQ,y=BP$,则由余弦定理

$$
\begin{aligned}
PQ^2 &=AP^2+AQ^2-2AP\cdot AQ\cos 45° \\
&=1+y^2+1+x^2-2AP\cdot AQ\sin 45° \\
&=x^2+y^2+2-4\triangle APQ \\
&=x^2+y^2+2-4(\square ABCD-\triangle ABP-\triangle ADQ-\triangle PCQ) \\
&=x^2+y^2+2-4\Big[1-\dfrac{x}{2}-\dfrac{y}{2}-\dfrac{(1-x)(1-y)}{2}\Big]=(x+y)^2。
\end{aligned}
$$

25.5 由三斜求积公式

$$(\triangle ABC)^2=\dfrac{1}{16}\big[(b+c)^2-a^2\big]\big[a^2-(b-c)^2\big],$$

应用条件 $BC=a=1,AB+AC=c+b=2k$,则

$$(\triangle ABC)^2=\dfrac{1}{16}(4k^2-1)\big[1-(b-c)^2\big]。$$

可见，$(b-c)^2$ 愈小，$\triangle ABC$ 愈大。故当 $b=c=k$ 时，$\triangle ABC$ 最大。

此时

$$(\triangle ABC)^2 = \frac{4k^2-1}{16}。$$

$$\therefore \quad \triangle ABC = \frac{\sqrt{4k^2-1}}{4}。$$

25.6 如果四点中一点在另三点所成的三角形内，不妨设 D 在 $\triangle ABC$ 内，如图(1)，则 $\angle ADB$、$\angle BDC$、$\angle ADC$ 中至少有一钝角。若四点中没有一点在另三点所成的三角形内，如图(2)，则 $\angle ABC$、$\angle BCD$、$\angle CDA$、$\angle DAB$ 中，至少有一个角不小于 $90°$。总之，四点中总有三点成为非锐角三角形。只需证明，非锐角三角形的最大边不小于最小边的 $\sqrt{2}$ 倍。设 $\triangle ABC$ 中，$\angle C \geqslant 90°$，而且 $b \geqslant a$，则

$$c^2 = a^2 + b^2 - 2ab\cos C \geqslant a^2 + b^2 \geqslant 2a^2。$$

$$\therefore \quad c \geqslant \sqrt{2}a。$$

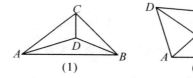

(1)　　　　　　(2)

第 6 题答图

习题二十六

26.1 在例 26.2 中，取 $AB=BC=AC$，就得到例 26.1。可见，例 26.1 是例 26.2 的特殊情形。

26.2 设 $\triangle ABC$ 在 BC 边上的高为 h，则

$$R = \frac{AB \cdot AC}{2h}, \quad r = \frac{AD \cdot AE}{2h}。$$

记 $AB=AC=a$，$AD=AE=b$，

则　$R = \dfrac{a^2}{2h}$，$r = \dfrac{b^2}{2h}$。

而△ABD 外接圆半径为 $R_1 = \dfrac{AB \cdot AD}{2h} = \dfrac{ab}{2h}$，

　　△ADC 外接圆半径为 $R_2 = \dfrac{AD \cdot AC}{2h} = \dfrac{ab}{2h}$，

∴　　$R_1 = R_2 = \sqrt{Rr}$。

26.3　设正五边形外接圆半径为 R，由于它的边所对圆周角是 $\dfrac{180°}{5} = 36°$，而对

角所对圆周角是 $72°$，故边长与对角线之比为 $\dfrac{2R\sin 36°}{2R\sin 72°} = \dfrac{\sin 36°}{2\sin 36°\cos 36°}$

$= \dfrac{1}{2\cos 36°}$。

而　$\cos 36° = \sqrt{1 - \sin^2 36°} = \sqrt{1 - \dfrac{5 - \sqrt{5}}{8}} = \sqrt{\dfrac{3 + \sqrt{5}}{8}} = \dfrac{1 + \sqrt{5}}{4}$。

故边长与对角线之比为 $\dfrac{2}{1 + \sqrt{5}} = \dfrac{\sqrt{5} - 1}{2}$。

习 题 二 十 七

27.1　$\tan(\alpha - \beta) = \dfrac{\sin(\alpha - \beta)}{\cos(\alpha - \beta)}$

$$= \dfrac{\sin\alpha \cdot \cos\beta - \cos\alpha \cdot \sin\beta}{\sin\alpha \cdot \cos\beta + \sin\alpha \cdot \sin\beta}$$

$$= \dfrac{\dfrac{\sin\alpha \cdot \cos\beta - \cos\alpha \cdot \sin\beta}{\cos\alpha \cdot \cos\beta}}{\dfrac{\cos\alpha \cdot \cos\beta + \sin\alpha \cdot \cos\beta}{\cos\alpha \cdot \cos\beta}}$$

$$= \dfrac{\tan\alpha - \tan\beta}{1 + \tan\alpha \cdot \tan\beta}。$$

27.2　根据根与系数的关系，$\tan\alpha \cdot \tan\beta = 1$，即 $\dfrac{\sin\alpha}{\cos\alpha} \cdot \dfrac{\sin\beta}{\cos\beta} = 1$。可见：$\sin\alpha$

$\cdot \sin\beta = \cos\alpha \cdot \cos\beta$。

　　$\cos(\alpha + \beta) = \cos\alpha \cdot \cos\beta - \sin\alpha\sin\beta = 0$。

即 $\alpha+\beta=90°$,所以△ABC是直角三角形。

27.3 周长 $L=2r\left(\cot\dfrac{A_1}{2}+\cot\dfrac{A_2}{2}+\cdots+\cot\dfrac{A_n}{2}\right)$,

面积 $S=r^2\left(\cot\dfrac{A_1}{2}+\cot\dfrac{A_2}{2}+\cdots+\cot\dfrac{A_n}{2}\right)$。

这里 r 是多边形 $A_1A_2\cdots A_n$ 的内切圆半径,$A_1,A_2,\cdots,A_n$ 是多边形的诸内角。

27.4 由 $\tan45°=1$,

故 $\dfrac{1+\tan15°}{1-\tan15°}=\dfrac{\tan45°+\tan15°}{1-\tan45°\tan15°}=\tan60°=\sqrt{3}$。

27.5 由 $\sin A=\dfrac{2}{3}$ 可得 $\sin B=\cos A=\sqrt{1-\left(\dfrac{2}{3}\right)^2}=\dfrac{\sqrt{5}}{3}$,$\cos B=\sin A=\dfrac{2}{3}$,故

$\tan B=\dfrac{\sin B}{\cos B}=\dfrac{\sqrt{5}}{2}$。

27.6 如图,△$ADE=\dfrac{1}{n}$△$ABC=\dfrac{ah}{2n}$,

但△$ADE=\dfrac{1}{2}AD\cdot AE\sin\alpha$,

∴ $\sin\alpha=\dfrac{2\triangle ADE}{AD\cdot AE}=\dfrac{ah}{nAD\cdot AE}$。

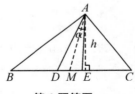

第6题答图

另一方面,由余弦定理:

$AD^2=AM^2+MD^2-2AM\cdot MD\cos\angle AMD$,

$AE^2=AM^2+ME^2-2AM\cdot ME\cos\angle AME$。

由 $AM=\dfrac{1}{2}BC=\dfrac{a}{2}$,$MD=ME=\dfrac{a}{2n}$,

$\cos\angle AMD=-\cos\angle AME$。

∴ $AD^2+AE^2=\dfrac{a^2}{4}+\dfrac{a^2}{4}+\dfrac{a^2}{4n^2}+\dfrac{a^2}{4n^2}=\dfrac{a^2(n^2+1)}{2n^2}$。

∴ $\cos\alpha=\dfrac{AD^2+AE^2-DE^2}{2AD\cdot AE}=\dfrac{a^2(n^2-1)}{4n^2AD\cdot AE}$。

$$\therefore \quad \tan\alpha = \frac{\sin\alpha}{\cos\alpha} = \left(\frac{ah}{nAD \cdot AE}\right)\Big/ \frac{a^2(n^2-1)}{4n^2(AD \cdot AE)} = \frac{4nh}{(n^2-1)a}。$$

<h1 style="text-align:center">习 题 二 十 八</h1>

28.1 在张角公式

$$\frac{\sin(\alpha+\beta)}{PC} = \frac{\sin\alpha}{PB} + \frac{\sin\beta}{PA} \text{中,设} \alpha+\beta=x, \beta=y \text{ 则 } \alpha=x-y,$$

并设 $PB\perp AB$,如图,则张角公式成为

$$\frac{\sin x}{PC} = \frac{\sin(x-y)}{PB} + \frac{\sin y}{PA}。$$

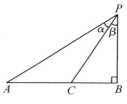

$$\therefore \quad \sin(x-y) = \frac{PB}{PC}\sin x - \frac{PB}{PA}\sin y$$

第 1 题答图

$$= \sin x \cdot \cos y - \sin y \cdot \cos x。$$

这就是正弦减法公式,在这个公式中令 $x=90°-u, y=v$。

则 $\sin(x-y) = \sin(90°-u-v) = \cos(u+v)$。

$\sin x = \sin(90°-u) = \cos u$。

$\sin y = \sin v, \cos y = \cos v$。

$\cos x = \cos(90°-u) = \sin u$。

这公式成为

$$\cos(u+v) = \cos u \cdot \cos v - \sin u \cdot \sin v。$$

28.2 此公式可利用正弦加法及正弦减法公式推出:

$$\sin(u+v) = \sin u \cdot \cos v + \cos u \cdot \sin v,$$

$$\sin(u-v) = \sin u \cdot \cos v - \cos u \cdot \sin v。$$

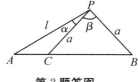

两式相减得

$$\sin(u+v) - \sin(u-v) = 2\cos u \cdot \sin v。$$

第 2 题答图

再取 $u = \dfrac{\beta+\alpha}{2}, v = \dfrac{\beta-\alpha}{2}$,则 $u+v=\beta, u-v=\alpha$。

即得所要的公式。

也可以利用张角公式及几何关系导出，在张角公式

$$\frac{\sin(\alpha+\beta)}{PC}=\frac{\sin\alpha}{PB}+\frac{\sin\beta}{PA}$$

中，令 $\alpha+\beta=x$，$\alpha=y$，则 $\beta=x-y$。再取 $PB=PC=a$，记 $PA=l$，则得

$$\frac{\sin x}{a}=\frac{\sin y}{a}+\frac{\sin(x-y)}{l}。$$

$$\therefore\quad \sin x-\sin y=\frac{a}{l}\sin(x-y)=\frac{2a}{l}\sin\left(\frac{x-y}{2}\right)\cos\left(\frac{x-y}{2}\right)。$$

如图，由正弦定理

$$\frac{a}{l}=\frac{\sin A}{\sin\angle ACP}=\frac{\sin A}{\sin B}=\frac{\cos\left(\alpha+\dfrac{\beta}{2}\right)}{\cos\dfrac{\beta}{2}}=\frac{\cos\dfrac{x+y}{2}}{\cos\dfrac{x-y}{2}}。$$

代入前式即得所证的等式。

28.3 提示：若 C 在 $\angle APB$ 之内，当 $\dfrac{\sin(\alpha+\beta)}{PC}=\dfrac{\sin\alpha}{PB}$

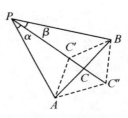

$+\dfrac{\sin\beta}{PA}$ 时，可知 $\triangle PAC+\triangle PBC=\triangle PAB$。

这表明 C 在 AB 上，如图所示，不可能在 C' 的位置，也不

可能在 C'' 的位置。

第 3 题答图

28.4 由张角公式得

$$\frac{\sin(\alpha+\beta)}{NA}=\frac{\sin\alpha}{AC}+\frac{\sin\beta}{AB}, \tag{1}$$

$$\frac{\sin(\alpha+\beta)}{PA}=\frac{\sin\alpha}{AM}+\frac{\sin\beta}{AB}。 \tag{2}$$

利用题设条件：$CM=\lambda AC$，则

$$AM=(1-\lambda)AC。$$

以及

$$\mu=\frac{CN}{CB}=\frac{\triangle CAN}{\triangle CAB}=\frac{AC\cdot NA\sin\beta}{AC\cdot AB\cdot\sin(\alpha+\beta)}。$$

$$\therefore\quad \frac{\sin\beta}{AB}=\frac{\mu\sin(\alpha+\beta)}{NA}。$$

代入(1)、(2)后得：

$$\begin{cases} \dfrac{\sin(\alpha+\beta)}{NA}=\dfrac{\sin\alpha}{AC}+\mu\,\dfrac{\sin(\alpha+\beta)}{NA}, & (3) \\[4mm] \dfrac{\sin(\alpha+\beta)}{PA}=\dfrac{\sin\alpha}{(1-\lambda)AC}+\mu\,\dfrac{\sin(\alpha+\beta)}{NA} & (4) \end{cases}$$

由(3)得：$(1-\mu)\dfrac{\sin(\alpha+\beta)}{NA}=\dfrac{\sin\alpha}{AC}$。　　　　　　　(5)

将(5)代入(4)得

$$\frac{\sin(\alpha+\beta)}{PA}=\frac{(1-\mu)}{(1-\lambda)}\cdot\frac{\sin(\alpha+\beta)}{NA}+\mu\,\frac{\sin(\alpha+\beta)}{NA}=\frac{(1-\lambda\mu)\sin(\alpha+\beta)}{(1-\lambda)NA}。$$

$$\therefore\quad \frac{PA}{NA}=\frac{1-\lambda}{1-\lambda\mu}。$$

28.5 参看题图，由张角公式得

$$\frac{\sin(\alpha+\beta)}{PQ}=\frac{\sin\alpha}{PA}+\frac{\sin\beta}{PB},$$

$$\frac{\sin(\alpha+\beta)}{PQ}=\frac{\sin\alpha}{PC}+\frac{\sin\beta}{PD},$$

$$\therefore\quad \frac{\sin\alpha}{PA}+\frac{\sin\beta}{PB}=\frac{\sin\alpha}{PC}+\frac{\sin\beta}{PD}。$$

但　$\alpha=\beta$，故 $\dfrac{1}{PA}+\dfrac{1}{PB}=\dfrac{1}{PC}+\dfrac{1}{PD}$。

即　$\dfrac{1}{PA}-\dfrac{1}{PC}=\dfrac{1}{PD}-\dfrac{1}{PB}$。

通分后，注意 $PC-PA=AC$，$PB-PD=BD$，即得所求。

习 题 二 十 九

29.1 参看图 13-1，记 $\sin\angle DAK=\sin\angle KAH=x$，$\sin\angle GAK=y$，

$\sin\angle DAC=\sin\angle GAH=z$。

则由张角公式可得

$$\begin{cases} \dfrac{x}{AC} = \dfrac{z}{AK} + \dfrac{y}{AD}, & (1) \\[3mm] \dfrac{x}{AP} = \dfrac{z}{AB} + \dfrac{y}{AD}, & (2) \\[3mm] \dfrac{z}{AB} = \dfrac{x}{AC} + \dfrac{y}{AH}, & (3) \\[3mm] \dfrac{z}{AK} = \dfrac{x}{AG} + \dfrac{y}{AH}. & (4) \end{cases}$$

$(2)+(3)-(1)-(4)$ 得

$$\frac{x}{AP} - \frac{x}{AC} = \frac{x}{AC} - \frac{x}{AG}.$$

约去 x,整理得:$\dfrac{AC-AP}{AP \cdot AC} = \dfrac{AG-AC}{AC \cdot AG}.$

即 $\quad \dfrac{CP}{AP} = \dfrac{CG}{AG}.$

为了证明另一等式,从 D 点作张角,记 $\sin \angle HDK = w$, $\sin \angle HDF = u$, $\sin \angle KDF = v$,由张角公式得

$$\begin{cases} \dfrac{w}{PD} = \dfrac{u}{CD} + \dfrac{v}{AD}, & (1) \\[3mm] \dfrac{w}{BD} = \dfrac{u}{CD} + \dfrac{v}{HD}, & (2) \\[3mm] \dfrac{w}{BD} = \dfrac{u}{KD} + \dfrac{v}{AD}, & (3) \\[3mm] \dfrac{w}{FD} = \dfrac{u}{KD} + \dfrac{v}{HD}. & (4) \end{cases}$$

$(2)+(3)-(1)-(4)$ 得

$$\frac{2w}{BD} - \frac{w}{PD} - \frac{w}{FD} = 0.$$

约去 w,改写成

$$\frac{1}{PD} - \frac{1}{BD} = \frac{1}{BD} - \frac{1}{FD}.$$

整理后得

$$\frac{BD-PD}{PD \cdot BD} = \frac{FD-BD}{BD \cdot FD}.$$

即可得所要的等式。

29.2 把 $\sin(\theta_1+\alpha)$ 和 $\sin(\theta_2-\beta)$ 按正弦加法公式、减法公式展开后得

$$\sin(\theta_1+\alpha) = \sin\theta_1 \cdot \cos\alpha + \sin\alpha \cdot \cos\theta_1,$$

$$\sin(\theta_2-\beta) = \sin\theta_2 \cdot \cos\beta - \sin\beta \cdot \cos\theta_2.$$

于是要证的不等式等价于

$$1 + \frac{\sin\theta_1 \cdot \cos\alpha - \sin\theta_1}{\sin\alpha \cdot \cos\theta_1} \leqslant 1 + \frac{\sin\theta_2 - \sin\theta_2 \cdot \cos\beta}{\sin\beta \cdot \cos\theta_2}.$$

即要证明 $\quad \dfrac{\sin\theta_1 \cdot (\cos\alpha-1)}{\sin\alpha \cdot \cos\theta_1} \leqslant \dfrac{\sin\theta_2(1-\cos\beta)}{\sin\beta \cdot \cos\theta_2}.$

此式左端为负,右端为正,当然成立。

29.3 如题图,记 $\angle AMC = \angle BMD = \beta$, $\angle AMF = \angle BME = \alpha$, $\angle PAB = \angle PBA = \delta$, $\angle QAB = \angle QBA = \gamma$,由张角公式得

$$
\begin{cases}
\dfrac{\sin(\alpha+\beta)}{MG} = \dfrac{\sin\alpha}{MC} + \dfrac{\sin\beta}{MF}, & (1) \\[3mm]
\dfrac{\sin(\alpha+\beta)}{MH} = \dfrac{\sin\alpha}{MD} + \dfrac{\sin\beta}{ME}, & (2) \\[3mm]
\dfrac{\sin(\delta+\gamma)}{AG} = \dfrac{\sin\delta}{AC} + \dfrac{\sin\gamma}{AF}, & (3) \\[3mm]
\dfrac{\sin(\delta+\gamma)}{BH} = \dfrac{\sin\delta}{BE} + \dfrac{\sin\gamma}{BD}. & (4)
\end{cases}
$$

分别在 $\triangle AMF$、$\triangle BMD$、$\triangle AMC$、$\triangle BME$ 中用正弦定理得:

$$\frac{MC}{AC} = \frac{\sin\gamma}{\sin\beta}, \quad \frac{MF}{AF} = \frac{\sin\delta}{\sin\alpha},$$

$$\frac{MD}{BD} = \frac{\sin\delta}{\sin\beta}, \quad \frac{ME}{BE} = \frac{\sin\gamma}{\sin\alpha}.$$

将这些等式代入 (1)、(2),消去 MC、MF、MD、ME 得

$$\frac{\sin(\alpha+\beta)}{MG} = \frac{\sin\alpha \cdot \sin\beta}{AC\sin\gamma} + \frac{\sin\alpha \cdot \sin\beta}{AF\sin\delta}$$

$$= \frac{\sin \alpha \cdot \sin \beta}{\sin \gamma \cdot \sin \delta} \Big(\frac{\sin \delta}{AC} + \frac{\sin \gamma}{AF} \Big)。 \tag{5}$$

$$\frac{\sin (\alpha + \beta)}{MH} = \frac{\sin \alpha \cdot \sin \beta}{BD \sin \delta} + \frac{\sin \alpha \cdot \sin \beta}{BE \sin \gamma}$$

$$= \frac{\sin \alpha \cdot \sin \beta}{\sin \gamma \cdot \sin \delta} \Big(\frac{\sin \delta}{BE} + \frac{\sin \gamma}{BD} \Big)。 \tag{6}$$

将(5)÷(3),(6)÷(4)得

$$\frac{AG}{MG} \cdot \frac{\sin (\alpha + \beta)}{\sin (\delta + \gamma)} = \frac{\sin \alpha \cdot \sin \beta}{\sin \gamma \cdot \sin \delta}, \tag{7}$$

$$\frac{BH}{MH} \cdot \frac{\sin (\alpha + \beta)}{\sin (\delta + \gamma)} = \frac{\sin \alpha \cdot \sin \beta}{\sin \gamma \cdot \sin \delta}。 \tag{8}$$

比较(7)、(8),可得

$$\frac{AG}{MG} = \frac{BH}{MH}。$$

由 $AG + MG = BH + MH$ 即可知 $MG = MH$。

此题另一简捷证法,是注意到

$$\frac{MG}{AG} = \frac{\triangle MCF}{\triangle ACF}$$

$$= \frac{MF \cdot MC \cdot \sin (\alpha + \beta)}{AF \cdot AC \cdot \sin (\gamma + \delta)}$$

$$= \frac{\sin \delta}{\sin \alpha} \cdot \frac{\sin \gamma}{\sin \beta} \cdot \frac{\sin (\alpha + \beta)}{\sin (\gamma + \delta)},$$

$$\frac{MH}{BH} = \frac{\triangle MDE}{\triangle BDE}$$

$$= \frac{MD \cdot ME \cdot \sin (\alpha + \beta)}{BD \cdot BE \cdot \sin (\gamma + \delta)}$$

$$= \frac{\sin \delta}{\sin \beta} \cdot \frac{\sin \gamma}{\sin \alpha} \cdot \frac{\sin (\alpha + \beta)}{\sin (\gamma + \delta)},$$

立刻得 $\frac{MG}{AG} = \frac{MH}{BH}$。

29.4 利用平均不等式 $xyz \leqslant \Big(\frac{x+y+z}{3} \Big)^3$,可得

$$\sin A \cdot \sin B \cdot \sin C \leqslant \left(\frac{\sin A + \sin B + \sin C}{3}\right)^3$$

$$\leqslant \left(\sin \frac{A+B+C}{3}\right)^3$$

$$= (\sin 60°)^3 = \frac{3\sqrt{3}}{8} 。$$

这里后一步用了第二十九章的推论 5。

29.5 提示:可分下列几步证明

(1)如果所考虑的四边形是凹四边形,可用凸四边形代替;

(2)凸四边形可用等形代替(习题 29.3 中 $PAQB$ 即等形);

(3)等形可用菱形代替;

(4)菱形可用正方形代替。

以上替换过程,(1)和(4)显然。(2)和(3)可利用例 29.7 中的方法,或用习题 25.5 的结果。

29.6 可对 n 作数学归纳。当 $n=1$,显然。

设命题对 $n=m-1$ 成立,下面我们证它对 $n=m$ 也成立。

记 $\bar{\alpha} = \frac{\alpha_1 + \alpha_2 + \cdots + \alpha_m}{m}$。如果 $\alpha_1, \alpha_2, \cdots, \alpha_m$ 中不全等于 $\bar{\alpha}$,则最大者大于 $\bar{\alpha}$,最小者小于 $\bar{\alpha}$,不妨设 $\alpha_{m-1} < \bar{\alpha} < \alpha_m$,取 $\alpha_m^* = \bar{\alpha}$,$\alpha_{m-1}^* = \alpha_m + \alpha_{m-1} - \bar{\alpha}$,

于是

$$\alpha_m + \alpha_{m-1} = \alpha_m^* + \alpha_{m-1}^* ,$$

$$|\alpha_m - \alpha_{m-1}| > |\alpha_m^* - \alpha_{m-1}^*| 。$$

$$\therefore \quad \sin \alpha_{m-1} + \sin \alpha_m \leqslant \sin \alpha_m^* + \sin \alpha_{m-1}^*$$

$$= \sin \bar{\alpha} + \sin \alpha_{m-1}^* 。$$

$$\therefore \quad \sin \alpha_1 + \cdots + \sin \alpha_m$$

$$\leqslant (\sin \alpha_1 + \cdots + \sin \alpha_{m-2} + \sin \alpha_{m-1}^*) + \sin \bar{\alpha}$$

$$\leqslant (m-1)\sin \frac{\alpha_1 + \alpha_2 + \cdots + \alpha_{m-2} + \alpha_{m-1}^*}{m-1} + \sin \bar{\alpha}$$

$$=m\sin\overline{\alpha}.$$ □

29.7 如果仅仅知道 $\dfrac{AB}{AC}=\dfrac{\sin\alpha}{\sin\beta}$ 还不能断定 $\angle C=\alpha,\angle B=\beta$。

例如,等腰三角形两腰 AB、AC 总使 $\dfrac{AB}{AC}=\dfrac{\sin 45°}{\sin 45°}$ 成立,但并不一定都是等腰直角三角形。

如果加上条件 $\angle A+\alpha+\beta=180°$,则可推知 $\angle C$、$\angle B$ 的大小。

因为这时可另作一三角形 XYZ,使

$\angle X=\angle A,\angle Y=\alpha,\angle Z=\beta$,于是 $\dfrac{XZ}{XY}=\dfrac{\sin\alpha}{\sin\beta}=\dfrac{AB}{AC}$。

故　$\triangle ABC\backsim\triangle XYZ$。这推出 $\angle C=\alpha,\angle B=\beta$。